湖北省社会科学基金一般项目（后期资助项目）(HBSK2022YB356) 成果
国家自然科学基金面上项目：大数据驱动下自然资源生态安全预测预警预案研究 (No.72074198)　资
教育部人文社会科学研究规划基金项目：基于"发展-自治-包容"三力的特大城市中国式治理能力　助
现代化研究 (No.23YJA630125)

长江经济带城市水资源包容性可持续力及耦合协调机制研究

Research on Urban Water Inclusive Sustainability and Coupling Coordination Mechanism in the Yangtze River Economic Belt

高思宇　张倩倩　著

图书在版编目(CIP)数据

长江经济带城市水资源包容性可持续力及耦合协调机制研究/高思宇，张倩倩著.—武汉：中国地质大学出版社，2023.11
ISBN 978-7-5625-5740-1

Ⅰ.①长… Ⅱ.①高… ②张… Ⅲ.①长江经济带-城市-水资源管理-研究 Ⅳ.①TV213.4

中国国家版本馆 CIP 数据核字(2023)第 250374 号

长江经济带城市水资源包容性
可持续力及耦合协调机制研究   高思宇 张倩倩 著

责任编辑：张 林	选题策划：张 林	责任校对：徐蕾蕾
出版发行：中国地质大学出版社（武汉市洪山区鲁磨路388号）		邮编：430074
电 话：(027)67883511	传 真：(027)67883580	E-mail:cbb@cug.edu.cn
经 销：全国新华书店		http://cugp.cug.edu.cn
开本：787毫米×1092毫米 1/16	字数：304千字	印张：12
版次：2023年11月第1版	印次：2023年11月第1次印刷	
印刷：武汉市籍缘印刷厂		
ISBN 978-7-5625-5740-1		定价：68.00元

如有印装质量问题请与印刷厂联系调换

前　言

联合国已经将包容性增长作为指导各国发展的重要战略,联合国 2030 年可持续发展议程目标之一是建设包容、安全、有弹性和可持续的城市。中国 2030 年可持续发展议程的核心也是包容性增长,其中就有保障人人享有水资源以及生态环境供给的目标。可见,水资源包容性与城市水资源可持续发展紧密相联。

长江经济带是中国重大国家战略发展区域,其沿江城市为长江经济带"一轴、两翼、三极、多点"发展新格局的重要载体,其发展和全流域 5 亿人的生活与水资源息息相关。在以生态优先、绿色发展为引领,推动长江上、中、下游地区协调发展和沿江地区高质量发展中,这些城市发挥着极为重要的作用。长江经济带沿江聚集的煤炭、化工、造纸等高耗水和高污染产业,以及区域发展不平衡、不协调(如贫困、就业或福利、基础设施、清洁水供应等社会公平问题)进一步加剧了城市水资源压力与供需矛盾,科技对水资源开发利用与水污染控制作用尚未充分彰显,水生态环境形势险峻是制约长江经济带社会经济可持续发展的主要瓶颈,传统的可持续发展难以完全满足发展的需要。因此,迫切需要解决长江经济带城市水资源包容性、可持续性与城市间的协调发展问题。

包容性增长强调保证人人都能公平地参与增长过程并从中受惠。为了实现有效而公正的水资源可持续发展,长江经济带沿江城市不仅要推动经济增长,更要强调包容性增长,即需要坚持以人为本、高质量发展、环境友好、科技发展的理念,整合可持续发展的三大支柱(经济、社会和环境),以及科技创新。因此,有必要将包容性增长与可持续发展理念相融合,引入城市水资源研究中。为此,本书提出"水资源包容性可持续力"新概念,来研究城市水资源包容性可持续发展能力及耦合协调机制,并试图解决以下关键问题:①如何科学表征城市水资源包容性可持续力?②如何探寻科学的评价方法以测度长江经济带城市水资源包容性可持续力水平?③如何揭示其水资源包容性可持续力系统耦合协调关系时空分布规律?如何识别其障碍因子?④如何通过情景模拟,探寻城市水资源包容性可持续力耦合协调的未来发展路径?

综观已有的研究,尽管有大量研究探讨了中国水资源的承载力或可持续利用,但很少有人关注水资源包容性可持续发展。学者们侧重于包容性增长、水资源承载力指标体系设计与评价,而集包容性与可持续性于一体的有关水资源包容性可持续发展理论框架建立、体系设计、方法改进、集成评价和耦合协调机制的系统研究却很少;对可持续性的研究没有充分考虑科技进步的作用,尤其是社会公平性体现不够,且很少考虑绿水、灰水足迹;基本上是从一个流域、省域开展实证研究,较少从城市、城市群和流域3个层面展开理论与实证研究。

为了解决上述科学问题,同时针对已有研究不足,本书旨在建立城市水资源包容性可持续力理论框架及耦合协调机制。具体来讲,将综合运用系统科学、包容性增长理论、水足迹理论和可持续发展理论,以长江经济带38个地级及以上城市为研究对象,从理论、方法与应用层面,研究水资源包容性可持续力理论框架建立、体系设计、方法集成与评价、耦合协调效应与障碍诊断以及耦合协调优化路径、政策建议。具体研究内容包括:①测算长江经济带38个城市的水足迹,揭示城市水足迹时空演变规律及城际差异;②科学界定城市水资源包容性可持续力新概念的内涵,建立水资源包容性可持续力理论框架与评价体系;③提出一套适合城市水资源包容性可持续力的集成评价方法,并进行集成评价;④对长江经济带城市水资源包容性可持续力5个子系统间耦合协调进行时空分析,识别其障碍因子;⑤基于自组织映射神经网络(self-organizing map,SOM)聚类,通过情景模拟分类提出其耦合协调最优路径方案。

本书的主要研究结论如下:

(1)由水足迹测算得出,2008—2018年长江经济带38个城市总水足迹由西往东递减,农业水足迹占比最大,其次是工业水足迹;人均水足迹由高到低依次为长江中游城市群＞长三角城市群＞成渝城市群;水足迹强度由高到低依次为长江中游城市群＞成渝城市群＞长三角城市群。

(2)城市水资源包容性可持续力是一个集资源禀赋、高质量发展、环境友好、以人为本和科技发展五大理念于一体,强调水资源可用性(availability)、持续性(sustainability)、友好性(friendliness)、包容性(inclusiveness)、创新性(innovation)的全新概念。所建立的ASFII基本框架,融合了传统可持续发展的三大支柱以及包容性增长思想,突出了科技进步的作用。评价体系引入了水足迹指标,包括五大准则,14个要素,36个指标。

(3)EM-AGA-EAHP-GRA-TOPSIS集成评价模型测度表明,2008—2018年长江经济带38个城市水资源包容性可持续力(urban water inclusive sustainability,UWIS)整体呈上升趋势,基本处于中等水平,友好性指数＞持续性指数＞包容性指数＞可用性指数＞创新性指数,UWIS由高到低分别为长三角城市群＞长江中游城市群＞成渝城市群。

(4)2008—2018年38个城市处于低度协调状态,呈现出经济＞水资源＞科技＞环境＞社会系统,长三角城市群＞长江中游城市群＞成渝城市群的时序演变态势。空间分异表现为东高西低,整体呈现由轻度协调、低度协调向中度协调、高度协调状态演变的格局。各子系统障碍度由大到小依次为水资源＞社会＞经济＞科技＞环境系统,识别出水资源开发利用率、万人拥有排水管道长度、水足迹强度等12个主要障碍因子。

(5)通过情景模拟发现,四类城市耦合协调最优路径呈现差异化,将沿着不同的优化路径发展。在此基础上,本书从长江经济带、三大城市群、四类城市等不同层面,提出了城市水资源包容性可持续力提升及耦合协调机制的建议。

本书在理论上引入包括蓝水、绿水、灰水足迹在内的水足迹概念,建立了水资源包容性可持续力理论框架;在方法上,提出了一套适合城市水资源包容性可持续力的集成评价方法,引

入自组织映射神经网络与情景模拟等方法,科学揭示了其耦合协调机制。所取得的主要创新性成果如下:

(1)研究视角创新。与前人的水资源承载力、可持续力不同,本书首次将包容性增长与可持续发展理念融合引入水资源研究,提出并科学界定了"水资源包容性可持续力"新概念。该概念是一个集资源禀赋、高质量发展、环境友好、以人为本和科技发展五大理念于一体,强调水资源可用性、持续性、友好性、包容性、创新性于一体的全新概念,是对水资源效率与承载力概念的拓展,为城市水资源可持续性研究提供了全新的视角,即水资源管理应在包容性可持续性范式下进行。

(2)理论框架创新。前人研究主要立足于可持续发展的三大支柱(经济、社会、环境),没有充分考虑科技进步的作用,尤其是社会公平性体现不够,且很少考虑绿水、灰水足迹,本书引入水足迹概念,通过整合包容性增长和可持续发展思想,同时突出科技进步的重要作用,建立了集水资源可用性、经济持续性、环境友好性、社会包容性、科技创新性于一体的水资源包容性可持续力 ASFII 基本框架及评价体系,可用以更加全面、科学地衡量城市层面,以及城市群、流域、省域水资源包容性可持续发展能力。

(3)方法改进创新。针对传统层次分析法中九标度法的不足,通过加速遗传算法寻优,利用改进的层次分析法,并集成熵值法、灰色关联分析法、逼近理想解的排序方法等,建立了 EM-AGA-EAHP-GRA-TOPSIS 集成评价模型,并通过实例验证了该模型的科学性。通过实证研究,本书从城市、城市群和流域 3 个层面测算了 38 个城市、三大城市群及长江经济带的水资源包容性可持续力的大小和五大发展指数,为解决城市水资源包容性可持续发展评价建模问题提供了科学的方法与应用范例。

著　者

2023 年 8 月 1 日

目 录

1 绪 论 …………………………………………………………………………… (1)
  1.1 研究背景与研究意义 ………………………………………………………… (1)
    1.1.1 研究背景 ……………………………………………………………… (1)
    1.1.2 研究意义 ……………………………………………………………… (2)
  1.2 国内外研究综述 ……………………………………………………………… (3)
    1.2.1 水足迹研究 …………………………………………………………… (3)
    1.2.2 包容性增长研究 ……………………………………………………… (7)
    1.2.3 长江经济带水资源可持续利用研究 ………………………………… (9)
    1.2.4 城市水资源耦合协调研究 …………………………………………… (16)
    1.2.5 现有研究述评 ………………………………………………………… (18)
  1.3 研究目标与研究内容 ………………………………………………………… (19)
    1.3.1 研究目标 ……………………………………………………………… (19)
    1.3.2 研究内容 ……………………………………………………………… (19)
  1.4 研究方法与技术路线 ………………………………………………………… (21)
    1.4.1 研究方法 ……………………………………………………………… (21)
    1.4.2 技术路线 ……………………………………………………………… (21)
  1.5 主要创新点 …………………………………………………………………… (21)

2 理论基础 ………………………………………………………………………… (24)
  2.1 系统科学 ……………………………………………………………………… (24)
    2.1.1 系统的内涵 …………………………………………………………… (24)
    2.1.2 系统的耦合协调 ……………………………………………………… (24)
  2.2 包容性增长理论 ……………………………………………………………… (25)
    2.2.1 包容性增长的内涵 …………………………………………………… (25)
    2.2.2 包容性增长与相关理念 ……………………………………………… (25)
  2.3 水足迹理论 …………………………………………………………………… (26)
    2.3.1 水足迹的内涵 ………………………………………………………… (26)
    2.3.2 水足迹的构成 ………………………………………………………… (26)

  2.3.3　水足迹核算方法 …………………………………………………(27)
 2.4　可持续发展理论 ………………………………………………………(29)
  2.4.1　可持续发展的内涵 …………………………………………………(29)
  2.4.2　可持续发展的基本理论 ……………………………………………(29)
 2.5　本章小结 ………………………………………………………………(30)

3　长江经济带城市水足迹测度 …………………………………………(31)
 3.1　研究样本的选择 ………………………………………………………(31)
 3.2　水足迹模型 ……………………………………………………………(32)
 3.3　长江经济带38个城市水足迹测度 ……………………………………(34)
  3.3.1　五大水足迹测度 ……………………………………………………(34)
  3.3.2　总水足迹及构成分析 ………………………………………………(40)
  3.3.3　人均水足迹分析 ……………………………………………………(43)
 3.4　长江经济带城市水足迹强度与压力分析 ……………………………(44)
  3.4.1　水足迹强度分析 ……………………………………………………(44)
  3.4.2　水资源压力指数分析 ………………………………………………(45)
 3.5　本章小结 ………………………………………………………………(46)

4　城市水资源包容性可持续力基本框架与评价体系构建 ………(48)
 4.1　水资源包容性可持续力概念提出 ……………………………………(48)
 4.2　水资源包容性可持续力基本框架建立 ………………………………(49)
  4.2.1　基本框架 ……………………………………………………………(50)
  4.2.2　五大理念与五大准则 ………………………………………………(50)
 4.3　水资源包容性可持续力评价指标体系构建 …………………………(51)
  4.3.1　指标体系构建原则 …………………………………………………(51)
  4.3.2　指标体系建立 ………………………………………………………(51)
  4.3.3　各子系统指标设计 …………………………………………………(53)
 4.4　本章小结 ………………………………………………………………(58)

5　长江经济带城市水资源包容性可持续力评价 ……………………(60)
 5.1　评价方法选择 …………………………………………………………(60)
  5.1.1　层次分析法 …………………………………………………………(60)
  5.1.2　加速遗传算法 ………………………………………………………(62)
  5.1.3　熵值法 ………………………………………………………………(63)
  5.1.4　灰色关联分析法 ……………………………………………………(64)
  5.1.5　逼近理想解的排序方法 ……………………………………………(64)
 5.2　集成评价模型构建与验证 ……………………………………………(65)
  5.2.1　评价方法改进与集成 ………………………………………………(65)

5.2.2　集成评价算法步骤 ………………………………………………………… (66)
　　　5.2.3　实例验证 …………………………………………………………………… (69)
　5.3　长江经济带 38 个城市水资源包容性可持续力评价 ……………………………… (73)
　　　5.3.1　数据来源与处理 …………………………………………………………… (74)
　　　5.3.2　水资源包容性可持续力 UWIS 测度 ……………………………………… (74)
　　　5.3.3　五大发展指数测度 ………………………………………………………… (95)
　5.4　本章小结 …………………………………………………………………………… (98)

6　长江经济带城市水资源包容性可持续力系统耦合协调时空分析与障碍诊断 …… (99)
　6.1　评价模型 …………………………………………………………………………… (99)
　　　6.1.1　耦合协调度模型 …………………………………………………………… (99)
　　　6.1.2　障碍度模型 ………………………………………………………………… (100)
　6.2　耦合协调时空分析 ………………………………………………………………… (100)
　　　6.2.1　时序特征分析 ……………………………………………………………… (100)
　　　6.2.2　空间差异分析 ……………………………………………………………… (109)
　6.3　障碍度分析 ………………………………………………………………………… (111)
　　　6.3.1　障碍因子分析 ……………………………………………………………… (114)
　　　6.3.2　分系统障碍度分析 ………………………………………………………… (114)
　6.4　本章小结 …………………………………………………………………………… (116)

7　长江经济带城市水资源包容性可持续力耦合协调演化路径研究 ………………… (117)
　7.1　SOM 神经网络 ……………………………………………………………………… (117)
　7.2　空间集聚分析 ……………………………………………………………………… (118)
　7.3　耦合协调情景设置 ………………………………………………………………… (124)
　　　7.3.1　情景设定 …………………………………………………………………… (124)
　　　7.3.2　模拟参数选择与预测 ……………………………………………………… (126)
　7.4　耦合协调情景模拟 ………………………………………………………………… (139)
　　　7.4.1　上海耦合协调路径分析 …………………………………………………… (140)
　　　7.4.2　南昌耦合协调路径分析 …………………………………………………… (144)
　　　7.4.3　南通耦合协调路径分析 …………………………………………………… (147)
　　　7.4.4　宜宾耦合协调路径分析 …………………………………………………… (150)
　　　7.4.5　荆州耦合协调路径分析 …………………………………………………… (153)
　7.5　本章小结 …………………………………………………………………………… (157)

8　结论与展望 …………………………………………………………………………… (159)
　8.1　研究结论 …………………………………………………………………………… (159)
　8.2　政策建议 …………………………………………………………………………… (162)
　　　8.2.1　长江经济带 UWIS 提升及耦合协调机制建议 …………………………… (162)

8.2.2　三大城市群 UWIS 提升及耦合协调机制建议 ……………………（163）
　　8.2.3　4 类城市 UWIS 提升及耦合协调机制建议 ………………………（165）
　8.3　研究不足与展望 ……………………………………………………………（166）
主要参考文献 ……………………………………………………………………（168）

1 绪 论

1.1 研究背景与研究意义

1.1.1 研究背景

包容性增长(inclusive growth)的概念,最初由亚洲开发银行于 2007 年提出。包容性增长是指保证人人都能公平地参与增长过程并从中受惠的过程[1]。联合国已经将包容性增长作为指导各国发展的重要战略,2016 年习近平总书记在二十国集团领导人第十一次峰会(G20 杭州峰会)上表示中国要促进包容性发展。

长江经济带作为全球最大的内河流域经济带,是我国重大国家战略发展区域,其哺育的人口和创造的地区生产总值占全国的 40% 以上,横跨我国东、中、西三大区域,覆盖 9 省 2 市。它所依托的长江是我国实现"四纵三横"水资源配置重要的战略水源地,同时也是连接上、下游的黄金水道,还是珍稀水生生物的天然宝库。因此,长江流域水资源的有效利用和保护直接关系我国经济社会供给。2016 年 9 月《长江经济带发展规划纲要》确立了长江经济带"一轴、两翼、三极、多点"的发展新格局。长江经济带沿江城市作为"一轴、两翼、三极、多点"发展新格局的重要载体,其城市发展和全流域 5 亿人的生活与水资源息息相关。在以生态优先、绿色发展为引领,推动长江上、中、下游地区协调发展和沿江地区高质量发展的过程中,这些城市发挥着极为重要的作用。

根据《中国水资源公报(2020)》,长江经济带 9 省 2 市水资源总量占全国的 49.4%,工业用水量、农业用水量、生活用水量、生态环境用水量分别占全国的 65.3%、37.1%、47.8%、18.4%。废水、化学需氧量(chemical oxygen demand,COD)、氨氮排放量分别占全国的 43%、37%、43%,污染物排放基数大[2]。而且长江经济带沿江聚集了煤炭、化工、造纸等高耗水和高污染的重化工产业,对长江经济带城市生活饮用水等形成较大压力。长江流域及西南诸河《水资源公报(2018)》显示,长江流域人均综合用水量 449m^3,万元国内生产总值用水量(以下简称万元 GDP 用水量)64m^3。然而,长江经济带沿江 38 个地级及以上城市人均水足迹 1 513.11m^3(见 3.3.3 节),水足迹强度(万元 GDP 水足迹)337.1m^3,水资源压力指数 1.63(>1)(见 3.4 节),水资源安全问题突出,城市间发展不平衡、不协调(如贫困、就业或福利、基础设施、清洁水供应等社会公平问题)进一步加剧了城市水资源的供需矛盾,成为长江经济带城市面临的突出问题与挑战[2]。长江流域水资源开发利用率为 17.8%,工业用水重复利用率约62%,城市供水管网漏失率约20%,灌溉水利用系数约0.45[3]。水质型缺水、饮用水源存在安全隐患、水环境质量恶化与水生态环境遭受破坏等问题并未从根本上得到解决[4,5]。《长江经济带生态环境保护规划》(环规财〔2017〕88号)和《中华人民共和国长江保护法》(2021)也明确指出水生态环境形势险峻是制约长江经济带社会经济可持续发展的主要瓶颈。科技对水资源开发利用与水污染控制的作用尚未充分彰显。因此,迫切需要解决长江经济带城市水资源包容性可持续性与城市间的协调发展问题。

2015年9月,联合国发展峰会通过了题为《改造我们的世界:2030年可持续发展议程》的协议。作为一个指导发展的国际框架,该议程提出经济可持续发展、社会和民生不断进步,以及环境保护三大目标、17个具体目标。其中,第6个目标涉及清洁水与卫生设施:强调到2030年,实现人人普遍和公平地获得安全且负担得起的饮用水;使所有部门的用水效率大幅提高,确保可持续取用和供应淡水,以解决缺水问题,并使缺水人数大幅减少[6]。第11个目标是建设包容、安全、有弹性和可持续的城市[7]。2015年习近平主席同各国领导人一致通过的2030年可持续发展议程的核心也是包容性增长。17个可持续发展目标中就有保障人人享有水资源以及生态环境供给的目标。可见,水资源包容性与城市水资源可持续发展紧密相联,它强调"广泛参与、效率提升、成果分享和环境可持续"。此外,科技对水资源开发利用与水污染控制起着关键性作用,因此,有必要融入包容性增长的理念,从社会、经济、环境、科技的更广泛视角来探究水资源的可持续性。

综上,为了实现有效而公正的水资源可持续发展,长江经济带城市不仅要推动经济增长,更要实现包容性增长,即需要坚持以人为本、高质量发展、环境友好、科技发展的理念,整合可持续发展的三大支柱(经济、社会和环境),以及科技创新。因此,有必要将包容性增长与可持续发展理念相融合,来探讨长江经济带城市水资源的可持续性。

综观已有的研究,尽管有大量研究探讨了中国水资源承载力或可持续利用,但很少有人关注水资源包容性可持续发展。学者们更多地侧重于包容性增长、水资源承载力指标体系设计与评价,对可持续性的研究基本上立足于可持续发展的三大支柱,没有充分考虑科技进步的作用,尤其是社会公平性体现不够[8,9];集成评价方法运用较少,主要针对两个系统间的耦合协调机制研究,基本上是从一个流域、省域开展实证研究,聚焦长江经济带水资源的研究多从9省2市展开,较少从城市、城市群和流域3个层面展开理论与实证研究。学者们开始强调经济高效、社会公平以及环境容限[10],进一步说明应将包容性增长与可持续发展理念相融合,引入城市水资源研究中。

为此,本书提出"水资源包容性可持续力"新概念来表征城市水资源包容性可持续发展水平,将致力于研究长江经济带城市水资源包容性可持续发展及耦合协调机制,以提升水资源的安全保障能力,并试图回答:如何科学表征城市水资源包容性可持续力?长江经济带城市水资源包容性可持续力水平如何?科学的评价方法是怎样的?其水资源包容性可持续力系统耦合协调关系时空分布规律如何?又如何识别其障碍因子?如何通过情景模拟,探寻城市水资源包容性可持续力耦合协调的未来发展路径?

1.1.2 研究意义

在现有研究的基础上,本书综合运用系统科学、包容性增长、水足迹和可持续发展等理论,对城市水资源包容性可持续力理论框架建立、体系设计、方法集成评价、耦合协调效应与障碍诊断,以及耦合协调优化路径及政策建议等进行研究,具有重要的理论意义与实践意义。

1. 理论意义

与现有研究不同,本书将包容性增长与可持续发展理念相融合引入水资源研究,提出建立了集可用性、持续性、友好性、包容性和创新性十一体的水资源包容性可持续力基本框架与评价体系,为城市水资源包容性可持续发展评价提供了全新的视角与理论框架。所提出的集成评价模型,对全面、科学地衡量城市层面,以及城市群、流域、省域水资源包容性可持续发展能力具有重要的理论价值。

2. 实践意义

所建立的理论框架、集成评价模型、耦合协调方案、优化路径及政策建议,不仅能为我国重大国家战略发展区域长江经济带城市及其他城市水资源包容性可持续发展评价提供应用范例与决策支持,而且能为其他流域城市水资源可持续利用与城市间的协调发展提供重要的决策参考。

1.2 国内外研究综述

本研究从水足迹、包容性增长、水资源可持续利用、城市水资源耦合协调等方面综述国内外研究现状。

1.2.1 水足迹研究

1. 水足迹的提出

虚拟水(virtual water)的概念由英国学者 Allan 于 1993 年首次提出,他将之定义为"生产产品或服务过程中消耗的水资源"[11],指"包含在产品中的水,且是虚拟意义而非实际意义的水"。2002 年 Hoekstra 在虚拟水概念的基础上提出了水足迹(water footprint)概念,不同于传统的基于生产部门的用水指标,其建立的水足迹概念是基于消费的用水指标,旨在更全面、准确地衡量一定区域内的真实用水量,是对之前水资源测量方法的改进[12]。2011 年《水足迹评价手册》作为国际标准手册发布后,水足迹真正引起了各国组织的重视,并逐渐成为水资源管理领域的研究热点[13]。

Falkenmark 分别在 1993 年和 1995 年提出了绿水和蓝水的概念[14]。Hoekstra 提出了灰水概念[15],并率先将水足迹分为蓝水足迹、绿水足迹和灰水足迹。这一分类改变了传统水资源核算只对蓝水计算较为偏重的现象,将水资源的生产、消耗和污染联系在一起,构建了更为全面的体系。目前关于灰水足迹的研究有一定的进展,国外主要集中在特定产品、区域或企业的灰水足迹测算上,国内灰水足迹研究尚处于初步阶段,单独计算灰水足迹的研究较少[16,17]。

随着学者对区域水足迹的研究不断深入,国内学者们通过建立水足迹账户的方式[18-20],将水足迹划分为农畜产品水足迹、工业产品水足迹和生活生态水足迹等,这种分类是对前人方法的改进。在过程水足迹、产品水足迹和区域水足迹的分类方法中,产品水足迹的研究较为成熟,而区域、国家等领域水足迹研究主要着眼于与水相关的区域发展等,从而为水资源规划提供指导和依据[21]。

考虑长江经济带城市的实际及数据的可获取性,本研究将按照水足迹账户的方式将水足迹分为农业水足迹、工业水足迹、生活生态水足迹和水污染足迹。

2. 水足迹核算研究

围绕着水足迹的核算,国内外学者展开了不同视角的研究(表1.1)。总体来看,国外的研究早于国内,且国内外研究侧重点也有所不同。通过相关文献的分析发现,国外水足迹研究主要围绕虚拟水和水足迹展开,对于具体产品的核算较多,国内水足迹研究则着眼于虚拟水贸易和消费,更偏向应用研究[19]。

关于具体产品的水足迹核算,Chapagain 和 Hoekstra 最早对一系列农畜产品——咖啡、茶、棉花、家禽、猪肉和牛肉展开了水足迹核算[22,23]。其中,具体应用了有关生产树法进行计算。另外,对大米从生产和消费两个角度进行了蓝水、绿水和灰水的核算。这些都是针对某一种或几种产品进行具体的水足迹核算,集中关注水足迹的某个方面,且以农作物为主。

一定区域水足迹的核算以 Chapagain、Hoekstra 等学者为代表。Chapagain 和 Hoekstra 进行了各个国家整体水足迹的计算[15],Gerbens-Leenes 等在全球视野下进行了家畜产品的水足迹测算[24]。在核算国家间虚拟水贸易中,Hoekstra 和 Hung 对农作物国际贸易的虚拟水含量进行了计算和量化[25],Chapagain 和 Hoekstra 对牲畜产品也进行了虚拟水贸易的计算[26]。即使不再针对具体作物进行水足迹核算,其计算仍然较为具体,且主要以蓝水、绿水和灰水作为水足迹的分类标准。

国内也有部分学者进行了具体农作物的水足迹核算,他们分别从消费和生产两个角度进行了新疆棉花及华北平原的小麦和玉米的水足迹核算[27,28],但总体来说,相关核算较少。国内学者主要从省市或河流流域展开水足迹的核算,相比国外学者研究区域更具体,并主要基于已有的数据辅助分析。如对西北四省区的水足迹、中国水足迹进行了测算,并对中国各区域水足迹特点进行了分析[29,30],还有学者对省际水足迹强度的关联度进行了分析[31],对长江经济带水足迹进行了测算[32]。由于更多地进行省际或流域内的水足迹分析,国内学者更多地采用农业产品、工业产品和生活生态水足迹三大部分的分类方法。

有关水足迹核算方法的研究,Chapagain 和 Hoekstra[26]第一次运用了自上而下法来核算国家水足迹,在后续研究中,Hoekstra 等学者在核算和应用中进行了改进[24]。农畜产品占虚拟水比例高,数据获取相对容易,因此,在自下而上法中对这两大类产品虚拟水的研究和计算更为全面。而对于工业用水,国内学者主要参考环境年鉴、水资源公报、行业资料获取相应的水资源用量,也有学者通过数据的估算得到,如孙才志等通过 GDP 和工业消费系数估算工业水足迹[33]。

表 1.1　国内外部分学者的研究

国外学者	研究内容	国内学者	研究内容
Hoekstra & Hung[25]	农作物国际贸易虚拟水含量计算	龙爱华等[29]	西北四省区水足迹测算
Chapagain & Hoekstra[26]	牲畜产品贸易虚拟水含量计算	王新华等[30]	中国水足迹核算
Chapagain & Hoekstra[22]	咖啡、茶、棉花等农畜产品水足迹核算	邓晓军等[27]	新疆棉花水足迹核算
Chapagain & Hoekstra[22]	荷兰外部水足迹核算	盖力强等[28]	华北平原小麦、玉米水足迹核算
Chapagain & Hoekstra[22]	国家整体水足迹计算	孙才志等[31]	省际水足迹强度的关联分析
Gerbens-Leenes et al.[24]	全球视野下家畜产品水足迹计算	刘钢等[32]	长江经济带水足迹测算

自上而下法中的投入产出法在对水资源的计算中应用较早,也较多,有学者分别对英国区域、北京及中国省际间利用投入产出法进行水足迹的核算和评价[34-36]。这种方法能够避免水资源重复计算或漏算,缺点是无法具体对某种作物或水足迹类型进行计算。

综合来看,两种方法都对数据资料有一定的限制:自上而下法适合省际等较大行政单元的水足迹核算,但因其需要较为详尽的进出口数据,贸易数据的获取成为主要的制约因素;而自下而上法则对各产品的虚拟水数据和计算要求较高。

根据水足迹构成,本研究将使用自下而上法进行长江经济带城市的水足迹核算,相应地计算其农业水足迹、工业水足迹、生活生态水足迹及水污染足迹。

3. 水足迹可持续性评价

围绕水足迹可持续性评价,最早可以追溯到 Hoekstra 基于水足迹的可持续性评价。针对区域水足迹可持续性评价,Hoekstra 倡导的水足迹网络在全球首次发布了《水足迹评价手册》[13],提出了四阶段评价法。研究视角也在不断拓宽,朝着水资源承载力评价、流域生态补偿、足迹家族、基于水足迹的区域社会、经济与环境协调发展,以及与水资源相关联的能源、粮食、气候变化等领域延伸[37]。

学者们选取的水足迹评价指标主要有总水足迹,人均水足迹,万元 GDP 水足迹,工业、农业、生活、生态水足迹及其比例,水足迹强度,水资源自给率,水资源匮乏度,水资源压力指数和水资源外部依赖度等[20,38,39](表 1.2)。还有学者采用水资源可持续性指数、水足迹效益指数等来对区域水足迹可持续性进行定量评价。如孙才志等采用基尼系数、锡尔指数分析 1997—2007 年中国水足迹强度的空间格局及动态变化[33]。也有学者基于水足迹理论,分别对山东省和即墨市的水资源可持续利用、水资源安全进行了时空分析[20,38]。还有学者则基于

PSR(pressure-state-response,压力-状态-响应)视角,采用熵权灰靶模型对汉江干流水资源可持续利用强度进行了评价[39]。

表1.2 水足迹指标及文献来源

准则层	指标层	文献来源
压力	总水足迹	[30];[32];[34];[35];[37];[38];[39]
	万元GDP水足迹	[20]
	水资源(用水)压力指数	[20];[39]
	农业水足迹(比例)	[13];[22];[24];[32];[37];[38];[39]
	工业水足迹(比例)	[32];[38];[39]
	生活水足迹(比例)	[32];[38];[39]
	生态水足迹(比例)	[32];[38];[39]
	灰水足迹	[22];[36];[37]
状态	人均水足迹	[19];[20];[30];[38];[39]
	水足迹强度	[31];[32];[33];[38]
	水资源自给率	[20];[39]
	水资源匮乏度	[20];[39]
	水足迹外部依赖度	[20];[39]
响应	污水年处理率	[20]
	污水排放达标率	[39]
	工业废水达标排放率	[38]

区域水足迹可持续性评价,涉及经济、社会和环境3个方面的可持续性,强调通过经济有效的方式合理分配和利用水资源,以保障区域内不同利益人群正常生活的水资源,将水质污染控制在流域水质标准阈限内。由此可见,学者们开始强调经济高效、社会公平以及环境容限,说明引入包容性可持续性概念至关重要。

综上,前人围绕水足迹的研究,大多聚焦在产品或区域水足迹测算、影响因素、水足迹结构分析等方面。从影响因素来看,已有的研究表明,水足迹增长的主要正向驱动因子来自人口和经济规模增长、消费水平的提升,负向驱动因子主要是技术进步,而结构因素的影响相对较小[20,39]。从研究对象来看,中国区域水足迹研究主要聚焦在国家、流域(海河、黑河流域)、区域或省级(31个省份)层面[20,35,36,38],从城市层面展开的甚少(仅有北京、上海等单一的超大城市),围绕长江经济带9省2市展开水足迹研究也很少[21]。

1.2.2 包容性增长研究

1. 包容性增长的提出

2007年亚洲开发银行在《包容性增长：走向繁荣的亚洲》报告中首次提出"包容性增长"(inclusive growth)的概念，并明确了它的内涵：既强调通过经济增长创造就业机会与其他发展机会，又强调发展机会的均等性；既要保持经济增长的持续性，又要减少和消除机会不均等，以促进社会的公平与包容。将经济发展的目标由亲贫困增长，转向包容性增长。希望各国在重视经济增长的同时，也重视越来越严重的不平等问题。2008年世界银行将包容性增长战略作为各国实现可持续经济增长的重要条件，联合国开发计划署将国际扶贫中心改为国际包容性增长政策中心，可见联合国已经将包容性增长作为指导各国发展的重要战略。2013年联合国在《利马宣言》中将包容性增长与工业化相结合，随后提出了包容性可持续性工业化概念，与我国"创新、协调、绿色、开放、共享"的五大发展理念相一致。亚洲开发银行将包容性发展、环境可持续发展以及区域一体化共同作为其"战略2020"的发展目标[1]。

2009年和2010年我国国家领导人先后在亚太经合组织会议上倡导包容性增长。在2011年的博鳌亚洲论坛上进一步提出包容性发展战略。2015年国家主席习近平出席联合国发展峰会，各国领导人一致通过了《2030年可持续发展议程》，该议程的核心也是包容性增长。17个可持续发展目标之一就有保障人人享有水资源以及生态环境供给等。该理念兼容效率与公平，强调公平合理地分享经济增长，是经济与社会、环境协调发展的一种发展方式的根本转变，即不仅要推动经济增长，更要强调包容性增长。综观已有研究，包容性增长不仅强调了其核心要义——机会平等与成果共享，还强调了广泛参与、效率提升、成果分享和环境可持续。

2. 包容性增长的基本框架及测度

国内外学者对此展开了一系列研究。国外研究涉及贫困、就业、食品和能源安全与包容性增长的关系[40-44]、包容性增长测度及增长路径[45-46]等。如McKinley提出包容性增长测度的4个维度，分别为经济基础结构、能力发展、收入公平以及社会保障[45]。Kooy等开始关注水的供给与包容性增长[47]。

国内研究则主要围绕包容性增长内涵和度量两个方面，针对不同对象或因素间关系展开。如金融包容性[48]，土地利用包容性[49]，还有学者聚焦绿色包容性评价及影响机制的研究，识别出绿色包容性发展的主要影响因素，包括发展方式、教育投入、环境治理效率、创新投入、市场化程度以及社会保障程度，并测算出绿色包容性发展能力对经济增长的贡献率[50]。有关包容性创新绩效的测度，学者们从创新主体、需求、支撑条件、环境和产出5个方面建立了区域包容性创新绩效评价体系，对中国31个地区的包容性创新绩效进行了测度[51]。

有关包容性增长的测度，学者们从经济增长持续性、协调性、公平性和有效性中的3个或

4个层次,来构建国家或省域经济包容性增长评价体系[52],如郭苏文基于可持续增长、权利获得和机会公平以及成果共享3个维度,从省域层面对省域经济发展水平包容性进行了评价[53]。

一些学者还建立了相应的基本框架,如邱玉娜建立了包括机会平等、生产性就业、可持续发展的包容性发展三角分析框架,分别对我国的动态趋势、省际差异进行了测度和分析,提出了包容性发展的路径[54];纪昭提出了包括土地利用、经济发展和包容性增长的土地利用包容性IEL三角分析框架,对国家及省域层面下土地利用包容性进行了评价,对所建立的土地利用包容态模型进行了验证[49]。Garrido-Lecca等提出的五大支柱框架开始考虑创新、知识的作用,但没有充分考虑科技进步的贡献作用和社会公平等因素[55]。包容性增长强调以人为本,公平合理地分享经济增长,而可持续发展注重经济、社会、环境的协调发展,可见应从"社会包容性、经济持续性、环境友好性、科技创新性"出发,将之纳入统一框架加以研究。为此,本书提出"水资源包容性可持续力"新概念,来全面刻画城市水资源包容性可持续发展能力。上述成果为本研究中的内涵界定、关键因素识别提供了基础。

3. 包容性可持续性研究

为了进一步了解包容性与可持续性相结合的研究现状,通过检索数据库 Web of Science 核心合集[Science Citation Index Expanded (SCI-EXPANDED),1982年至今;Social Sciences Citation Index (SSCI),1999年至今],输入检索词"inclusive sustainability"查找相关英文文献,仅检索出标题含有检索词的40篇论文,主要聚焦在包容性经济、包容性财富等方面。

进一步扩大检索范围,以"inclusive sustainability""inclusive AND water""inclusive development""inclusive growth"为主题词,文献类型选择"研究论文(ARTICLE)""综述(REVIEW)"进行检索,所获得的有效文献、研究论文、综述论文情况如表1.3所示。

表1.3 检索策略及结果

检索词	标题篇	主题篇	研究论文篇	综述篇
inclusive sustainability	40	910	825	85
inclusive AND water	31	1229	1106	123
inclusive development	367	6465	5860	605
inclusive growth	135	1969	1807	162

运用 CiteSpace v.5.7R5 可视化软件进行词频、共现、共被引等分析发现,聚焦"inclusive sustainability"的研究,主要研究机构以斯德哥尔摩大学、亚利桑那州立大学、斯坦福大学为代表,主要涉及能源与燃料、环境研究、环境科学等学科领域,并未涉及水资源领域,说明该领域有进一步研究的空间。从文献共被引网络来看,高被引文献来自 Arrow、Gupta 等学者[56,57]。

而聚焦"inclusive AND water""inclusive development""inclusive growth"领域的研究，学者们早在2001年就开始涉猎"water resources"领域，与"environmental sciences & ecology""environmental sciences"、与"behavioral sciences""genetics & heredity"依次位居前三位。然而，针对水资源包容性与可持续性相融合的研究甚少，因此需要进一步深入探究水资源的包容性与可持续性。

有关包容性与可持续性的研究，上述高被引文献着重探讨了可持续性财富度量、包容性发展的实施及可持续发展目标得以实现的测量等，其中，Arrow 等提出可持续性财富度量的理论框架包括人力资本、自然资本、健康改善和技术变革，5个国家实证分析表明不同国家对可持续性贡献的资本种类有很大不同[56]，该框架对本研究突出包容性思想与科技进步的作用具有借鉴价值；与已有的研究关注当代人可持续发展的社会和环境方面不同，Gupta 等提出了包容性发展实施的基本方式：发展社区、互动治理以实现授权，采用适当的治理工具[57]；Dasgupta 等发表在 Science 上的论文，提出了判断可持续发展目标是否可持续性的全面衡量财富的工具，包括可再生资本(道路、建筑物和机器)、人力资本(教育和健康)和自然资本(土地、渔业、森林)，特别强调通过人均财富及其变动来反映可持续发展目标的实现[58]。

最近学者们开始涉猎包容性财富、包容性创新等。Ding 等从空间、逻辑和时间3个维度，提出了一个衡量城市可持续性的三位一体(trinity of cities'sustainability from spatial,logic and time dimensions,TCS-SLTD)，包容性的、因果关系的可持续发展评估框架[59]；Kalkanci 等基于"包容性创新"方法探究了可持续性[60]；Ikeda 和 Managi 提出了基于包容性财富指数(inclusive wealth index,IWI)的可持续性评估框架模型，预测了2015—2100年不同未来情景下的包容性财富指数[61]；Zhang 等提出包容性财富(inclusive wealth,IW)来表征人类福祉的所有资产的财富，包括自然资本、人力资本和生产资本[62]；Siddiqi 和 Collins 探讨了包容性创新概念如何在环境和社会包容性的之间建立联系[63]；Cheng 等开始关注水资源财富并将其纳入包容性财富指数框架，评估了中国210个城市可持续发展绩效[64]，但未能将水包容性与可持续性结合起来[65]。可见，应整合经济、社会、环境与科技创新，将包容性纳入可持续性框架中加以研究。

1.2.3 长江经济带水资源可持续利用研究

围绕长江经济带水资源，学者们进行了卓有成效的研究，主要探究水生态足迹[66,67]、利用效率[68]与绿色效率[69,70]、水资源承载力[71,72]的测度、人口承载力[73]的测度等。聚焦水资源效率[74,75]与承载力的研究较多[76-78]，而围绕长江经济带水资源可持续利用的研究甚少[79]。

1. 指标体系研究

有关水资源可持续利用或水资源承载力指标体系的构建，学者们通常采用以下4类方法：

一是根据系统论、协调论、可持续发展理论等的思想，将系统划分为既有联系又相互独立的不同层次和要素构成的子系统，基于可持续发展的思想，多以水资源、社会经济、生态环境等系统作为准则层，从水资源的禀赋与可供性、开发利用效率、对社会经济发展的支撑能力、对环境污染与保护的情况等方面选取相应的评价指标[71,80]。

二是基于 PSR 基本模型及拓展模型来划分体系结构，学者们多数基于压力-状态-响应（pressure - state - response, PSR）[81-83]、驱动力-压力-状态-影响-响应（drive - pressure - state - impact - response, DPSIR）[84,86]模型选取指标。

三是根据指标使用频率统计或指标归类确定体系准则，选取高频指标进行评价。

四是按照"供水、需水、水质"或者按照"量、质、域、流"四大方面，具体包括水量（允许经济社会水资源消耗量，即水量水效）、水质（允许排入河湖水体的污染物量，即纳污能力）、水域（维持一定的湖泊湿地等水域用水量和地下水水位，即水域保护度）、水流（维持一定的河道生态流量，即河道流量），构建水资源承载力"四层三级"指标体系[78]。

由此可见，根据系统论与可持续发展思想将水资源系统作为一个各要素之间相互联系、相互作用的复杂大系统来加以研究应成为主流，基于 PSR 模型来设计评价指标体系成为主要方向。在研究内容上，以水资源开发利用能力为主，逐渐延伸到水资源承载社会经济规模的能力；从测算水资源开发利用规模，逐步涉及人口规模、灌溉面积、工业产值、生态环境安全等内容，研究所涵盖的要素更加全面、细化。

评价指标体系的构建是研究水资源可持续发展的基础，从已有的水资源可持续利用或水资源承载力指标体系来看，评价指标的选择涵盖了水资源系统、经济系统、社会系统、生态环境系统的指标，通过梳理前人的研究文献，将各个系统度量指标汇总归类如表 1.4～表 1.7 所示[71,73,77,79,80,82,83,87-98]。为了凸显科技系统在可持续发展中的重要作用，将前人在水资源、经济、社会、生态环境各个系统中涵盖的有关科技指标，筛选出来单独归纳在表 1.8 中[80,92,95,99-103]。

对于水资源子系统，学者们的研究可以分成 3 类：①基于"压力-状态-响应"的 PSR 模型来选取水资源评价指标，涉及水资源水平、水资源压力与水资源保护方面的指标[87]，具体反映水资源量、水质总体情况、水资源可利用程度、水资源开发利用情况等指标，或针对水环境进行评价，从水环境压力、水环境状态、水环境响应 3 个方面选取；②从水资源禀赋、水资源使用状况、水资源利用效率、水资源污染及治理等方面来分别选取指标；③聚焦用水结构、利用效率等方面的指标。根据研究内容的不同，有些学者从水资源总量、用水结构、用水比例、利用效率等方面选取指标，还有些学者则从消费结构、可持续性、利用效率 3 个方面选取相应指标。综上，结合水资源开发利用的"三条红线"管控要求，表征资源禀赋的水资源系统应从水资源量、产水能力、用水量和开发利用率等方面来选取相应指标（表 1.4）。

表 1.4 水资源系统度量指标归类及文献来源

子系统	准则层	指标层	文献来源
水资源系统	水量与产水能力	人均水资源量/水资源总量	[71];[79];[83];[87];[88];[89];[90];[91];[92];[93];[94];[95];[96];[98]
		单位面积水资源量	[77];[91]
		地表水资源占比	[71]
		地表水供水量(资源量)	[73];[91];[94]
		地下水开采量(资源量)	[73];[78];[89];[91];[94]
		供水模数	[71];[90];[91]
		产水模数	[71];[87];[88];[90];[91];[95];[96]
		人均水资源利用量	[71];[88];[90];[96]
		年降水量	[79];[91];[92]
		降雨深	[71]
	水质	达到Ⅲ类水的断面占比	[92]
		水功能区水质达标率	[92];[98]
		水质综合达标率	[77];[97]
	用水量	用水总量/人均用水量	[70];[71];[79];[80];[83];[87];[90];[91];[94];[95];[96]
		万元GDP用水量	[71];[73];[83];[87];[88];[91];[92];[98]
		万元工业增加值用水量	[71];[78];[83];[87];[95];[96]
		农林畜牧用水量	[79];[97]
		工业用水量	[77];[79];[92]
		农田灌溉亩均用水量/农业用水量	[77];[78];[87];[89];[91];[94];[95];[96]
		生活用水量	[71];[77];[79];[80];[91];[92];[94];[95]
		生态用水量	[77];[91];[92];[94]
		有效灌溉面积/耕地灌溉率	[88];[89];[90];[94];[95];[97]
		生态环境用水率	[71];[95];[96]

续表 1.4

子系统	准则层	指标层	文献来源
水资源系统	用水效率	重复用水率	[77];[92];[95]
		城市管网漏失率	[78];[98]
		节约用水量	[92]
		水资源开发利用率	[71];[77];[82];[90];[91]
		水资源利用率	[77];[88];[90];[96]

对于经济子系统,也有学者将之与社会系统作为一个整体来研究。将经济社会系统划分成经济发展水平、社会发展水平2个维度,也有将之划分成经济结构或产业结构、经济实力、社会发展水平3个维度。就将经济子系统单独作为一个子系统的研究来看,一般将之划分为经济总量或实力、经济结构或产业结构、经济效益方面的指标,主要反映经济发展能力、产业结构、工农业用水情况等(表 1.5)。

表 1.5 经济系统度量指标归类及文献来源

子系统	准则层	指标层	文献来源
经济系统	总量/实力	GDP/人均 GDP/人均地区生产总值	[70];[71];[77];[80];[83];[87];[93];[94];[95];[96]
		GDP 增长率	[71];[79];[80];[91]
	产业结构	第一产业占地区生产总值比重	[77];[92];[93]
		第二产业占地区生产总值比重	[80];[87];[92]
		第三产业占地区生产总值比重	[71];[79];[80];[92]
	效益	人均财政收入	[92]
		社会劳动生产率	[92]

对于社会子系统,主要反映人口和社会发展对水资源的利用情况,涉及人口压力、生活用水量、生活污水达标处理率等;有学者基于"五位一体"总布局对长江经济带城市经济社会发展动态评价中,将之细分为生活质量、社会保障、社会和谐[104]。可见,社会系统应以

人为本,关注公平与保障、基础设施与生活质量几个方面来选取相应指标(表1.6)。

对于环境子系统,相关研究主要表征水资源的开发利用、经济建设与人类活动等对水生态环境的影响。大多数学者采用PSR模型,从压力、状态、响应3个维度来建立相应的评价指标体系[81]。

表1.6 社会系统度量指标归类及文献来源

子系统	准则层	指标层	文献来源
社会系统	公平与保障	人口密度	[71];[83];[96];[98]
		人口自然增长率	[71];[73];[79];[80];[82];[91];[95]
		城镇化率	[71];[73];[77];[96]
		城镇登记失业率	[95]
		城镇基本养老保险参保率	[92]
		城镇基本医疗保险参保率	[92]
		城镇失业保险参保率	[92]
		每万人拥有医疗床位数	[80];[92];[95]
		每万人拥有医生人数	[80];[92]
	基础设施	人均拥有道路面积	[92]
		万人拥有公共车辆数	[80];[95]
	生活质量	自来水普及率	[95]
		城市居民人均可支配收入	[91];[92];[95]
		农村居民人均纯收入	[91];[92];[95]
		城乡居民收入比	[92]
		城镇/农村居民消费水平	[87];[94]
		城镇居民恩格尔系数	[92]
		农村居民恩格尔系数	[92]
		城市居民人均住房建筑面积	[92]
		互联网用户/互联网普及率	[92];[95]

也有少数学者根据生态环境不同的分类资源进行划分,如细化为大气环境、水环境质量、固体废物、土壤、森林、植被等资源。可见,在评价生态环境子系统中,应引入PSR模型来确

定准则层,分别从生态环境压力、生态环境状态、生态环境响应3个方面来选取相应指标,以表征水资源环境系统的环境友好状态(表1.7)。

从已有的文献研究来看,指标体系涉及水资源、经济、社会、生态环境方面,但对科技创新方面的指标考虑不多[80,92,95]。然而,高等教育与信息技术的普及、科学技术与教育投入以及创新潜力,直接关系水资源系统的可持续发展,因此,有必要将科技系统作为一个独立的子系统,将之纳入城市水资源可持续发展中进行研究。

表1.7 环境系统度量指标归类及文献来源

子系统	准则层	指标层	文献来源
环境系统	压力	废污水排放总量/人均排放量	[70];[73];[78];[83];[87]
		工业废水排放量(密度)/万元工业增加值工业废水排放量	[70];[73];[80];[83];[91];[94];[95]
		城镇生活污水排放量(密度)	[70];[73];[91];[94]
	状态	空气质量良好以上天数	[92]
		水功能区达标率	[78];[87]
		森林覆盖率	[71];[79]
		植被覆盖率	[77];[91];[96]
		饮用水源地合格率	[87]
		人均城市建设用地面积	[95]
	响应	城市污水处理厂污水处理率	[71];[73];[79];[80];[83];[91];[92];[96];[98]
		废水治理投资占GDP的比重	[71]
		环境污染投资额/占比	[91];[95]
		固体废物综合利用率	[95]
		生活污水达标处理率	[77];[82]
		城市绿化覆盖率/建成区绿化覆盖率	[79];[80];[92];[95];

科技子系统对水资源开发利用与水污染控制起着关键作用,工业废水、城镇污水处理与资源化、农业水污染控制、流域水污染治理与综合控制、节水与非常规水资源综合利用、饮用水安全保障等,都需要科技的创新应用。从已有的专门围绕科技子系统的研究来看,评价指标的选择多从科技创新投入和科技成果转化[99]或科技投入-科技产出两个维度来划分[100]。

在科技投入-科技产出的基础上,有的学者增加了科技创新环境、技术创新扩散,形成科技创新投入-科技创新产出-科技创新环境-技术创新扩散的四维度结构[101]。也有学者综合考虑"高新技术产业化水平"指标,形成科技投入水平-科技产出水平-科技成果转化水平-高新技术产业化水平的四维度结构[102]。还有的学者则通过综合上述学者的研究,构建了研发投入-人才储备-科技成果-成果转化-技术扩散的五个维度评价指标体系[103]。综上,本书考虑教育与人才在科技系统中的重要性与主导作用,将从人才、投入与成果3个方面来选取相应的评价指标,以表征科技系统的科技发展状况(表1.8)。

表1.8 科技系统度量指标归类及文献来源

子系统	准则层	指标层	文献来源
科技系统	人才	高校在校学生数	[80];[92];[95]
	投入	科技投入占比	[95];[99];[100]
		人均教育经费	[95]
	成果	申请专利数量	[80];[92]
		规模以上工业企业高新技术产业产值	[92];[102];[103]

此外,还有的学者借助综合指标,如承载力指数和协调指数两项指标来衡量,根据指数的范围值对水资源承载状态做出评价。

2. 评价方法研究

评价方法上,学者们主要采用主成分分析[94]、改进层次分析法[105]、模糊综合评价[106-107]、灰色关联度[89]、DEA[93]、系统动力学[73,108]、TOPSIS[109,71]、BP神经网络[90]、多准则决策分析[110]进行评价。王壬等[85]选择了7种典型的评价模型或方法,即主成分分析、层次分析、灰色关联分析、改进序关系、模糊综合评判、BP神经网络和支持向量机SVM模型,对福建省9个设区市水资源可持续利用状况进行了方法对比研究,研究发现主成分分析、层次分析、灰色关联分析和模糊综合评判方法的评价相对稳定,而BP神经网络和SVM模型虽然能降低赋权的主观性,但受指标等级标准划分、训练样本生成和参数设置等多种因素的影响,其评价的稳定性相对较差。也有少数学者力求克服单一方法各自的缺点,将多种方法集成,进行集成评价[109]。如集成熵值法和TOPSIS对水资源可持续利用进行了评价[109];采用熵权法和灰靶模型对水资源可持续利用强度进行了评价[39]。综上,水资源承载力或可持续利用的评价方法呈多元化的趋势。多数采用单一的评价方法,少数涉及两种方法的集成评价,而水资源包容性可持续发展系统具有复杂性和模糊性特征,单一的评价方法难以全面评价整个系统,因此有必要进行评价方法的改进与集成。

另外,从研究对象来看,学者们多选取长江经济带上9省2市作为研究区域,较少从城市、城市群和流域3个层面展开,这也为本研究提供了进一步发展的空间。

1.2.4 城市水资源耦合协调研究

1. 耦合协调的评价体系研究

由于城市水资源系统是一个涉及行为主体-生态环境-经济-社会的复杂系统,针对水资源耦合协调的研究,学者们从不同的角度展开探讨,主要聚焦水资源与城市各要素间的交互耦合,并取得了较为丰硕的成果。从现有研究来看,以探讨两系统之间的耦合协调关系为主,随着研究的深入,学者们转向对3个系统、4个系统之间的耦合协调关系的研究(表1.9)。

表1.9 有关水资源耦合协调研究文献汇总

系统数	子系统涉及	文献来源
2个系统	水资源、经济	[111]
	水资源、社会经济	[112];[113]
	水资源、生态环境	[114]
	水资源、能源	[115];[116]
	水资源、土地资源	[117];[118]
	水资源、人口	[119];[120]
	水资源、城镇化	[95];[98];[118]
	水环境、城镇化	[121]
	水资源环境、经济	[87];[122]
	水资源环境、工业经济	[123]
	水资源环境、农业经济	[124]
	用水效率、经济	[125]
3个系统	水资源、社会、经济	[128];[129]
	水资源、社会经济、生态	[130]
	水资源、人口、经济	[120]
	水资源、能源、粮食	[126];[131]
4个系统	水资源、水资源利用、社会经济、生态环境	[132]
	水资源、人口、经济、生态	[133]

针对两个系统间的研究,学者们大多针对水资源与经济[111]、社会经济[112-113]、生态环境[114]、能源[115-116]、土地资源[117-118]、人口[119-120]、城镇化[118,98,95]等两两系统间的耦合协调关系展开实证研究,也有学者围绕水环境与其他子系统的两两系统间的耦合协调关系进行研究,如水环境与城镇化[121]、水资源环境与经济[122,87]、水资源环境与工业经济[123]、水资源环境与农业经济[124]、用水效率与经济[125]等。

仅有少数针对3个子系统或4个子系统协调关系展开研究的[126,127]。针对三者耦合协调关系的研究主要涵盖社会(人口)、经济、生态中的两个与水资源构成3个子系统来加以研究,如水资源与社会、经济[128,129],水资源与社会经济、生态[130],水资源与人口、经济[120],还有涉及水资源与能源、粮食[126,131]3个不同的系统展开研究,验证了三者之间存在复杂的纽带关系。针对四者耦合协调关系的研究相对较少,主要关注水资源与经济、社会、生态环境等系统之间的关系。学者们分别从水资源、水资源利用、社会经济、生态环境[132],或水资源、人口、经济、生态[133]4个系统展开研究,探索四者之间的耦合互馈关系,并揭示其动态变化特征及所属的耦合协调状态。然而鲜有学者将科技系统作为独立的子系统引入水资源复合系统的耦合协调研究,对水资源与经济、社会、环境、科技等系统之间交互及多重耦合关系进行探讨的甚少。

水资源作为人类生存和社会经济发展必不可少的资源,在促进经济社会发展和保护生态环境中发挥着十分重要的作用,可见研究水资源、经济、社会、环境四者之间耦合协调关系具有重要的理论与现实意义。然而,随着水资源短缺、水生态环境污染日趋严重,迫切需要通过科技手段来解决水资源的供需矛盾、水资源的优化配置、水资源的综合开发与利用。因此,有必要将科技系统纳入水资源可持续发展系统中加以研究。

然而,从现有的研究来看,目前聚焦于科技系统与相关系统的耦合协调关系的研究,并未涉猎水资源系统,学者们多数是立足于科技创新来研究科技与经济、社会(人口)、生态环境、能源、土地、资源等其中的2个子系统、3个子系统或4个子系统之间的耦合协调关系,如科技创新与经济发展[103,134,135]、科技创新与生态环境[99]两者耦合协调关系的研究,他们分别探究了专利、科技创新能力、科技创新发展水平等与经济发展水平或经济高质量发展;研究三者耦合协调关系的有针对长江经济带探讨了创新能力、经济发展与生态环境耦合协调发展[101],评价了我国科技、经济、生态系统耦合协调发展水平及其差异;围绕着四者耦合协调关系的研究有针对科技、经济、社会、资源4个系统的耦合协调发展的时空分析[136],基于区域视角下对我国科技、经济、能源、环境四元系统耦合水平演变特征及提升策略的研究[137]。这些研究成果为本研究引入科技系统到水资源包容性可持续发展系统中加以探究提供了有价值的参考。

2. 耦合协调的测度方法研究

关于耦合协调度的测度,一般采用耦合协调度模型,模型有4种(表1.10)。

表 1.10 水资源复合系统耦合协调度模型汇总

模型	公式	文献来源
模型 1	$C_n = \left[\dfrac{U_1 \times U_2 \times \cdots \times U_n}{\prod_{i \neq j}(U_i + U_j)} \right]^{\frac{1}{n}}$	[95];[128]
模型 2	$C_n = \left[\dfrac{U_1 \times U_2 \times \cdots \times U_n}{\left(\dfrac{U_1 + U_2 + \cdots + U_n}{n}\right)^n} \right]^n$	[112];[138]
模型 3	$C_n = \left[\dfrac{U_1 \times U_2 \times \cdots \times U_n}{(U_1 + U_2 + \cdots + U_n)^n} \right]^{\frac{1}{n}}$	[139];[120];[81]
模型 4	$C_n = \left[\dfrac{U_1 \times U_2 \times \cdots \times U_n}{\left(\dfrac{U_1 + U_2 + \cdots + U_n}{n}\right)^n} \right]^{\frac{1}{n}}$	[115];[116];[141]

注:$U_1,\cdots,U_n$ 分别为第 $1,\cdots,n$ 个子系统的发展水平(指数),n 为子系统的个数。

学者们运用通用的模型 1 计算出相应的水资源与经济、社会系统的耦合度[95,128]。随后,为缩小离差,学者们对耦合度模型进行优化,衍生出模型 2、模型 3 和模型 4。他们采用模型 2 对北京市水环境与经济系统的耦合协调度进行了测算,对湖北省水资源与经济社会系统耦合协调进行了时空分析,论证了模型 2 的科学性及适用性[112,138];熊建新等借鉴容量耦合概念,得到优化后的耦合度模型 3[139],学者们将其运用到水资源与经济社会,水资源与经济、人口系统耦合协调的时空分析中,测算出相应的耦合度[120,140]。考虑多系统共同耦合兼容性,结合离差系统及容量耦合系统的思想,学者们又在模型 2、模型 3 的基础上做了适当的扩展与优化,他们运用耦合度模型 4 测度了水资源复合系统耦合协调度[115-116,141]。相比于模型 1 存在低估耦合度的问题,模型 4 更适用于 n 个系统间的耦合度分析。对比模型 2、模型 3,通过模型 4 计算出的耦合度远高于模型 2 与模型 3,更加符合实际。为了刻画多系统之间的多重耦合关系,使耦合度结果更直观可信,本研究后续将采取扩展后的耦合度模型 4 来测度耦合度(表 1.10)。

在耦合度计算的基础上,对耦合协调度 D,一般采用公式 $D = \sqrt{C \times T}$ 来计算,其中,综合协调指数(即综合评价值)T,学者们主要采用指数加成法[142]、层次分析法[143]、模糊及灰色理论法[144,145]、TOPSIS 法[87,146]、系统动力学[147]等进行测算,且大多以某一省域、某一市域为对象探讨耦合协调的空间差异,这些成果为本研究提供了重要参考,但上述研究多针对两两耦合关系,较难体现子系统间的交互耦合关系。因此,有必要探索能表征、测度水资源-社会-经济-环境-科技多系统间多重耦合协调关系的模型与方法。

针对评价指标赋权方法的研究,通过文献梳理发现,学者们绝大多数利用熵权法进行赋权[95],通过实际数据分析决策问题中信息的有用性来确定权重,具有主观赋权法所不具有的优势。

1.2.5 现有研究述评

前人在包容性增长、水资源承载力、水足迹、城市耦合协调研究中,取得了较大的进展,为

本研究提供了有价值的参考,但还存在以下不足:

(1)侧重于包容性增长、水资源承载力指标体系设计与评价,而集包容性与可持续性于一体的有关水资源包容性可持续发展理论框架建立、体系设计、方法改进、集成评价和耦合协调机制的系统研究很少。

(2)学者们更多考虑经济、社会、生态环境、水资源因素,未充分考虑科技进步的作用,尤其是社会公平性体现不够,且很少考虑绿水、灰水足迹。

(3)集成评价方法运用较少,难以充分体现城市水资源系统的非线性、模糊性等特征。

(4)已有的耦合协调度模型,主要针对两个系统间的耦合,较难体现多系统间的多重耦合关系。

(5)基本上是从一个流域、省域开展实证研究,聚焦长江经济带水资源的研究多从9省2市展开,较少从城市、城市群和流域3个层面展开理论与实证研究。

这些不足正是本研究力求解决的。因此,运用科学的方法构建水资源包容性可持续发展理论框架、评价体系与耦合协调模型,采用集成方法评价水资源包容性可持续发展水平与态势,揭示多个系统之间的耦合协调效应,进而探寻城市水资源包容性可持续系统耦合协调的未来发展路径,应成为未来研究的趋势。

1.3 研究目标与研究内容

1.3.1 研究目标

本书旨在建立城市水资源包容性可持续力理论框架及耦合协调机制。具体来讲,本书将综合运用系统科学、包容性增长、水足迹和可持续发展等理论,基于2008—2018年的面板数据,以我国重大国家战略发展区域长江经济带长江沿线38个地级及以上城市为研究对象,在测算38个城市水足迹的基础上,从理论、方法与应用层面,研究水资源包容性可持续力理论框架建立、体系设计、方法集成与评价、耦合协调效应与障碍诊断,基于SOM神经网络聚类,通过情景模拟提出不同类型城市水资源包容性可持续力耦合协调发展优化路径及政策建议,为政府提供科学的决策支持。具体目标如下:

(1)揭示长江经济带38个城市水足迹及时空演变规律。

(2)建立城市水资源包容性可持续力ASFII基本框架与评价体系。

(3)构建集成评价模型,揭示长江经济带城市水资源包容性可持续力的演变规律。

(4)阐释长江经济带城市水资源包容性可持续力系统耦合协调时空演变特征,识别障碍因子。

(5)基于自组织映射神经网络和情景模拟,提出不同类型城市水资源包容性可持续力耦合协调优化路径及对策。

1.3.2 研究内容

本书具体包括5个方面的研究内容。

研究内容 1：长江经济带城市水足迹测度与时空分析。

为厘清研究区域内维持人口生活生产所消耗的水资源量、水资源利用效率以及承载能力,全面衡量水资源的真实消耗状态,掌握水资源禀赋与可用性水平,本研究基于水足迹模型,引入包括蓝水足迹、绿水足迹、灰水足迹在内的水足迹概念,测算2008—2018年长江经济带38个城市的水足迹、水足迹强度以及水资源压力指数,科学展现人类对水资源的消耗与污染状况,分析城际、三大城市群水资源利用的时空差异,为后续评价体系设计中引入水足迹提供依据。

研究内容 2：城市水资源包容性可持续力基本框架与评价体系构建。

本研究将综合运用系统科学、包容性增长、水足迹和可持续发展等理论,科学界定城市水资源包容性可持续力的内涵,建立集可用性(availability)、持续性(sustainability)、友好性(friendliness)、包容性(inclusiveness)、创新性(innovation)于一体的水资源包容性可持续力ASFII基本框架。从资源禀赋、高质量发展、环境友好、以人为本、科技发展5个层面,确定影响城市水资源包容性可持续力的关键因素,并据此遴选相应的评价指标,尤其注重探讨水资源包容性可持续力的驱动和制约因素,揭示各子系统间耦合协调机制,为后续评价城市水资源包容性可持续力提供理论框架与指标体系。

研究内容 3：城市水资源包容性可持续力方法改进与集成评价。

由于城市水资源包容性可持续力是一个复杂系统,具有不确定性、模糊性,因此,为科学评价水资源包容性可持续力水平,拟开展以下研究：

(1) 提出一套适合城市水资源包容性可持续力的集成评价方法。该方法利用改进的层次分析法(extended analytic hierarchy process, EAHP)和加速遗传算法(accelerating genetic algorithm, AGA),并集成熵值法(entropy method, EM)、灰色关联分析法(grey relational analysis, GRA)、逼近理想解的排序方法(technique for order of preference by similarity to idear solution, TOPSIS),形成集成评价模型,并验证该模型的科学性和有效性。

(2) 基于上述集成评价模型,选择2008—2018年城市面板数据,对长江经济带38个城市、三大城市群水资源包容性可持续力进行集成评价,以期提供科学的评价方法和应用范例。

研究内容 4：城市水资源包容性可持续力系统耦合协调时空分析。

从复杂系统角度来看,城市水资源、社会、经济、环境、科技5个子系统之间存在交互及多系统共同耦合关系,其耦合协调对城市水资源包容性可持续力具有重要影响。本研究将采用耦合协调度模型与障碍度模型,对长江经济带38个城市水资源包容性可持续力5个子系统间耦合协调度进行时序特征与空间差异分析,识别其障碍因子。

研究内容 5：基于SOM城市水资源包容性可持续力耦合协调路径及对策研究。

由于城市发展不均衡,存在空间异质性。如何体现地域差异、识别主控要素,以及体现跨尺度耦合协调?本研究根据上述研究结果,针对传统聚类方法难以反映样本整体拓扑结构的不足,采用自组织映射神经网络(SOM)聚类方法,探讨城市水资源包容性可持续力的空间集聚效应,确定其聚类特征、等级划分,针对不同类型城市分别选择一个代表性城市作为研究样本,运用情景模拟方法进行情景模拟,分类提出其耦合协调最优路径方案及建议。

1.4 研究方法与技术路线

1.4.1 研究方法

(1)调研法、文献研究法。实地调研政府水资源规划与管理部门、相关企业等,了解水资源禀赋、供需、治污等状况,通过最新国内外文献的搜集、梳理,确定城市水资源包容性可持续力的关键影响因素、建立其基本框架与指标体系。

(2)集成评价方法。基于城市水资源包容性可持续力系统的不确定性和复杂性特征以及评价指标体系的层次性特征,同时为减少评价过程中的主观性,解决实际应用中存在的判断矩阵构造及其一致性问题,本研究将运用改进的层次分析法和加速遗传算法,并集成熵值法、灰色关联分析法、逼近理想解的排序方法,形成 EM-AGA-EAHP-GRA-TOPSIS 集成评价模型,来科学评价长江经济带城市水资源包容性可持续力水平。

(3)自组织映射神经网络(SOM)。长江经济带城市由于发展不均衡,其水资源包容性可持续力在资源禀赋、社会经济、生态环境和科技方面参差不齐,存在空间异质性。针对传统聚类方法难以反映样本整体拓扑结构的不足的问题,本研究采用 SOM 方法,对 38 个城市进行聚类,探讨其空间集聚效应,为城市耦合协调优化路径及政策建议制定提供依据。

(4)情景模拟方法。为了更好地揭示城市水资源包容性可持续力耦合协调演化路径,本研究采用情景模拟的方法,通过情景设置、参数选择与预测,在 SOM 聚类分析的基础上,模拟长江经济带不同类型城市水资源包容性可持续力耦合协调的优化路径。

1.4.2 技术路线

本研究的技术路线如图 1.1 所示。

1.5 主要创新点

本研究拟解决的关键问题主要有如何融数量维、质量维和时空维三维于一体,构建城市水资源包容性可持续力基本框架,以充分体现水资源的可用性、持续性、友好性、包容性和创新性?如何根据水资源包容性可持续力的内涵和五大理念,识别其关键因素,构建其评价指标体系?又如何根据城市水资源包容性可持续力系统的复杂性和模糊性特征,选择适合的评价方法,并集 EM、AGA、EAHP、GRA、TOPSIS 等方法之所长,提出其评价的科学方法,进而阐释城市水资源包容性可持续力系统耦合协调时空演变规律与障碍诊断?又如何基于 SOM 和情景模拟,分类提出其耦合协调最优路径?

围绕上述拟解决的关键问题,本书将包容性增长与可持续发展理念融合引入城市水资源研究,在理论、方法与应用方面,取得了创新性的研究成果。在理论上,提出了"水资源包容性可持续力"新概念,引入包括蓝水足迹、绿水足迹、灰水足迹在内的水足迹概念,建立了集可用性、持续性、友好性、包容性、创新性于一体的水资源包容性可持续力理论框架;在方法上,提

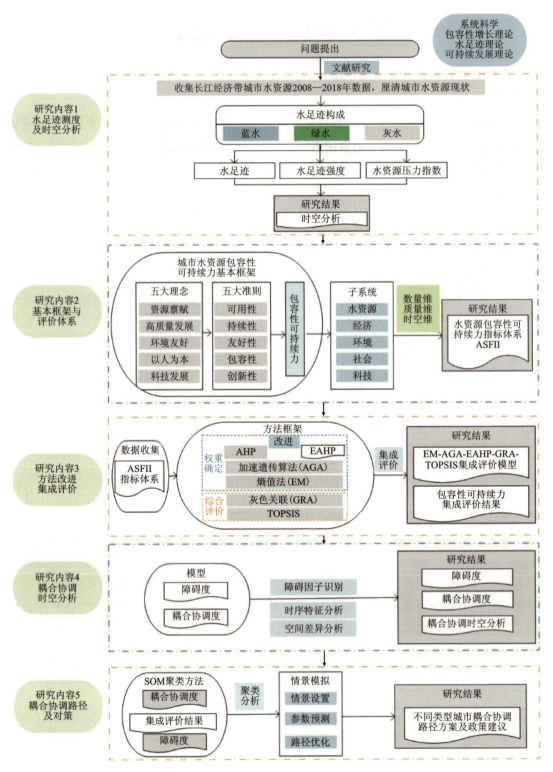

图 1.1 技术路线图

出了一套适合城市水资源包容性可持续力的集成评价方法,引入自组织映射神经网络与情景模拟等方法,科学揭示了其耦合协调机制。所取得的创新性成果如下:

(1)提出了"水资源包容性可持续力"新概念,为城市水资源可持续性研究提供了全新的视角。与前人的水资源承载力、可持续力不同,本书将包容性增长与可持续发展理念融合引入城市水资源研究,第一次提出了"水资源包容性可持续力"新概念,该概念是一个集资源禀赋、高质量发展、环境友好、以人为本和科技发展五大理念于一体,强调水资源可用性、持续性、友好性、包容性、创新性于一体的全新概念,是对水资源效率与承载力概念的拓展,为城市水资源可持续性研究提供了新的视角,即水资源管理应在包容性可持续性范式下进行。

(2)建立了集可用性、持续性、友好性、包容性、创新性于一体的城市水资源包容性可持续力 ASFII 基本框架与评价体系。前人研究主要立足于可持续发展的三大支柱(经济、社会、环境),没有充分考虑科技进步的作用,尤其是社会公平性体现不够,且对水资源用水量仅仅考虑了蓝水(地表水和地下水)足迹,很少将绿水足迹、灰水足迹考虑在内,本研究引入包括蓝水足迹、绿水足迹、灰水足迹在内的水足迹概念,建立了集水资源可用性、经济持续性、环境友好性、社会包容性、科技创新性于一体的城市水资源包容性可持续力 ASFII 基本框架及评价体系。

该框架及体系不仅融合了传统可持续发展的三大支柱,而且融入了包容性增长思想,同时突出了科技进步的重要作用,充分体现了资源禀赋、高质量发展、环境友好、以人为本和科技发展五大理念,分别将蓝水足迹、绿水足迹的影响纳入水资源系统,将灰水足迹纳入环境系统,科学地展现了人类对水资源的真实消耗与污染状况,从而为水资源包容性可持续性研究提供了更广阔的视角,可用以更加全面、科学地衡量城市层面,以及城市群、流域、省域水资源包容性可持续发展能力。

(3)提出了一套适合城市水资源包容性可持续力测度的集成评价方法与模型。与前人仅仅关注一个流域整体或省级层面研究不同,本研究的独特性在于采用跨越 11 年的面板数据,将研究范围拓展到长江经济带长江沿线所有地级及以上城市。为科学评价城市水资源包容性可持续力水平,针对传统 AHP 中九标度法的不足,本研究利用改进的层次分析法(EAHP)和加速遗传算法(AGA),并集成熵值法(EM)、灰色关联分析法(GRA)、逼近理想解的排序方法(TOPSIS),建立了 EM-AGA-EAHP-GRA-TOPSIS 集成评价模型,通过实例验证了该模型的科学性和有效性。通过实证研究,从城市、城市群和流域 3 个层面测算了 38 个城市、三大城市群及长江经济带的水资源包容性可持续力的大小和五大发展指数,揭示了其耦合协调时空演变特征和关键制约因素,运用情景模拟对设定的 6 种情景进行模拟,分类提出了其耦合协调最优路径方案及建议。为城市、城市群、流域及省域水资源包容性可持续发展能力评价提供了科学的评价方法和应用范例。

2 理论基础

本章分别概述了系统科学、包容性增长、水足迹和可持续发展等理论的相关概念与主要内容,为后续科学界定城市水资源包容性可持续力的内涵,建立其基本框架,并识别影响城市水资源包容性可持续力的关键因素提供理论依据。

2.1 系统科学

系统思想由理论生物学家贝塔朗菲(Bertalanffy)创立,他将系统定义为:处于一定相互关系中、与环境发生联系的各个组成部分构成的总体。追求"人与自然"之间的协调发展是可持续发展的目标,作为"自然-经济-社会"复杂系统中的一个组成要素,为了实现可持续发展功能,水资源与整个系统中的其他要素相互作用、相互联系,进而构成一个有机整体。因此,研究水资源包容性可持续力需要以系统科学理论为指导[148]。

2.1.1 系统的内涵

系统是指由若干相互联系、相互作用的要素构成,具有一定功能且与环境发生联系的有机整体[148]。

其内涵强调了4层含义:①系统要素,系统由两个或两个以上要素组成,即系统的集合性;②系统联系,要素、系统、环境两两之间的联系,即系统的相关性;③系统功能,并非各要素的简单叠加,而表现为质的变化(即功能放大);④系统环境,系统在一定的环境之中,不断与环境之间发生着物质、能量和信息的交换。其本质是整体、部分、相互关系和变化,以及结果和转化的统一体,即环境的适应性[148]。

整体性是系统最基本的特征。也就是说,系统的功能通过整体表现;整个系统应具有子系统所没有的新功能;系统的目的决定着子系统的存在方式。

2.1.2 系统的耦合协调

由于城市水资源包容性可持续力系统是一个涉及水资源-经济-社会-环境-科技的复杂系统,各个子系统之间存在交互及多系统共同耦合关系,这种耦合协调对城市水资源包容性可持续发展具有重要影响。因此,不仅要度量各系统之间交互耦合的协调程度好坏,而且要能反映各系统发展水平的相对大小。这就需要引入耦合协调的概念来加以研究。

耦合协调包含"耦合"与"协调"两个相互独立的层面。耦合(coupling)是指两个或两个以上的要素或系统通过相互作用而彼此影响的现象。协调（coordinate）则是指各要素或系统和谐一致，配合得当。

耦合、协调、耦合协调三者之间既有联系又有区别。三者都以促进水资源、经济、社会、环境、科技可持续发展为目的。不同点在于：耦合强调的是各个系统之间从无序发展到有序；协调强调的是在系统运动发展过程中，各个要素之间的差距在缩小；耦合协调则突出的是在系统运动发展过程中，其内部各要素间交互耦合的协调程度。

系统耦合协调（coupling coordination）则是指系统的结构、功能的协同进化。水资源包容性可持续力系统的协调具体包括：水资源、经济、社会、环境、科技各个子系统内部及彼此之间的协调，即交互耦合关系。目的是提高系统的整体功能和协同效应，同时减少水资源包容性可持续力系统运行的负效应。耦合协调既可作为一种调节手段，也可作为表征各子系统内部及子系统之间融合关系的一种状态，从而反映系统的整体效应[148]，促使系统从无序的不可持续发展演变为有序的可持续发展。本书在后续研究中将这种耦合协调效应定义为系统的"耦合协调度"。

机制是指一个系统内各构成要素之间相互作用的过程和功能。本研究中的耦合协调机制着重探讨运行机制、约束机制，分别从制约因子、演变规律、未来趋势3个方面来刻画。

2.2　包容性增长理论

城市水资源包容性可持续力涉及水资源、经济、社会、环境、科技五大系统，它强调保持经济增长持续性的同时，追求社会公平，因此需要以包容性增长理论为指导，运用包容性的理念来全面刻画城市水资源包容性可持续发展能力。

2.2.1　包容性增长的内涵

包容性增长不仅强调其核心要义，即机会平等与成果共享，还强调广泛参与、效率提升、成果分享和环境可持续[1]，实乃"更有效率、更加公平、更可持续"的发展。

具体内涵包括：一是既强调通过经济增长创造就业机会，又强调发展机会的均等性；二是既要保持经济增长的持续性，又要减少和消除机会不均等，以促进社会的公平与包容性；三是将经济发展的目标由有利于贫困增长，转向包容性增长。消除机会的不平等（如受教育、就业、接受医疗服务机会的不平等）与结果的不平等（如收入、财富不平等），目标是提高人们的总体福利水平[54]。

可见，包容性增长强调以人为本，公平合理地分享经济增长，而可持续发展注重经济、社会、环境的协调发展[6]，因此，应从包容性、可持续性视角来探讨水资源包容性可持续发展能力。

包容性增长的测度一般包括经济基础结构、能力发展、收入公平及社会保障4个层次[45]，也有从经济增长的持续性、协调性、公平性和有效性中的3个层次或4个层次来测度的[52,53]。

2.2.2　包容性增长与相关理念

包容性增长的概念不仅与我国"创新、协调、绿色、开放、共享"的五大发展理念相吻合，而且与我国倡导的科学发展观和建设和谐社会一脉相承[49],与习近平生态文明思想高度一致。

从内涵上看,科学发展观强调以人为中心,是促进人与经济、社会的全面发展的理念。其中以人为本是核心,根本任务是发展,全面、协调、可持续发展是基本要求[49]。这与本研究提出的"水资源包容性可持续力"新概念也十分吻合。

从生态文明思想来看,坚持的是绿色、循环、低碳发展的理念,其中,绿色发展强调发展方式应以效率、和谐、可持续为目标;循环发展强调资源的全面节约和循环利用,低碳发展强调发展方式应以低耗能、低污染、低排放为特征,落实节能优先方针,实现经济效益、社会效益、生态效益共同提升。可见,其核心要义与包容性可持续发展相一致。

2.3 水足迹理论

2.3.1 水足迹的内涵

1. 水足迹的定义

2002年,被誉为"水足迹之父"的荷兰学者Hoekstra根据虚拟水理论首次提出了水足迹(water footprint)的概念[149],将之定义为:用于个人、企业或国家生产和消费所需产品需要的水量。水足迹表征了水资源在生产、消费过程中留下的"脚印",既包括消耗的实体水,还包括消耗的虚拟水,反映了人类对水资源的真实消耗量。

水足迹的思想源于1992年加拿大经济学家William Rees"生态水足迹"的理论。不同的是,生态足迹指的是维持人口资源消耗和废物排放水平所必需的土地面积,而水足迹表示维持人口生活所需的年用水量[150]。

2. 水足迹与虚拟水对比

1993年由英国学者Allan提出的虚拟水(virtual water)概念,是指在人类生产产品或服务过程中所使用的水资源量,虚拟水含量由生产该产品或服务所需的淡水体积(质量)定量表征[11]。水足迹的概念反映了水资源的消耗、污染与人们生产、消费的不同产品相关联,让人们从更综合的角度看待所消耗的水资源[13]。

水足迹与虚拟水所包含的内容和适用范围不同。虚拟水是指产品本身包含的水量,更适用于产品进出口中的水量计算,而水足迹还包含用水类型和时间地点等,在探讨各主体水资源消耗时适用性更广。例如,在探讨区域间贸易时,通常探讨产品所含虚拟水含量,而在计算消费者、生产者或一个国家等不同主体时,通常探讨其水足迹。核算国家水足迹时需要量化虚拟水的进出量,在这里虚拟水是国家水足迹的一部分。本研究将参照此种区分展开研究。两者的联系与区别如表2.1所示。

2.3.2 水足迹的构成

不同的学者对水足迹的构成划分不同,主要有以下3种。

按照不同的水资源类型,水足迹分为蓝水足迹、绿水足迹和灰水足迹。蓝水足迹是指产品在其生产链中对地表水和地下水的消耗。绿水足迹是指人类利用的地表蒸发流,即不会成为径流的雨水。灰水足迹表示"占用的纳污能力",即一定范围内稀释所排放的污染物所需的水量,以使环境水质满足允许的水质标准[149]。

表 2.1 虚拟水与水足迹概念对比

类别	虚拟水	水足迹
内涵	生产产品或服务过程中消耗的水量	用于个人、企业或国家生产和消费所需产品需要的水量
联系	虚拟水是水足迹的重要组成部分	
区别	仅指产品本身包含的水量	包含用水类型(如蓝水、绿水、灰水)、时间和地点
	仅表示水量	多层面指标
	通常用于国际或地区间贸易,如虚拟水进出口	通常用于探讨消费者、生产者或国家水足迹

按照不同的水足迹账户,水足迹可分为生产水足迹、生活水足迹、生态水足迹、水污染足迹 4 类。其中,生产水足迹包括农业生产水足迹、工业生产水足迹。农业生产水足迹则分解成农作物、牲畜产品、渔业产品和林果业产品的水足迹。农畜产品水足迹是指区域内居民消费的农畜产品消耗的水资源量。工业水足迹是指工业产品生产消耗的水资源量。生活水足迹和生态水足迹分别是指居民生活用水与维护生态环境耗费的水量。

按照不同的评价类型,水足迹还可分为产品水足迹、过程水足迹、消费者水足迹、地理区域内水足迹(包括国家、省市和流域内)和人类整体水足迹等。其中,过程水足迹包括蓝水足迹、绿水足迹、灰水足迹,产品水足迹是指生产某种产品消耗的水资源,消费者水足迹是指生产消费需要产品的水资源,而地理区域内水足迹则是指发生在该区域所有水足迹的总和,体现了不同类型水足迹核算的一致性[13]。其中,过程水足迹是其他种类水足迹核算的基础(图 2.1)。

2.3.3 水足迹核算方法

基于虚拟水的水足迹计算,根据不同视角,有对蓝水足迹、绿水足迹、灰水足迹的核算,产品水足迹及水足迹账户的核算等[150]。在研究区域水足迹时,大多数国内外学者遵循 Chapagain 和 Hoekstra 将水足迹分为外部水足迹、内部水足迹的做法,即总水足迹为内部水足迹加外部水足迹。根据《水足迹评价手册》[13],区域水足迹的核算主要分为自下而上法和自上而下法两种方法。

1. 自下而上法

自下而上法是从产品消费的角度计算区域水足迹,是基于消费者群体水足迹的计算方法,因此可以分为直接水足迹和间接水足迹,其计算是所有直接用水(WD)和间接用水(WI)

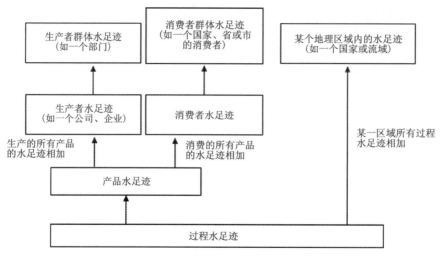

图 2.1 不同评价类型水足迹间的关系

的相加之和。而间接用水等于本国居民消费所有产品产量($\sum P_i$)乘各自单位虚拟水足迹(VWF_i)。

$$WF = WD + WI = WD + \sum P_i \times VWF_i \tag{2.1}$$

自下而上法对不同产品有不同的核算方法,其中农产品一般有两种方法:一种方法是 Chapagain 和 Hoekstra 提出的"生产树法",即将一种产品从采摘到生产每一环节的需水量相加进行计算;另一种方法是 Zimmer 和 Renauit 提出的初级产品、加工产品、副产品和非耗水产品这几类产品的虚拟水计算。畜产品虚拟水计算通常分为食物中的虚拟水、饮用水和清理饲舍所用水量几个部分。一般借助 FAO 的 CLIMATE 数据库及联合国粮食及农业组织推荐的 CROPWAT 软件进行计算。然而这些方法并不适用于工业和生活生态用水的计算。因此,本研究中的农业水足迹将采用自下而上法进行核算,工业水足迹将采用以下方法进行核算。

2. 自上而下法

自上而下法是产品生产的角度计算区域水足迹,计算公式为内部水足迹(IWF)加虚拟水进口量(VWFI),减去虚拟水出口量(VWFE)。

$$WF = IWF + VWFI - VWFE \tag{2.2}$$

自上而下法是一种平衡分析方法,包含了各类模型,如投入产出法中的单区域投入产出模型(single-region input-output,SRIO)和多区域投入产出模型(multi-regional input-output,MRIO)、区域间投入产出模型(interregional input-output,IRIO)、区域间引力模型。标准形式的投入产出模型如下:

$$x_i^R = \sum_{S=1}^{m}(\sum_{j=1}^{n} x_{ij}^{RS}) + \sum_{S=1}^{m}(y_i^{RS}) \tag{2.3}$$

式中:x_i^R 表示 R 区域 i 部门的总产出;x_{ij}^{RS} 表示 R 区域中 i 部门为 S 区域中 j 部门提供的中间消费;y_i^{RS} 表示 R 区域中 i 部门为 S 区域提供的最终消费。

这种方法可以计算直接用水和间接用水,其中单区域投入产出模型主要反映区域内用水情况,数据量较少,核算较为简单,而多区域投入产出模型则建立起区域间的经济联系和水资源流动[34]。

2.4 可持续发展理论

可持续发展是一个全球性的研究热点。本书研究城市水资源包容性可持续力,实际上是探讨水资源包容性可持续发展的水平、状态以及能力,它不仅指社会包容性、对经济可持续的保证能力,而且还涉及水资源与经济、社会、环境和科技各个子系统之间的耦合协调发展能力。因此,研究水资源包容性可持续力需要以可持续发展理论为依据。

2.4.1 可持续发展的内涵

有关可持续发展(sustainable development)的定义,在1987年布伦特兰提交给联合国世界环境与发展委员会(World Commission on Environment and Development,WCED)的《我们共同的未来》[151]报告中,将之定义为:既满足当代人的需要,又不对后代人满足其自身需要能力构成危害的发展。

可持续发展的核心内涵[148]包括:

(1)公平性。可持续发展的核心是公平性,强调全世界范围内自然资源的公平分配,包含机会选择的时空公平,即当代人之间、代际间以及全球区际间分配的公平。

(2)持续性。应合理利用和有效保护自然资源,使人类的生产、生活所消耗的自然资源不能超越资源与环境的承载能力。

(3)共同性。各国由于文化和发展水平不同,其可持续发展的实现路径有所不同,但是可持续发展作为全球发展的总目标,都应遵循公平与持续性原则。

可见,可持续发展的本质内涵在于发展性,其目标在于协调发展、保证人类生存。它强调必须处理好人与自然资源、生态环境的关系。

可持续发展与包容性的共同点在于均强调公平,不同的是:包容性突出以人为本,核心内涵是"机会平等"与"成果共享",强调公平合理地分享经济增长的成果,具体包含机会均等(就业、受教育、接受医疗服务机会均等)、结果均等(社会保障、收入分配均等);可持续发展注重公平性,更强调自然资源的公平分配(代际与区际)。因此,后文提出包容性可持续力概念,旨在更加全面刻画城市水资源包容性可持续发展能力。

2.4.2 可持续发展的基本理论

可持续发展的基本理论,一直处于不断探索之中,形成了一系列的基本理论,如资源永续利用理论、环境承载力理论、循环经济理论等[148]。

资源永续利用理论致力于从资源角度来解释自然资源能否得以永续利用。基于该理论,本书在后续研究中将通过水资源的可用性来表征水资源禀赋与可用性水平。

环境承载力理论是指在一定时期内,环境资源所能容纳的人口规模和经济规模的大小。

基于环境承载力理论，本书在后续研究水资源包容性可持续力时，将充分考虑经济社会发展与水资源环境协调发展，即在水资源环境承载力范围内，以实现水资源效率最大化。

循环经济理论也是一种可持续的经济发展方式，该理论强调在经济增长的同时保护好环境，以实现经济增长、可持续性和零污染为长期目标。基于该理论，本研究将充分考虑经济的持续性与环境的友好性。

可持续发展的研究沿着经济学、社会学和生态学三大方向，后来又形成了系统学方向[148]。

经济学方向把经济增长放在第一位，将区域开发、生产力布局、经济结构优化等作为基本内容，它是对经济发展的多维测量。以世界银行的《世界发展报告》为代表。

社会学方向忽视能力建设和资源的可持续利用等，是以社会分配、利益均衡等为基本内容，将达到"经济效率与社会公正之间合理的平衡"作为衡量标准。以联合国开发计划署的《人类发展报告》中的"人文发展指数"为代表。

生态学方向以保护生态环境为中心，将自然保护、资源环境的永续利用、生态平衡等作为基本内容，将取得"环境保护与经济发展之间合理的平衡"作为基本原则。

系统学方向则是对可持续发展认识的升华，它强调人与自然、人与人关系的协同发展，充分体现了公平性（人际、代际和区际公平）、持续性（人口、资源、环境发展的动态平衡）和共同性（全球尺度的整体性、共享性）等可持续发展的核心内涵。效率、公平性与可持续性成为可持续发展的重要方面。

尽管上述理论与研究视角各有侧重，但彼此之间具有一定的互补性。本研究试图集各个理论之所长，基于系统科学的思想，将研究视角拓展到水资源、经济、社会、环境和科技等多个领域。

2.5 本章小结

本章概述了系统科学、包容性增长、水足迹和可持续发展等理论，诠释了相关概念与内涵，厘清了与相关概念或理念的关系。在后续研究水资源包容性可持续力时，将综合运用上述理论，充分考虑水资源的可用性（资源禀赋）、经济的持续性（高质量发展）、社会的包容性（以人为本）、环境友好性（环境友好）、科技创新性（科技发展），以及水资源与经济、社会、环境和科技各个子系统间和谐运行的问题。

3 长江经济带城市水足迹测度

为厘清研究区域内维持人口生活生产所消耗的水资源量、水资源利用效率以及承载能力,全面衡量水资源的真实消耗状态,掌握水资源禀赋与可用性水平,本章基于水足迹理论及模型,引入包括蓝水足迹、绿水足迹、灰水足迹在内的水足迹概念,针对所选取的长江经济带38个地级及以上城市,分别测算了其2008—2018年的农业、工业、生活、生态足迹以及水污染足迹,在此基础上测算出总水足迹、水足迹强度以及水资源压力指数,科学展现了长江经济带城市水资源的消耗与污染状况,分析了城际、三大城市群水资源利用的时空差异。

3.1 研究样本的选择

2019年,中国人均水资源量为2 078.8m^3,人均综合用水量为431m^3,万元GDP用水量为60.8m^3,成为世界上最缺水的13个国家之一。《长江流域水土保持公告(2018年)》显示,长江经济带9省2市的水土流失面积40.1万km^2,占土地总面积的19.46%,用水量和废水排放量占全国的40%以上,水资源压力与供需矛盾突出,因此选择长江经济带沿江城市进行研究十分必要。

长江经济带是中国重大国家战略发展区域,2016年9月《长江经济带发展规划纲要》确立了长江经济带"一轴、两翼、三极、多点"的发展新格局(图3.1),长江沿线城市作为"一轴、两翼、三极、多点"的重要载体,在以生态优先、绿色发展为引领,推动长江上、中、下游地区协调发展和沿江地区高质量发展中发挥着极为重要的作用。然而,由于长江经济带沿江城市的发展差异性显著,摸清其水资源消耗与用水结构状况对长江经济带城市可持续发展意义重大。

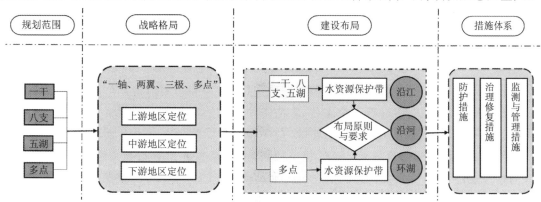

图3.1 长江经济带发展新格局

长江经济带沿江城市共有41个,考虑1997年之后,地级及以上城市和县级城市采取不同的统计制度,一些指标不具有可比性。如少数县级城市(如安徽省的巢湖,湖北省的石首,云南省的水富)数据不易获取,因此,本研究选取了长江经济带长江沿线38个地级及以上城市作为样本进行研究(图3.2),涵盖了长三角城市群(21个城市)、长江中游城市群(12个城市)和成渝城市群(5个城市)。如按综合竞争力划分,研究样本包含了1个一级中心城市、11个二级中心城市,17个区域性中心城市以及9个一般城市(表3.1)。

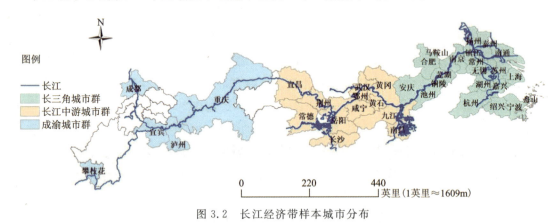

图 3.2　长江经济带样本城市分布

表 3.1　长江经济带样本城市按照综合竞争力分类

分类	城市
一级中心城市(1)	上海
二级中心城市(11)	重庆、南京、武汉、苏州、杭州、南昌、成都、无锡、宁波、长沙、合肥
区域性中心城市(17)	南通、扬州、常州、镇江、舟山、芜湖、安庆、铜陵、池州、九江、岳阳、黄石、宜昌、泸州、宜宾、泰州、常德
一般城市(9)	荆州、攀枝花、嘉兴、黄冈、湖州、马鞍山、绍兴、鄂州、咸宁

3.2　水足迹模型

根据 Hoekstra 的水足迹概念[149],同时基于学者们的定义,本研究将水足迹界定为:在一定的物质生活标准下,一个地区在一定的时间内生产、生活和生态所消耗的水资源量。水足迹表征水资源的占用状况,反映人类生产、生活整个链条的水资源消耗与水污染状况以及需水结构,更能反映水资源真实的实际消耗量。

由于权威机构尚未发布灰水足迹的相关数据,前人经典研究中也很少涉猎灰水足迹,一般只对蓝水足迹和绿水足迹进行研究。然而,水足迹表征的是整个生产链条中水消费和水污染的体积。因此,本研究认为,应引入包括蓝水足迹、绿水足迹、灰水足迹在内的水足迹概念,才能客观反映长江经济带城市水资源的消耗与污染状况。

3 长江经济带城市水足迹测度

根据水足迹的构成分类,考虑长江经济带城市的实际与数据的可获取性,本研究将长江经济带城市的水足迹划分为农业水足迹、工业水足迹、生活水足迹、生态水足迹以及水污染足迹5类。农业水足迹进一步分解成农作物、牲畜产品、渔业产品的水足迹。在每一种细分种类下对具体的农作物、牲畜产品、渔业产品、工业产品等进行水资源的量化计算。由于这些是基于某区域的内部水足迹,最终计算时还需要加上从外部进口的虚拟水部分。具体核算模型如下。

对于农业水足迹,本研究采用广义农业的概念,从农作物、畜产品、渔业产品3个方面进行核算。农业水足迹AWF的计算公式为

$$AWF = AWF_C + AWF_L + AWF_F \tag{3.1}$$

式中:AWF_C表示农作物水足迹;AWF_L表示畜产品水足迹;AWF_F表示渔业产品水足迹。

农作物水足迹AWF_C的计算公式为

$$AWF_C = \sum P_i \times VWF_{Ci} \tag{3.2}$$

式中:P_i表示第i种农作物产量;VWF_{Ci}表示第i种单位农作物产品虚拟水。

畜产品水足迹AWF_L的计算公式为

$$AWF_L = \sum P_j \times VWF_{Lj} \tag{3.3}$$

式中:P_j表示第j种畜产品产量;VWF_{Lj}表示第j种单位畜产品虚拟水。

渔业产品水足迹AWF_F的计算公式为

$$AWF_F = \sum P_k \times VWF_{Fk} \tag{3.4}$$

式中:P_k表示第k种渔业产品产量;VWF_{Fk}表示第k种单位渔业产品虚拟水。

由于工业、生活生态用水种类较多,数据获取有难度,其水足迹的具体计算主要通过对现有文献资料及环境年鉴、水资源公报和行业资料获取相应的水资源用量。对于工业水足迹,参考孙才志等的研究思路[33],从生产者的角度进行测算,通过GDP和工业消费系数估算工业水足迹。

本研究采用的工业水足迹IWF的计算公式为

$$IWF = WF_I + VWF_I - VWF_E = WF_I + (IPTV_I - IPTV_E)WF_T/GDP \tag{3.5}$$

式中:IWF表示工业水足迹;WF_I、VWF_I、VWF_E分别表示工业用水量、进口虚拟水、出口虚拟水;WF_T表示区域用水量;$IPTV_I$、$IPTV_E$分别表示进口、出口工业品贸易值。

对于生活水足迹(LWF),由于受到数据获取的限制,参考孙才志等的做法[33],本研究用居民生活用水量来表示。它是指城市所有居民家庭的日常生活用水,包括城市居民、农民家庭、公共供水站用水。

生态水足迹(EWF)是指维护生态环境耗费的水量,用绿地用水量来表示。其计算公式为

$$EWF = 0.3 \times GA = 0.3 \times GA_p \times AAP \tag{3.6}$$

式中:EWF表示生态水足迹;GA表示绿地面积;GA_p表示人均绿地面积;AAP表示平均人口数。

水污染足迹(PWF)则通过化学需氧量排放量和氨氮排放量分别与排放标准之间比值的较大值来确定。由于数据获取受限,本研究仅考虑了工业化学需氧量排放量和氨氮排放量,其计算公式为

$$\text{PWF}=\max(P_c/\text{NY}_c, P_n/\text{NY}_n) \tag{3.7}$$

式中：P_c 表示工业化学需氧量 COD 排放量；NY_c 表示水体对 COD 的承载力；P_n 表示工业氨氮排放量；NY_n 表示水体对氨氮的承载力。NY_c 和 NY_n 均采用《污水综合排放标准》(GB 8978—1996) 中的二级排放标准，分别为 120mg/L 和 25mg/L。

3.3 长江经济带 38 个城市水足迹测度

本研究选取长江经济带 38 个地级及以上城市作为研究区域（图 3.2），数据来源于《中国统计年鉴 (2009—2019)》《中国水资源公报 (2008—2018)》《中国城市统计年鉴 (2009—2019)》《中国环境统计年鉴 (2009—2019)》、EPS 数据库、长江经济带 9 省 2 市 2009—2019年的统计年鉴及《水资源公报》(2008—2018)、各城市统计年鉴 (2009—2019)，个别缺省数据通过拟合估计得到。

3.3.1 五大水足迹测度

1. 农业水足迹测度

农产品主要可分为粮食类及经济作物类两大类，具体有 11 个小类。粮食类包括水稻、小麦、玉米、大豆、薯类，经济作物类包括棉花、油料作物、甘蔗、甜菜、烟草、水果。6 种主要畜产品包括猪肉、牛肉、羊肉、禽肉、禽蛋、奶类。考虑数据的可获取性，根据相关统计年鉴，在本研究中，农作物主要考虑稻谷、小麦、玉米、大豆、薯类、棉花、油料作物、瓜果 8 类，畜产品主要考虑牛肉、猪肉、羊肉、禽肉、奶类、禽蛋 6 种，渔业产品主要考虑水产品。

由于各个地区气候、农业条件等不同，农作物产品的虚拟水含量存在差异。根据前人测算的中国各省市主要农作物单位产品虚拟水含量[152]，整理出长江经济带各省市主要农作物单位产品虚拟水含量如表 3.2 所示。本研究针对不同的农作物进行分区计算。

表 3.2 长江经济带各省市主要农作物单位产品虚拟水含量　　　　（单位：m^3/kg）

农作物	上海	江苏	浙江	安徽	江西	湖北	湖南	重庆	四川	贵州	云南
稻谷	1.02	1.05	1.25	1.47	1.56	1.22	1.42	1.33	1.33	1.32	1.37
小麦	1.21	0.96	1.16	1.07	2.41	1.51	1.95	1.36	1.36	2.40	2.10
玉米	0.65	0.84	1.02	1.05	1.17	0.95	0.97	1.09	1.09	1.01	1.22
大豆	1.35	1.74	1.90	3.59	2.69	2.06	2.07	2.09	2.09	3.69	2.97
薯类	0.51	0.76	0.77	1.21	1.01	1.23	1.03	1.31	1.31	1.72	1.54
棉花	3.69	6.85	4.98	6.94	4.40	6.25	4.59	6.76	6.76	—	—
油料作物	2.00	1.62	2.16	1.99	3.72	2.40	2.76	2.29	2.29	2.93	2.70
瓜果	0.20	0.27	0.42	0.13	0.76	0.41	0.69	0.20	0.20	1.03	1.13

注：根据文献[152]研究中关于中国各省市主要农作物单位产品虚拟水含量整理得出。

3 长江经济带城市水足迹测度

根据式(3.1)~式(3.4),以及表3.2、表3.3中的单位产品虚拟水含量,分别计算出2008—2018年长江经济带38个城市的农作物水足迹、畜产品水足迹、渔业产品水足迹以及农业水足迹(图3.3),进而得到长江经济带及三大城市群农业水足迹均值和构成(图3.4)。总体来看,11年间,农业水足迹呈现先逐渐上升、2015年之后开始下降、总体持平的态势(图3.5)。说明长江经济带38个城市农作物用水量、畜产品用水量、水产品用水量基本保持稳定。

由于畜产品、渔业产品虚拟水计算过程十分复杂,而国内外研究结果基本趋于一致[15,18,33]。因此本研究将采取统一的单位虚拟水含量,具体来讲,借鉴国内学者孙才志等[33]确定的畜产品、渔业产品单位虚拟水含量,得到长江经济带各省市畜产品、渔业产品虚拟水含量,如表3.3所示。

表3.3 主要畜产品虚拟水含量 （单位:m³/kg）

畜产品	牛肉	猪肉	羊肉	禽肉	奶类	禽蛋	水产品
虚拟水含量	12.560	2.211	5.202	3.652	1.900	3.550	5.000

2008—2018年长江经济带38个城市中(图3.3、图3.6),农业水足迹最大的5个城市分别是重庆、荆州、南通、常德、黄冈,最小的5个城市分别是攀枝花、铜陵、无锡、镇江、池州。其中,重庆、常德以农作物和畜产品水足迹占比较大,南通、荆州以农作物和渔业产品水足迹占比较大,黄冈则以农作物水足迹占比较大。说明以农业为主的城市,其水足迹较大,应成为管控的重点对象。

在三大城市群中(图3.4、图3.5),农业水足迹由高到低依次为成渝城市群、长江中游城市群、长三角城市群。成渝城市群、长江中游城市群的农业水足迹高于长江经济带的平均水平,长三角城市群低于平均水平。成渝城市群的农作物、畜产品水足迹均超过长江经济带的平均水平,唯有渔业产品水足迹低于平均水平;长江中游城市群农作物、畜产品、渔业产品水足迹全部超过长江经济带的平均水平,而长三角城市群农作物、畜产品水足迹低于平均水平,只有渔业产品水足迹与平均水平持平。可见,成渝城市群应着力管控农作物、畜产品水足迹,长江中游城市群应全面管控农作物、畜产品、渔业产品水足迹。长三角城市群重点应放在渔业产品水足迹的控制上。

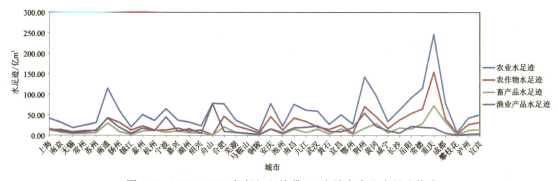

图3.3 2008—2018年长江经济带38个城市农业水足迹构成

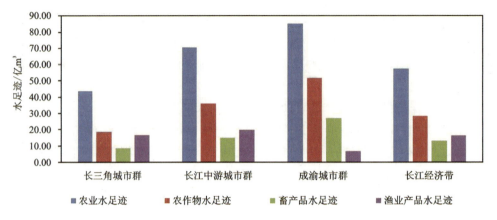

图 3.4　2008—2018 年长江经济带及三大城市群农业水足迹构成

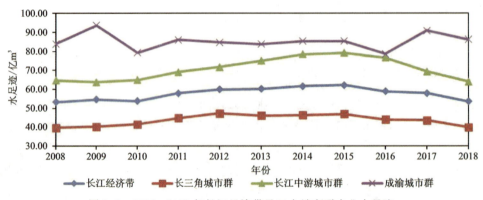

图 3.5　2008—2018 年长江经济带及三大城市群农业水足迹

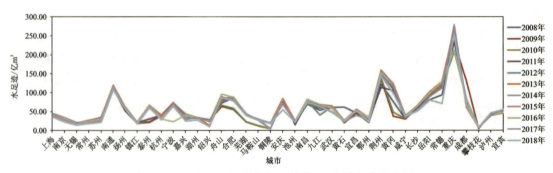

图 3.6　2008—2018 年长江经济带 38 个城市农业水足迹

2. 工业水足迹测度

根据式(3.5),计算出 2008—2018 年长江经济带及三大城市群(图 3.7)、38 个城市的工业水足迹(图 3.8)。总体来看,11 年间,工业水足迹呈波动下降趋势。这说明随着节水技术的推广应用、高耗水与高污染行业的整治,城市工业水足迹有所下降。

3 长江经济带城市水足迹测度

图 3.7 2008—2018 年长江经济带及三大城市群工业水足迹

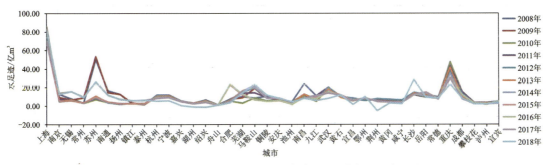

图 3.8 2008—2018 年长江经济带 38 个城市工业水足迹

在长江经济带 38 个城市中,工业水足迹最大的 5 个城市分别是上海、重庆、苏州、武汉、马鞍山,最小的 5 个城市分别是舟山、泸州、湖州、攀枝花、泰州。这是因为以直辖市为代表的一级、二级中心城市的工业增加值,进口与出口贸易值较大,工业用水量、进口虚拟水量和出口虚拟水量也随之增大,导致其工业水足迹较大。因此,一级、二级中心城市的工业水足迹应成为水资源管理部门管控的重点。同时,优化产业结构和布局应成为降低工业水足迹的方向。

三大城市群中,工业水足迹由高到低依次为成渝城市群、长三角城市群、长江中游城市群。成渝城市群、长三角城市群的工业水足迹基本在长江经济带的平均水平之上,成渝城市群仅在 2016—2018 年低于平均水平,长江中游城市群的工业水足迹一直低于平均水平。可见,成渝城市群、长三角城市群的工业水足迹应成为管控的重点。

3. 生活水足迹测度

生活水足迹用居民生活用水量来表征。由于统计年鉴中仅提供了市辖区的数据,本研究计算出的生活水足迹比实际值要小。2008—2018 年长江经济带及三大城市群、38 个城市的生活水足迹如图 3.9、图 3.10 所示。总体来看,11 年间,生活水足迹呈小幅波动上升趋势,由 2008 年的 1.14 亿 m^3 上升到 2018 年的 1.74 亿 m^3。这是因为人们的消费水平普遍提高后,生活用水量随之增多。

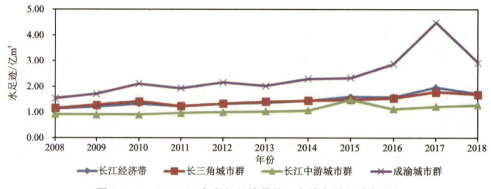

图 3.9 2008—2018 年长江经济带及三大城市群生活水足迹

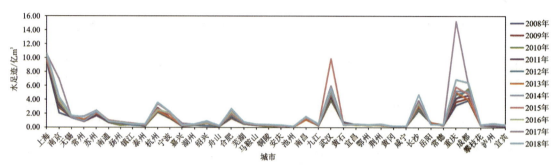

图 3.10 2008—2018 年长江经济带 38 个城市生活水足迹

在长江经济带 38 个城市中,生活水足迹最大的 5 个城市分别是上海、重庆、武汉、成都、南京,最小的 5 个城市分别是池州、咸宁、黄冈、舟山、安庆。这说明以直辖市、省会城市为代表的一级、二级中心城市人口规模大,消费水平高,其生活水足迹较大,因此加强水资源基础设施与保障系统建设应成为管控的重点。

在三大城市群中,生活水足迹由高到低依次为成渝城市群、长三角城市群、长江中游城市群。成渝城市群的生活水足迹高于长江经济带的平均水平,在 2017 年达到 4.49 亿 m^3 峰值;长三角城市群的生活水足迹基本与平均水平持平;长江中游城市群的生活水足迹一直低于平均水平。可见,成渝城市群的生活水足迹应成为管控的重点。

4. 生态水足迹测度

由于无法获取实际的生态水数据,由住房和城乡建设部发布的国家标准《室外给水设计标准》(GB 50013—2018)可知,绿地用水量可以通过绿地面积按照 0.3 的系数计算。根据式(3.6),计算出 2008—2018 年长江经济带及三大城市群、38 个城市的生态水足迹如图 3.11、图 3.12 所示。总体来看,11 年间,生态水足迹呈小幅波动上升趋势,由 2008 年的 0.28 亿 m^3 上升到 2018 年的 0.52 亿 m^3。这说明随着城市加大绿化工程的建设,绿地用水量增多,城市生态水足迹有所上升。

在长江经济带的 38 个城市中,生态水足迹最大的 5 个城市分别是上海、南京、重庆、杭州、成都,最小的 5 个城市分别是池州、黄冈、鄂州、荆州、攀枝花。这说明以直辖市、省会城市

图 3.11　2008—2018 年长江经济带及三大城市群生态水足迹

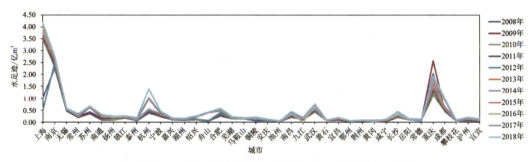

图 3.12　2008—2018 年长江经济带 38 个城市生态水足迹

为代表的一级、二级中心城市更加重视绿色生态与环境建设,绿地面积随之增大,其生态水足迹较大,因此,一级、二级中心城市的生态水足迹应成为水资源管理部门管控的重点。

在三大城市群中,除 2008—2009 年外,成渝城市群、长三角城市群的生态水足迹比较接近,均高于长江经济带的平均水平,长江中游城市群的生态水足迹远低于平均水平。可见,成渝城市群、长三角城市群的生态水足迹应成为管控的重点。

5. 水污染足迹测度

根据式(3.7),计算出 2008—2018 年长江经济带及三大城市群(图 3.13)、38 个城市的水污染足迹(图 3.14)。总体来看,11 年间,水污染足迹呈波动下降趋势,这说明国家加强长江流域的治理,重点开展饮用水源地、化工污染、入河排污口专项整治初见成效。

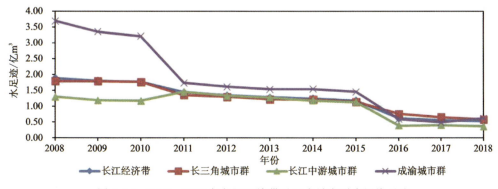

图 3.13　2008—2018 年长江经济带及三大城市群水污染足迹

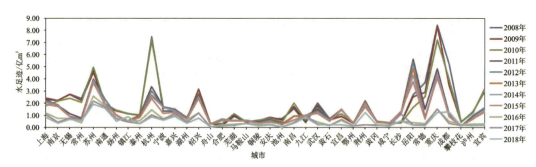

图 3.14　2008—2018 年长江经济带 38 个城市水污染足迹

在长江经济带的 38 个城市中,水污染足迹最大的 5 个城市分别是重庆、苏州、杭州、岳阳、绍兴,最小的 5 个城市分别是舟山、攀枝花、池州、鄂州、咸宁。这说明以直辖市为代表的一级、二级中心城市的工业污水中的化学需氧量排放量、氨氮排放量较大,其水污染足迹较大,可见,一级、二级中心城市的城市水管网和污水处理系统等水资源基础设施建设,以及城市群水污染联防联治,应成为水资源管理部门管控的重点。

在三大城市群中,水污染足迹由高到低依次为成渝城市群、长三角城市群、长江中游城市群。成渝城市群的水污染足迹基本在平均水平之上,仅 2016—2017 年低于平均水平;长三角城市群的水污染足迹基本与平均水平持平;长江中游城市群的水污染足迹基本低于平均水平。可见,成渝城市群的水污染足迹应成为管控的重点。

3.3.2　总水足迹及构成分析

从上述 2008—2018 年长江经济带 38 个城市的水足迹计算结果(表 3.4)可以看出,38 个城市的总水足迹从 2008 年的 68.77 亿 m^3 下降至 2018 年的 66.58 亿 m^3,总体呈波动下降的态势。

表 3.4　2008—2018 年长江经济带及三大城市群的总水足迹　　　　　(单位:亿 m^3)

年份	长江经济带	长三角城市群	长江中游城市群	成渝城市群
2008	68.77	55.69	77.24	103.39
2009	70.31	57.26	75.06	113.74
2010	67.11	53.98	76.54	99.59
2011	71.69	58.22	81.78	104.07
2012	73.37	60.50	84.34	101.08
2013	73.67	60.08	86.53	99.89
2014	74.15	59.26	89.54	99.76
2015	74.76	59.27	91.31	100.10
2016	72.44	59.09	87.17	93.16
2017	71.80	59.05	80.11	105.41
2018	66.58	54.94	73.72	98.39
均值	71.33	57.94	82.12	101.69

由表3.5、图3.15可以看出,在长江经济带38个城市中,从平均水足迹来看,最高的是重庆为295.93亿 m³,最小的是攀枝花,仅为10.61亿 m³。排在前5位的城市分别是重庆、荆州、上海、南通、常德;排在后5位的城市是无锡、池州、镇江、铜陵、攀枝花。可见,一级、二级中心城市(如直辖市、省会城市)的总水足迹高于区域性中心城市和一般城市的总水足迹。

表3.5　2008—2018年长江经济带38个城市的平均水足迹　　　　(单位:亿 m³/a)

城市	农业水足迹	工业水足迹	生活水足迹	生态水足迹	水污染足迹	总水足迹
上海	41.21	77.19	10.00	3.26	1.84	133.50
南京	31.54	8.90	3.74	2.54	1.56	48.29
无锡	18.45	9.07	1.47	0.54	1.36	30.89
常州	24.89	5.63	1.16	0.27	1.04	32.98
苏州	31.48	21.71	2.12	0.56	3.64	59.52
南通	115.23	8.21	0.88	0.21	1.91	126.44
扬州	60.79	5.60	0.60	0.19	1.03	68.21
镇江	20.56	3.56	0.46	0.22	0.71	25.51
泰州	50.99	3.28	0.31	0.11	0.81	55.50
杭州	36.76	9.68	2.72	0.71	3.57	53.45
宁波	65.43	9.79	1.73	0.33	1.33	78.60
嘉兴	37.37	4.73	0.28	0.14	1.31	43.83
湖州	32.83	2.36	0.39	0.13	0.65	36.35
绍兴	23.45	4.90	0.53	0.18	2.25	31.31
舟山	78.59	1.00	0.19	0.25	0.23	80.26
合肥	77.00	9.17	1.90	0.44	0.41	88.92
芜湖	37.08	12.63	0.61	0.18	0.60	51.10
马鞍山	23.66	15.62	0.38	0.16	0.48	40.30
铜陵	10.12	8.26	0.26	0.15	0.38	19.18
安庆	77.76	7.53	0.26	0.10	0.54	86.18
池州	22.55	3.57	0.12	0.04	0.29	26.58
南昌	76.62	11.38	1.34	0.31	0.97	90.61
九江	61.68	8.17	0.34	0.14	0.83	71.16
武汉	59.39	16.76	5.26	0.58	1.18	83.18
黄石	27.16	10.66	0.49	0.08	0.52	38.92
宜昌	50.51	6.52	0.42	0.15	1.08	58.69

续表 3.5

城市	农业水足迹	工业水足迹	生活水足迹	生态水足迹	水污染足迹	总水足迹
鄂州	27.92	7.58	0.32	0.05	0.30	36.18
荆州	142.80	5.11	0.37	0.07	1.57	149.92
黄冈	97.37	4.99	0.18	0.04	0.39	102.97
咸宁	34.12	4.48	0.16	0.09	0.33	39.17
长沙	62.77	14.39	3.26	0.31	0.86	81.59
岳阳	92.28	11.91	0.59	0.13	2.88	107.78
常德	114.98	8.51	0.37	0.10	1.32	125.28
重庆	246.34	37.41	5.91	1.71	4.56	295.93
成都	78.29	11.62	5.15	0.66	1.82	97.53
攀枝花	7.29	2.67	0.32	0.07	0.25	10.61
泸州	43.18	2.29	0.38	0.13	0.78	46.77
宜宾	51.15	4.48	0.28	0.09	1.59	57.60

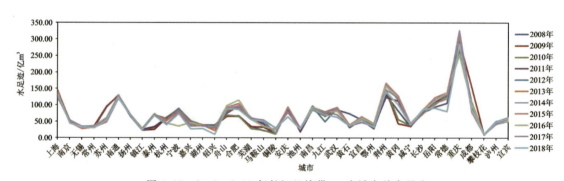

图 3.15 2008—2018 年长江经济带 38 个城市总水足迹

由表 3.4 可以看出,在三大城市群中,成渝城市群的总水足迹最大(101.69 亿 m^3),其次是长江中游城市群的总水足迹(82.12 亿 m^3),二者均超过长江经济带的平均水平(71.33 亿 m^3),而长三角城市群的总水足迹(57.94 亿 m^3)低于平均水平。可见,应重点管控成渝城市群、长江中游城市群的总水足迹。

由图 3.16、图 3.17 可知,在五大水足迹构成中,农业水足迹最大,占 80.85%;生态水足迹最小,占 0.57%;工业水足迹、生活水足迹、水污染足迹分别占 14.81%、2.04%、1.74%。可见,应将工作重点放在农业、工业总水足迹的控制上。

考虑后文讨论中将分别把蓝水足迹和绿水足迹纳入水资源子系统、灰水足迹纳入环境子系统,出于一致性考虑,接下来本研究将水污染足迹单独出来。

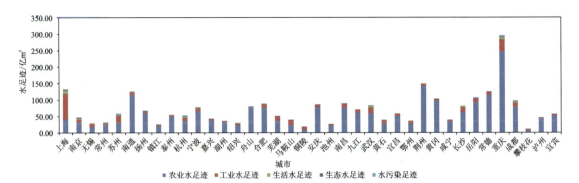

图 3.16　2008—2018 年长江经济带 38 个城市水足迹构成

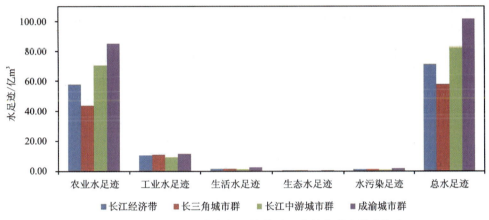

图 3.17　2008—2018 年长江经济带及三大城市群水足迹构成

3.3.3　人均水足迹分析

2008—2018 年 11 年间,长江经济带 38 个城市的人均水足迹 1 513.11 m³,排名前 10 位的城市分别是舟山、鄂州、荆州、常德、马鞍山、铜陵、岳阳、南昌、池州、南通,其中舟山高达 8 246.1 m³/人,主要是其水产品带来的水足迹很大;排名后 10 位的城市分别是无锡、绍兴、杭州、南京、成都、苏州、常州、重庆、泸州、镇江(图 3.18)。总体表现为区域性中心城市与一般城市高于二级中心城市。这说明人均水足迹与经济发达程度、城市居民消费等有很大的关系。

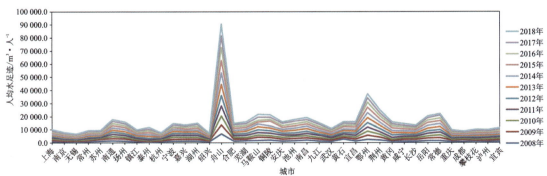

图 3.18　2008—2018 年长江经济带 38 个城市人均水足迹

三大城市群中,人均水足迹由高到低依次为长江中游城市群、长三角城市群、成渝城市群,长江中游城市群高于长江经济带的平均水平,长三角城市群基本与平均水平持平,成渝城市群低于平均水平(图3.19)。这也同样说明了人均水足迹与经济发展水平和人们生活方式有关。

图3.19　2008—2018年长江经济带及三大城市群人均水足迹

3.4　长江经济带城市水足迹强度与压力分析

3.4.1　水足迹强度分析

水足迹强度反映的是水资源的利用效率,由用水足迹总量与国内生产总值(GDP)比值计算得到。公式为

$$WFI = WF \div GDP \tag{3.8}$$

式中:WFI表示水足迹强度;WF表示城市水足迹总量;GDP表示城市生产总值。WFI反映单位GDP所消耗的水足迹越多,水资源利用效率越低。

根据式(3.8)计算得出(图3.20、图3.21),2008—2018年11年间,长江经济带38个城市的水足迹强度337.1m,排名前10位的城市分别是荆州、舟山、黄冈、安庆、池州、鄂州、常德、咸宁、九江、泸州,空间上呈现中部高、东西部低的状态,水足迹强度由高到低为长江中游城市群＞成渝城市群＞长三角城市群。长江经济带38个城市的水足迹强度在2008—2018年11年间整体呈明显的下降趋势(图3.21),下降幅度超过66.7%。这说明长江经济带城市水资源利用效率有明显提升,长江中游城市群、成渝城市群整体的水足迹强度下降速度比长三角城市群要快,长江中游城市群的水足迹强度高于长江经济带的平均水平。这主要受制于城市的水足迹总量与经济规模增长状况。可见人口与城市经济发展水平成为影响水足迹强度的主要因子。

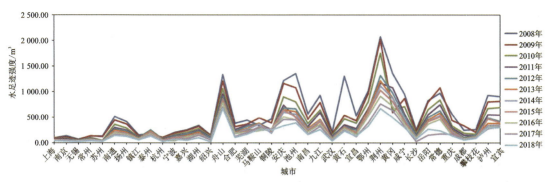

图 3.20　2008—2018 年长江经济带 38 个城市水足迹强度

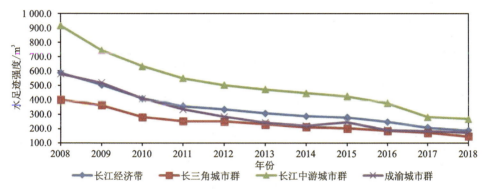

图 3.21　2008—2018 年长江经济带及三大城市群水足迹强度

3.4.2　水资源压力指数分析

水资源压力指数是指城市水足迹总量与水资源总量的比值,反映水资源压力强度的大小。公式为

$$WPI = WF \div WT \tag{3.9}$$

式中:WPI 表示水资源压力指数;WF 表示城市水足迹总量;WT 表示城市水资源总量。当 WPI<1 时,表明该城市水资源丰富,能够满足生产生活所需要的水量,处于安全状态;当 WPI=1,说明处于供需平衡状态;当 WPI>1 时,说明该城市水资源不足,且值越大,表示水资源安全问题越突出。

根据式(3.9),得到图 3.22、图 3.23 的结果,2008—2018 年 11 年间,长江经济带 38 个城市的水资源压力指数在 2008—2018 年 11 年间整体呈震荡且略有下降的趋势,38 个城市 11 年间平均水资源压力指数为 1.63,大于 1,说明整体的水资源安全问题较为突出,其中舟山 11 年间平均水资源压力指数高达 10.09,说明其水资源安全受到严重威胁;其次是上海(3.65)、鄂州(3.52)、南通(3.19)。

由图 3.23 可以看出,三大城市群水的资源压力指数由东到西依次递减,总体呈长三角城市群高于长江中游城市群、成渝城市群的特征。除成渝城市群的水资源压力指数小于 1(0.85),处于安全状态外,长江中游城市群为 1.28,说明水资源缺乏;长三角城市群为 2.02,高于长江经济带的平均水平,说明水资源安全问题较为突出。

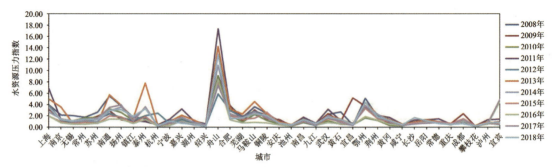

图 3.22　2008—2018 年长江经济带 38 个城市水资源压力指数

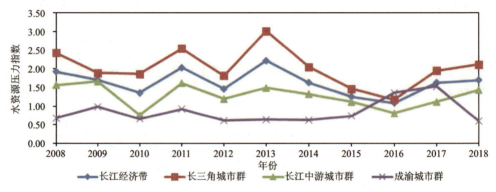

图 3.23　2008—2018 年长江经济带及三大城市群水资源压力指数

3.5　本章小结

为厘清长江经济带城市所消耗的水资源量、水资源利用效率以及承载能力,本章基于水足迹模型,引入包括蓝水足迹、绿水足迹、灰水足迹在内的水足迹概念,从农业、工业、生活、生态足迹以及水污染足迹测算入手,分别测算了长江经济带 38 个城市 2008—2018 年的五大水足迹、总水足迹、人均水足迹、水足迹强度以及水资源压力指数,分析了城际、三大城市群水资源利用的时空差异。其主要研究结果如下。

(1)五大水足迹测算得出,2008—2018 年 11 年间,农业水足迹呈先逐渐上升后下降,总体持平的时序演变态势。空间分异是西高东低,重点应管控成渝城市群的农作物、畜产品水足迹,长江中游城市群应全面管控农作物、畜产品、渔业产品的水足迹,长三角城市群重点应放在渔业产品水足迹的控制上。

工业水足迹呈波动且逐渐下降的时序演变态势,以直辖市为代表的一级、二级中心城市,以及成渝城市群、长三角城市群的工业水足迹较大,应成为管控的重点。

生活水足迹和生态水足迹均呈小幅波动上升的时序演变态势,以直辖市、省会城市为代表的一级、二级中心城市,以及成渝城市群的生活水足迹和生态水足迹较大,长三角城市群的生态水足迹也较大,应成为管控的重点。

水污染足迹呈波动且逐渐下降的时序演变态势，以直辖市为代表的一级、二级中心城市，以及成渝城市群的水污染足迹较大，应成为管控的重点。

（2）总水足迹的测算表明，总水足迹由西往东递减，成渝城市群与长江中游城市群的总水足迹高于长江经济带的平均水平，应成为管控的重点。在五大水足迹的构成中，农业水足迹最大，其次是工业水足迹、生活水足迹、水污染足迹，最小的是生态水足迹。可见，应重点管控农业水足迹和工业水足迹。

（3）人均水足迹的测算发现，人均水足迹由高到低依次为长江中游城市群＞长三角城市群＞成渝城市群，区域性中心城市与一般城市高于二级中心城市，说明人均水足迹与经济发达程度、城市居民消费等有很大的关系。

（4）长江经济带城市水足迹强度整体呈明显的下降趋势，呈现中部高、东西部低的状态，长江中游城市群＞成渝城市群＞长三角城市群。可见人口与城市经济发展水平是影响水足迹强度的主要因子。

（5）长江经济带城市平均水资源压力指数大于1，说明水资源缺乏，水资源压力强度由东到西依次递减，除成渝城市群外，长三角城市群、长江中游城市群的水资源安全问题较为突出。

水足迹评估作为全面刻画水资源消耗与水污染状况的一种有用的分析工具，充分反映了消费者、生产者及各个流程和产品对有限的水资源的需求，为我们减少水足迹指明了方向。但它并不能衡量环境对水消耗和污染的影响，也没有解决水的稀缺性问题，以及一些社会或经济问题（如贫困、就业困难或福利不均、基础设施缺乏、清洁水供应不足等），可见，应结合环境、社会和经济等相关指标来全面衡量水资源的可持续利用。但厘清水足迹账户中农业、工业、生活、生态水足迹与水污染足迹以及时空变化趋势，不仅能为可持续和公平地用水和分配提供科学依据，而且能为评价水资源对环境、经济、社会的影响奠定基础。此外，科技对水资源开发利用与水污染控制起着关键性作用，因此，有必要从社会、经济、环境、科技的更广泛的视角来探究水资源的可持续性。

4 城市水资源包容性可持续力基本框架与评价体系构建

本章综合运用系统科学、包容性增长、水足迹和可持续发展等理论,提出并科学界定了城市水资源包容性可持续力的内涵,建立了融可用性、持续性、友好性、包容性、创新性于一体的水资源包容性可持续力 ASFII 基本框架,从资源禀赋、高质量发展、环境友好、以人为本、科技发展 5 个层面,确定出影响城市水资源包容性可持续力的关键因素,分别将蓝水足迹、绿水足迹的影响纳入水资源系统,将灰水足迹纳入环境系统,充分考虑了水资源包容性可持续力的驱动和制约因素,以及各子系统间的相互作用,并据此设计出相应的评价指标体系,为后续评价城市水资源包容性可持续力提供理论框架与指标体系。

4.1 水资源包容性可持续力概念提出

由环境承载力研究可知,水资源承载力是指在可预见的时期内,在一定的经济社会条件且维系生态系统良性循环的前提下,水资源能够满足某一区域或流域水功能区划水质目标,所能支撑该区域或流域的最大经济社会规模或人口规模。

在前人水资源承载力、水足迹研究的基础上,本研究综合运用系统科学、包容性增长、水足迹和可持续发展等理论,从包容性和可持续发展视角出发,提出集水资源可用性、经济持续性、环境友好性、社会包容性、科技创新性于一体的"水资源包容性可持续力"这一新概念,将之定义为:在一定的科学技术和自然条件下,一个城市无论是当代还是后代,都可以通过河流、湖泊及水库等及时、适量、公平和经济地获取其发展所需的水资源,同时保障水质与水生态环境不被破坏,实现经济、社会、环境和科技的协调与高质量发展[153]。

水资源包容性可持续力的内涵包括:

(1)水资源包容性可持续力是一个发展的概念,增长侧重数量的变化,反映总量、规模、速度等,而发展则同时强调数量和质量的变化,且更看重质量的变化,强调发展的质量和发展的方式等。水资源包容性可持续力既要反映水资源禀赋、产水结构等总量特征,又要反映水资源产水能力以及水资源开发利用率。

(2)水资源包容性可持续力是一个强调人际、代际与区际水资源公平分配的概念。从时间维度上看,包括代内、代际间不同人所需的水资源的状态与结构;从空间维度上看,覆盖了不同区域从开发利用到保护全过程水资源包容性可持续发展水平、能力和趋势。

(3)水资源包容性可持续力是一个耦合协调的概念。这种耦合协调是水资源包容性可持续力系统内部水资源、经济、社会、环境和科技等各子系统内部与子系统彼此之间的协调,展现了数量与质量、时间与空间、代内与代际等多维度上交互与耦合作用,从而使系统达到和谐状态的协调。

与水资源承载力不同,水资源包容性可持续力从系统科学、包容性增长、可持续发展的视角,来研究水资源可持续发展对人类社会发展的贡献能力。

4.2 水资源包容性可持续力基本框架建立

在 Arrow 等的可持续性财富度量的理论框架[56]、Garrido-Lecca 等的五大支柱框架[55]的基础上,本研究建立了集可用性(availability)、持续性(sustainability)、友好性(friendliness)、包容性(inclusiveness)、创新性(innovation)于一体的水资源包容性可持续力 ASFII 基本框架(图 4.1)[153]。该框架不仅融合了传统可持续发展的三大支柱,而且融入了包容性增长思想,同时突出了科技进步的重要作用。

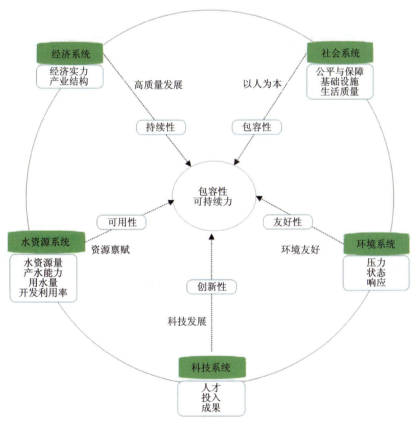

图 4.1 ASFII 基本框架

4.2.1 基本框架

在 ASFII 基本框架中,"A"是指可用性(availability),表示的是水资源系统的资源禀赋,从水资源量、产水能力、用水量和开发利用率几个方面来衡量;"S"是指持续性(sustainability),反映的是经济系统的高质量发展状况,涉及经济实力、产业结构两个方面;"F"是指友好性(friendliness),表示的是环境系统的环境友好状态,从压力、状态、响应 3 个方面来表征;2 个"I"分别表示包容性(inclusiveness)和创新性(innovation),包容性表示的是社会系统以人为本,关注公平与保障、基础设施与生活质量;创新性表示的是科技系统的科技发展状况,从人才、投入与成果 3 个方面来衡量。

可见,水资源包容性可持续力框架是一个集资源禀赋、高质量发展、环境友好、以人为本和科技发展五大理念于一体,强调了水资源的可用性、持续性、友好性、包容性和创新性的全新的理论框架[153]。

4.2.2 五大理念与五大准则

城市水资源包容性可持续力集资源禀赋、高质量发展、环境友好、以人为本和科技发展五大理念于一体,是一个强调水资源的可用性、持续性、友好性、包容性和创新性于一体的全新概念。这与 2015 年联合国首脑会议确立的 2015—2030 年全球新的发展目标相一致。本研究认为,要实现水资源包容性可持续发展,必须坚持五大理念与五大准则。

理念与准则一:倡导资源禀赋理念,遵循可用性准则。强调既要考虑水资源量、产水结构等总量特征,又要反映水资源产水能力、用水结构以及水资源开发利用率,提升水资源的可用性水平。

理念与准则二:树立高质量发展理念,坚持持续性准则。通过提升经济实力、优化产业结构,实现经济的高质量发展,提升经济的持续性水平。

理念与准则三:崇尚环境友好理念,坚持友好性准则。以生态优先、绿色发展为引领,从水资源开发利用到保护全过程,实现流域水污染治理与综合控制,严格控制工业废水、城市生活废污水排放量,提高污水集中处理率、生活垃圾处理率,降低化学需氧量、氨氮排放量,扩大城市绿化工程,提高建成区绿化覆盖率,提升环境的友好性水平。

理念与准则四:强调以人为本理念,促进包容性准则。倡导以人为本,关注人口、就业、医疗与养老的公平与保障、加强基础设施建设与全面提升人们的生活质量,促进社会包容性水平的提升。

理念与准则五:坚持科技发展的理念,遵循创新性准则。通过水资源开发利用技术的研发与创新应用,挖掘水资源禀赋潜力。促进工业废水、城镇污水处理能力的提升与资源化、农业水污染控制、流域水污染治理与综合控制、节水与非常规水资源综合利用、饮用水安全保障等,提升科技的创新性水平。

4.3 水资源包容性可持续力评价指标体系构建

4.3.1 指标体系构建原则

(1) 系统性原则。水资源包容性可持续力评价指标应能覆盖系统的各个层次，全面、客观地表征水资源包容性可持续力系统中各个子系统（水资源、经济、社会、环境和科技）与其相互耦合协调状况以及整个系统的运作状况。同时充分考虑水资源包容性可持续力的驱动和制约因素，以及各子系统间的相互作用。

(2) 代际与区际原则。水资源包容性可持续力是一个代际概念，指标选择时要考虑反映代际与区际间水资源包容性可持续力及其发展趋势的指标，充分体现代际与区际的差异。

(3) 动态性原则。水资源包容性可持续发展既是目标又是过程，且影响水资源包容性可持续力的因素众多，本身具有不确定性、时空性及耦合性，这就要求指标的选择应能动态地反映水资源包容性可持续发展的过程与可持续性程度，也就是说，能动态地反映水资源包容性可持续力发展水平与动态演变趋势。

(4) 可操作性原则。应着重考虑所选择指标的代表性、指标的量化与数据获取的难易性和可靠性，计算方法的简易性以及编程的可实现性。

(5) 可比性原则。指标选择应充分考虑数据在时空跨度上的可比性，尽可能采用国际与国内通用的指标名称与计算方法，使之与其他国家或地区具有可比性，同时与我国历史时期也具有可比性。另外，尽可能采用相对指标，减少绝对指标的使用，使之更具有可比性。

4.3.2 指标体系建立

基于已有的水资源可持续利用和水资源承载力指标体系以及 PSR 模型，同时综合考虑包容性增长测度的四维度（基础结构、能力发展、收入公平以及社会保障）[45]与 4 个层次（持续性、协调性、公平性和有效性）[52]，可持续性财富度量的理论框架[56]（突出包容性思想与科技进步的作用），以及 Garrido-Lecca 等提出的五大支柱框架[55]（考虑创新、知识的作用）等研究成果，本研究根据系统科学、水足迹、包容性增长与可持续发展思想，基于前文所提出的 ASFII 基本框架，从"水资源可用性、社会包容性、经济持续性、环境友好性、科技创新性"五大准则出发，确定出影响城市水资源包容性可持续力的关键因素，并据此遴选相应的评价指标（表 4.1）。指标的选择充分考虑了水资源包容性可持续力的驱动和制约因素，以及各子系统间的相互作用（见 4.3.3 节）。评价体系设计中，还引入了包括蓝水足迹、绿水足迹、灰水足迹在内的水足迹概念，并分别将蓝水足迹、绿水足迹的影响纳入水资源系统，将灰水足迹纳入环境系统，从而科学、全面地展现了人类对水资源的真实消耗与污染状况。评价体系包括水资源、经济、社会、环境和科技 5 个子系统，融合了资源禀赋、高质量发展、环境友好、以人为本和科技发展五大理念，具体包括五大准则，14 个要素，36 个指标。

表 4.1　城市水资源包容性可持续力评价指标体系

目标	子系统	准则	五大理念	要素	指标	属性
城市水资源包容性可持续力 UWIS	水资源系统 W	可用性 A	资源禀赋	水资源量产水能力	W1 人均水资源总量	正
					W2 每平方千米地表水资源含量	正
					W3 每平方千米地下水资源含量	正
					W4 产水模数	正
					W5 降雨深	正
				用水量	W6 人均水足迹	逆
					W7 水足迹强度	逆
				开发利用率	W8 水资源开发利用率	正
	经济系统 Ec	持续性 S	高质量发展	经济实力	Ec1 人均 GDP	正
					Ec2 GDP 年增长率	正
				产业结构	Ec3 第二产业产值占 GDP 的比重	适度
					Ec4 第三产业产值占 GDP 的比重	正
	社会系统 S	包容性 I	以人为本	公平与保障	S1 人口密度	适度
					S2 城镇登记失业人员率	逆
					S3 万人拥有医院卫生院床位数	正
					S4 城镇职工基本养老保险参保率	正
				基础设施	S5 万人拥有排水管道长度	正
					S6 万人拥有公共车辆数	正
				生活质量	S7 用水普及率	正
					S8 城镇居民人均消费性支出	正
					S9 城乡居民人均可支配收入比	逆
					S10 互联网宽带接入用户比率	正
	环境系统 En	友好性 F	环境友好	压力	En1 万元 GDP 工业废水排放量	逆
					En2 化学需氧量排放压力	逆
					En3 氨氮排放压力	逆
				状态	En4 全年期河流水质优于Ⅲ类水的比例	正
					En5 湖泊及水库水质优于Ⅲ类水的比例	正
					En6 重点水功能区达标率	正
					En7 人均绿地面积	正
				响应	En8 污水处理厂集中处理率	正
					En9 生活垃圾无害化处理率	正
					En10 建成区绿化覆盖率	正
	科技系统 T	创新性 I	科技发展	人才	T1 万人在校大学生数	正
				投入	T2 教育支出占 GDP 的比重	正
					T3 科学技术支出占 GDP 的比重	正
				成果	T4 万人拥有专利授权数	正

4.3.3 各子系统指标设计

1. 水资源系统指标设计

水资源系统指标刻画的是水资源的可用性水平,既要考虑水资源自身的禀赋,又要反映其产水能力,以及人类对其开发利用与消耗状况,表征的是水资源系统的资源禀赋。结合前人研究成果(表1.2、表1.4),本研究从水资源量、产水能力、用水量和开发利用率几个方面来衡量。为了全面衡量水资源的真实消耗状态,在指标设计中,分别将蓝水足迹、绿水足迹的影响纳入水资源系统,将灰水足迹纳入环境系统,蓝水足迹、绿水足迹通过水资源系统中人均水足迹、水足迹强度指标来表征。水资源子系统与其他子系统的相互作用主要体现在人均水资源总量、人均水足迹(反映水资源与社会)、水足迹强度(反映水资源与经济)、水资源开发利用率(反映水资源与科技)上。

要素一:水资源量与产水能力

要素意义:反映水资源占有量、分布状况、产水与降水能力以及水资源潜力等。

指标选择:

$W1$ 人均水资源总量(m^3/人),反映人均水资源占有量。水资源总量是指降水形成的地表、地下产水总量,由地表径流量和降水入渗补给量求得。人均水资源总量用来衡量一个地区每人占有的平均水资源量,反映一个地区的水资源储存水平。其计算公式为

$$人均水资源总量 = 水资源总量 \div 常住(年平均)人口数$$

$W2$ 每平方千米地表水资源含量(万 m^3/km^2),反映地表水的分布状况与拥有量。地表水资源量是指河流、湖泊等地表水体的动态水量,即天然河川径流量。该指标用于比较地区之间地表水资源占有量。其计算公式为

$$每平方千米地表水资源含量 = 地表水资源含量 \div 行政区域土地面积$$

$W3$ 每平方千米地下水资源含量(万 m^3/km^2),反映地下水的分布状况。地下水资源量是指降水、地表水体(河道、湖库、渠灌田间)入渗补给地下含水层的动态水量。其计算公式为

$$每平方千米地下水资源含量 = 地下水资源含量 \div 行政区域土地面积$$

$W4$ 产水模数(万 m^3/km^2),反映单位面积产水能力。衡量一个地区单位面积内占有的水资源量,反映水资源空间分布状态。其计算公式为

$$产水模数 = 水资源总量 \div 行政区域土地面积$$

$W5$ 降雨深(mm/km^2),反映单位面积降水能力。衡量一个地区单位面积内从天空降落到地面上的雨、雪等及其经融化后的降水,没有经过蒸发、渗透和流失而在水平面上积聚的深度,反映自然条件下水资源的丰富度。其计算公式为

$$降雨深 = 降水量 \div 行政区域土地面积$$

要素二:用水量

要素意义:反映水资源丰、缺状态及节水潜力、用水效率与水资源承载能力。

指标选择：

$W6$ 人均水足迹(m^3/人)，表示一个地区在一定时间内平均每人消耗的生产、生活和生态所消耗的水资源量，反映人类生产、生活整个链条的水资源消耗状况与需水结构，包括农业水足迹、工业水足迹、生活水足迹、生态水足迹，用以衡量一个地区水资源的实际消耗量。其计算公式为

$$人均水足迹 = 水足迹总量 \div 年平均人口数$$

$W7$ 水足迹强度(m^3/万元)，表征水资源的利用效率，衡量经济用水程度，包括农业、工业、生活与生态层面的用水程度，单位GDP所消耗的水足迹越多，说明水资源利用效率越低。其计算公式为

$$水足迹强度 = 水足迹总量 \div GDP$$

要素三：开发利用率

要素意义：反映一个地区为了满足经济社会的发展需要对水资源开发利用的程度。

指标选择：

$W8$ 水资源开发利用率(%)，反映水资源开发利用程度。其计算公式为

$$水资源开发利用率 = (供水总量 \div 水资源总量) \times 100\%$$

2. 经济系统指标设计

经济系统指标刻画的是经济的持续性水平，反映的是经济系统的高质量发展状况。结合前人研究成果(表1.5)，本研究从经济实力、产业结构两个方面来衡量。经济子系统与其他子系统的相互作用主要体现在人均GDP(反映经济与社会)上。

要素一：经济实力

要素意义：反映经济发展水平与发展能力。

指标选择：

$Ec1$ 人均GDP(元/人)，是指一个地区在一定时期内生产活动的最终成果，反映经济发展状况。其计算公式为

$$人均GDP = 区域GDP \div 年平均人口数$$

$Ec2$ GDP年增长率(%)，表示一个地区生产总值的增长状况，反映经济发展趋势或能力。其计算公式为

$$GDP年增长率 = \{[第n年GDP - 第(n-1)年GDP] \div 第(n-1)年GDP\} \times 100\%$$

要素二：产业结构

要素意义：反映农业、工业和服务业三大产业结构状况。

指标选择：

$Ec3$ 第二产业产值占GDP的比重(%)，反映第二产业结构状况。其计算公式为

$$第二产业产值占GDP的比重 = (第二产业产值 \div GDP) \times 100\%$$

$Ec4$ 第三产业产值占GDP的比重(%)，反映第三产业结构状况，该指标可以衡量某一地区的经济水平。其计算公式为

$$第三产业产值占GDP的比重 = (第三产业产值 \div GDP) \times 100\%$$

3. 社会系统指标设计

社会系统指标刻画的是社会的包容性水平。包容性体现在社会系统应以人为本，关注公平与保障、基础设施建设与生活质量提升3个方面。结合前人的研究成果（表1.6），本研究分别用人口密度、城镇登记失业人员率、万人拥有医院卫生院床位数、城镇职工基本养老保险参保率指标来反映人口、就业、医疗与养老的公平与保障状况，用万人拥有排水管道长度、万人拥有公共车辆数指标来反映供水系统与公共交通建设水平，用用水普及率、城镇居民人均消费性支出、城乡居民人均可支配收入比、互联网宽带接入用户比率指标来反映信息化时代社会发展中的生活质量状态。社会子系统与其他子系统的相互作用主要体现在万人拥有排水管道长度、用水普及率（反映社会与水资源），城镇居民人均消费性支出、城乡居民人均可支配收入比（反映社会与经济），互联网宽带接入用户比率（反映社会与科技）上。

要素一：公平与保障

要素意义：反映人口、就业、医疗与养老的公平与保障状况。

指标选择：

$S1$ 人口密度（人/km²），反映人口压力，人口数量造成的需水压力。其计算公式为

$$人口密度 = 年平均人口数 \div 行政区域土地面积$$

$S2$ 城镇登记失业人员率（%），反映失业水平与失业状况，体现了社会和谐水平。其计算公式为

$$城镇登记失业人员率 = （城镇登记失业人员数 \div 年平均人口数）\times 100\%$$

$S3$ 万人拥有医院卫生院床位数（张/万人），反映卫生资源发展水平与保障状况。其计算公式为

$$万人拥有医院卫生院床位数 = 卫生机构床位数 \div 年平均人口数$$

$S4$ 城镇职工基本养老保险参保率（%），反映养老保障状况。其计算公式为

$$城镇职工基本养老保险参保率 = （城镇职工基本养老保险参保人数 \div 年平均人口数）\times 100\%$$

要素二：基础设施

要素意义：反映供水系统与公共交通的建设与保障程度。

指标选择：

$S5$ 万人拥有排水管道长度（km/万人），是指所有排水总管、支管、干管、检查井等长度之和，反映城市排水系统的发展水平。其计算公式为

$$万人拥有排水管道长度 = 排水管道长度 \div 年平均人口数$$

$S6$ 万人拥有公共车辆数（辆/万人），是指每万人拥有的城市公共交通企业能参与运营的总车辆数，反映公共交通发展水平。其计算公式为

$$万人拥有公共车辆数 = 年末实有公共汽（电）车营运车辆数 \div 年平均人口数$$

要素三：生活质量

要素意义：反映社会发展中的生活质量状态。

指标选择：

S7 用水普及率(%)，是指城市用水人口数与城市人口总数的比率。反映用水的普及状况，现代化程度。其计算公式为

$$用水普及率=(用水人口数\div 年平均人口数)\times 100\%$$

S8 城镇居民人均消费性支出(元)，反映城镇居民消费支出状况，从消费层面反映生活质量水平。其计算公式为

$$城镇居民人均消费性支出=城镇居民消费性支出\div 年平均人口数$$

S9 城乡居民人均可支配收入比，表示一个地区城乡居民消费保障水平，反映城乡居民收入差距。其计算公式为

$$城乡居民人均可支配收入比=城镇居民人均可支配收入\div 农村居民人均可支配收入$$

S10 互联网宽带接入用户比率(%)，是指在电信企业登记注册，通过 WLAN 等方式接入互联网的用户数占总人口数的比率，反映信息化普及状况、发展水平。其计算公式为

$$互联网宽带接入用户比率=(互联网宽带接入用户数\div 年平均人口数)\times 100\%$$

4. 环境系统指标设计

环境系统指标刻画的是环境的友好性水平，表示的是环境系统的友好状态。结合前人研究成果(表1.2、表1.7)，本研究基于"压力-状态-响应"PSR模型，从环境压力、状态、响应3个方面来选择相应指标。用万元GDP工业废水排放量、化学需氧量(COD)排放压力、氨氮排放压力指标反映生态环境压力，用全年期河流水质优于Ⅲ类水比例、湖泊及水库水质优于Ⅲ类水比例、重点水功能区达标率、人均绿地面积指标反映生态环境所处状态；用污水处理厂集中处理率、生活垃圾无害化处理率、建成区绿化覆盖率指标反映生态环境响应。为了全面衡量水资源的真实污染状态，在指标设计中，将灰水足迹纳入环境系统，通过环境系统中万元GDP工业废水排放量、化学需氧量(COD)排放压力、氨氮排放压力指标来表征。环境子系统与其他子系统的相互作用主要体现在万元GDP工业废水排放量(反映环境与经济)，全年期河流水质优于Ⅲ类水的比例、湖泊及水库水质优于Ⅲ类水的比例、重点水功能区达标率(反映环境与水资源)，人均绿地面积(反映环境与社会)，污水处理厂集中处理率、生活垃圾无害化处理率(反映环境与科技)上。

要素一：环境压力

要素意义：反映人类的经济、社会活动对生态环境的影响作用。

指标选择：

$En1$ 万元GDP工业废水排放量(t/万元)，是指工业企业排放的全部废水总量，反映工业废水排放强度。其计算公式为

$$万元GDP工业废水排放量=工业废水排放量\div 万元GDP$$

灰水足迹表示"占用的纳污能力"，即一定范围内稀释污染物所需的水量，使环境水质能满足允许的水质标准。排污规模应以水循环系统的自净能力为阈值。

$En2$ 化学需氧量(COD)排放压力，用工业化学需氧量(COD)排放量与水体对COD的承载力的比值表示，水体对COD的承载力采用《污水综合排放标准》(GB 8978—1996)中的二级

排放标准,即120mg/L。

$$化学需氧量(COD)排放压力=工业COD排放量÷COD排放标准值$$

$En3$ 氨氮排放压力,用工业氨氮排放量与水体对氨氮的承载力的比值表示,水体对氨氮的承载力采用《污水综合排放标准》(GB 8978—1996)中的二级排放标准,即25mg/L。

$$氨氮排放压力=工业氨氮排放量÷氨氮排放标准值$$

要素二:环境状态

要素意义:反映一定时期内水生态环境状态和环境变化情况,包括水生态系统、自然环境现状等。

指标选择:

$En4$ 全年期河流水质优于Ⅲ类水的比例(%),反映河流水体水质状况。其计算公式为

$$全年期河流水质优于Ⅲ类水的比例=(Ⅰ、Ⅱ、Ⅲ类水河长÷全年评价水河长)×100\%$$

$En5$ 湖泊及水库水质优于Ⅲ类水的比例(%),反映湖泊及水库水质状况和营养化程度。其计算公式为

$$湖泊及水库水质优于Ⅲ类水的比例=(Ⅰ、Ⅱ、Ⅲ类水湖泊水库个数÷\\监测评价湖泊水库总数)×100\%$$

$En6$ 重点水功能区达标率(%),反映重点水功能区水生态环境质量达标情况。其计算公式为

$$重点水功能区达标率=(达标水功能区个数÷水功能区总数)×100\%$$

$En7$ 人均绿地面积(m^2/人),是指用作绿化的公园、居住区、生产、防护等各种绿地的总面积,反映城市公共环境绿化状况、绿化水平。其计算公式为

$$人均绿地面积=绿地面积÷年平均人口数$$

要素三:环境响应

要素意义:反映社会和个人减轻、阻止、恢复和预防人类活动对环境的负面影响而采取的行动,以及对已发生的不利于人类生存发展的生态环境变化所采取的补救措施。

指标选择:

$En8$ 污水处理厂集中处理率(%),是指经污水处理厂处理的污水量与污水排放总量的比值,表示人类社会对生态环境中污水处理的程度,反映对污水的处理能力。其计算公式为

$$污水处理厂集中处理率=(污水处理厂处理污水量÷污水排放总量)×100\%$$

$En9$ 生活垃圾无害化处理率(%),是指生活垃圾无害化处理量占生活垃圾产生量的比率,表示人类社会对生态环境中生活垃圾处理的程度,反映其处理能力。其计算公式为

$$生活垃圾无害化处理率=(生活垃圾无害化处理量÷生活垃圾产生量)×100\%$$

$En10$ 建成区绿化覆盖率(%),表示人类社会对生态环境中绿化补救的程度,反映城区绿化程度。其计算公式为

$$建成区绿化覆盖率=(建成区绿化覆盖面积÷建成区面积)×100\%$$

5. 科技系统指标设计

科技系统指标刻画的是科技的创新性水平。水资源的科技创新与应用有利于提高水资

源利用率、降低污染排放等,反映的是科技系统的科技发展状况,结合前人研究成果(表1.8),本研究从人才、投入与成果3个方面来衡量。科技子系统与其他子系统的相互作用主要体现在万人在校大学生数、万人拥有专利授权数(反映科技与社会),科学技术支出占GDP的比重(反映科技与经济)、教育支出占GDP的比重(反映科技与社会、经济)上。

要素一:人才

要素意义:反映科技发展的生产力,因为科学技术成果需要靠人才来实现。

指标选择:

$T1$ 万人在校大学生数(人/万人),表示一个地区人才培养中受高等教育人才的比例,反映科教水平。其计算公式为

$$万人在校大学生数 = 在校大学生数 \div 年平均人口数$$

要素二:投入

要素意义:反映科技的成果需要通过经费投入来推进与转化。

指标选择:

$T2$ 教育支出占GDP的比重(%),表示一个地区所创造的GDP中用于教育支出的比例,反映对教育的投入程度。其计算公式为

$$教育支出占GDP的比重 = (教育支出 \div GDP) \times 100\%$$

$T3$ 科学技术支出占GDP的比重(%),表示一个地区所创造的GDP中用于科学技术方面支出的比例,反映对科学技术的投入水平。其计算公式为

$$科学技术支出占GDP的比重 = (科学技术支出 \div GDP) \times 100\%$$

要素三:成果

要素意义:科技发展水平的直接体现。

指标选择:

$T4$ 万人拥有专利授权数(项/万人),表示一个地区的科技专利水平。反映科研产出质量和市场应用水平。其计算公式为

$$万人拥有专利授权数 = 专利授权数 \div 年平均人口数$$

4.4 本章小结

本章综合运用系统科学、包容性增长、水足迹和可持续发展等理论,在科学界定"水资源包容性可持续力"新概念的基础上,建立了水资源包容性可持续力ASFII基本框架以及评价指标体系,所取得的主要成果如下。

(1)提出了"水资源包容性可持续力"新概念,基于资源禀赋、高质量发展、环境友好、以人为本和科技发展五大理念,建立了集可用性、持续性、友好性、包容性和创新性于一体的水资源包容性可持续力ASFII基本框架。该框架不仅融合了传统可持续发展的三大支柱,而且融入了包容性增长思想,同时突出了科技进步的重要作用。

(2)基于ASFII基本框架,确定出影响城市水资源包容性可持续力的关键因素,设计出包括

五大准则,14个要素,36个指标的评价体系。该体系引入了包括蓝水足迹、绿水足迹、灰水足迹在内的水足迹概念,分别将蓝水足迹、绿水足迹的影响纳入水资源系统,将灰水足迹纳入环境系统,充分考虑了水资源包容性可持续力的驱动和制约因素,以及各子系统间的相互作用。

5 长江经济带城市水资源包容性可持续力评价

城市水资源包容性可持续力是一个复杂系统,具有不确定性、模糊性。因此,为科学评价水资源包容性可持续力水平,本章利用改进的层次分析法(EAHP)、加速遗传算法(AGA)、熵值法(EM)、灰色关联分析法(GRA)、逼近理想解的排序方法(TOPSIS),提出了一套适合城市水资源包容性可持续力的集成评价方法及模型,通过实例研究验证了该模型的科学性和有效性。基于所构建的集成评价模型,本章选择 2008—2018 年城市面板数据,对长江经济带 38 个城市、三大城市群水资源包容性可持续力进行了集成评价,以期提供科学的评价方法和应用范例。

5.1 评价方法选择

城市水资源包容性可持续力(UWIS)的测度属于多准则决策问题。对于多准则决策问题,灰色关联分析法(GRA)通过多个数据序列几何形状的相似程度比较,来对各个评价方案进行优劣排序。但选择最优与最劣方案中哪个方案作为比较对象却难以确定。逼近理想解的排序方法(TOPSIS)通过评价方案与正负理想方案之间的欧氏距离来判定评价对象的优劣,却不能很好地利用数据之间的关系进行分析。有学者提出利用将二者相结合的 GRA-TOPSIS[154],这个方法有效地克服了各自的缺陷。因此,本研究将以 GRA 和 TOPSIS 为核心,来对其评价方法进行改进与集成研究。

集成的基本思路是:改进的层次分析法(EM-AGA-EAHP)为集成评价 UWIS 提供权重值,GRA-TOPSIS 进行综合评价。具体来讲,基于熵值法(EM)、加速遗传算法的扩展层次分析法(AGA-EAHP)的改进,通过对灰色关联分析法(GRA)和逼近理想解的排序方法(TOPSIS)等的集成,对城市水资源包容性可持续力(UWIS)进行集成评价。

5.1.1 层次分析法

1. 基本原理

层次分析法(analytic hierarchy process,AHP)由美国运筹学家 Saaty 在 20 世纪 70 年代提出,是一种集定性与定量分析于一体的多准则决策方法[155],它将复杂问题分解为各个组成要素,按照彼此关系构造层次结构,通过两两要素之间相对重要性的比较,对要素进行排序和评价,实现对复杂问题的最优化决策。

2. 主要步骤

(1)建立层次结构模型。层次结构模型一般包括 3 个层次:目标层、准则层、方案层或指标层(图 5.1)。

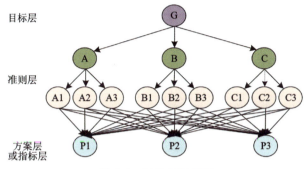

图 5.1 层次结构模型

(2)构造判断矩阵。邀请专家对层次结构模型中的准则和要素的相对重要性进行打分。针对某一元素,按照 1~9 的九标度法进行两两重要性比较(表 5.1),并构建判断矩阵。如对属于准则 A 的 A_1、A_2 和 A_3 三个要素,分别进行两两重要性比较,可以得到判断矩阵 $A = \begin{bmatrix} 1 & a_{12} & a_{13} \\ a_{21} & 1 & a_{23} \\ a_{31} & a_{32} & 1 \end{bmatrix}$,其中 a_{ij} 表示要素 A_i 相对于要素 A_j 的重要程度。

表 5.1 九标度法的标度含义

标度值	重要程度	标度含义
1	同样重要	元素 i 与元素 j 同样重要
3	稍微重要	元素 i 比元素 j 稍微重要
5	明显重要	元素 i 比元素 j 明显重要
7	强烈重要	元素 i 比元素 j 强烈重要
9	极端重要	元素 i 比元素 j 极端重要
2,4,6,8	相邻标度的中值	表示相邻两标度之间折中时的标度
标度倒数	反向比较	元素 i 对元素 j 的标度为 a_{ij},反之为 $\frac{1}{a_{ij}}$

(3)计算各层要素单排序权重,进行一致性检验。计算同一层次内各个要素的相对权重 $w_i = \dfrac{\left(\prod\limits_{j=1}^{n} a_{ij}\right)^{1/n}}{\sum\limits_{i=1}^{n} \left(\prod\limits_{j=1}^{n} a_{ij}\right)^{1/n}}$。

通过计算一致性比率系数 CR 来检验其一致性，$CR=\dfrac{CI}{RI}$，其中 CI 表示一致性指标，$CI=\dfrac{\lambda_{max}}{n-1}$，$\lambda_{max}$ 为最大特征根，n 为矩阵规模，RI 表示随机一致性指标，其大小由 n 的取值来决定（表5.2）。

表5.2 随机一致性指数

n	1	2	3	4	5	6	7	8	9	10
RI	0	0	0.52	0.89	1.11	1.25	1.35	1.4	1.45	1.49

如果 CR<0.1，说明判断矩阵具有一致性，否则，则不一致，需要重新对两两要素间的相对重要性进行比较，修正判断矩阵。

（4）计算各个元素相对于总目标的权重，对各方案优劣进行排序。

3. 方法评析

层次分析法因简单易用，在实践中得到广泛运用。然而，其自身仍存在一定的局限性。一是判断矩阵的构造主观性太强，专家个人意见直接影响最终结果。二是一致性检验问题，如同一要素下一层次的要素数量较多，结果会导致判断矩阵很难具有较好的一致性，甚至连可接受的一致性都达不到，需要对判断矩阵进行修正，继续检验其一致性。可见，专家评分的主观性与判断矩阵的一致性问题，成为传统层次分析法的局限，应予以改进。

5.1.2 加速遗传算法

1. 基本原理

遗传算法（genetic algorithm，GA）是一种高效全局寻优的智能搜索算法，传统的标准遗传算法通过基本遗传算子（如选择、交叉和变异算子）展开全局寻优搜索，然而随着进化迭代次数的增加，其寻优功能会逐渐减弱，易出现过早收敛甚至陷入局部最优的现象。为了能搜索到优秀个体，并逐步调整优化变量的搜索区间，加速遗传算法（accelerating genetic algorithm，AGA）应运而生。它通过增加一个加速算子，即在标准遗传算法运行一定代数后，从中选出一定数量的优秀个体，根据其变量区间值来确定优化变量新的搜索区间，达到加速遗传的目的[156]。

2. 主要步骤

（1）离散化变量的初始变化空间，采用更强搜索能力的二进制编码。

（2）随机生成初始父代群体。

（3）解码和适应度评价。将父代个体编码串转化成优化变量，并计算优化准则函数值。适应度值越高的个体被作为优秀个体。

（4）选择算子。基于个体的适应度值，按一定的规则从父代个体中选出适应性强的优良个体。

(5)交叉操作。即父代个体的杂交,从而得到新一代个体,各个个体随机搭配成对,以某个交叉概率交换彼此间的部分染色体。本研究采用两点杂交,将交叉概率设定为1。

(6)变异算子。即子代个体的变异。本研究采用两点变异,更有助于提高群体的多样性。

(7)进化迭代。将步骤(6)得到的子代个体作为新的父代初始群体,重新回到步骤(3)运算,开始下一轮进化过程,如此循环迭代,直至逼近最优点。

(8)加速遗传。将第一次、第二次进化迭代所得到的优秀个体的变化空间作为变量新的初始变化空间,算法重新回到步骤(1),如此加速循环和迭代,直到达到初始设定的要求或算法运行达到预定加速循环次数,结束算法。加速遗传算法的结果就是此时当前群体中的最佳个体或某个优秀个体。

3. 方法评析

通过引入一个加速遗传算子,该方法能够克服标准遗传算法搜索速度慢、过早收敛、陷入局部最优的不足,实现全局优化。因此,本研究将采用加速遗传算法来进行寻优,以找出最优一致性判断矩阵。

5.1.3 熵值法

1. 基本原理

熵值法(entropy method,EM)属于客观加权法[157],通过引入"熵"的概念,根据实际数据分析决策问题中信息的有用性来确定权重。根据熵值论的思想,所包含的信息熵越小,其不确定性就越小,信息的有用性就越高,反之亦然。在多准则决策问题中,指标的变异性越大,所提供的信息利用价值就越高,那么其权重也就越大。因此,熵值法是一种科学、客观地确定指标权重的方法。

2. 主要步骤

(1)对原始数据进行归一化处理,得到归一化后的值 x'_{ij}。

(2)计算各个属性值的特征比重 $p_{ij} = x'_{ij} / \sum_{i=1}^{m} x'_{ij}$。

(3)计算第 j 个指标的熵值 $e_j = -\sum_{i=1}^{m} p_{ij} \ln p_{ij} / \ln m$。

若 $p_{ij} = 0$,则定义

$$\lim_{p_{ij} \to 0} p_{ij} \ln p_{ij} = 0$$

式中:m 为被评价对象的数量。

(4)计算第 j 个指标的差异性系数 $g_j = 1 - e_j$。

(5)利用熵值计算第 j 个指标的权重 $w_j = g_j / \sum_{j=1}^{n} g_j$($n$ 为指标数量),得到权重集合 $w = [w_1, w_2, \cdots, w_n]$。

3. 方法评析

熵值法是对实际数据进行分析,能体现指标信息的有用程度,所获得的指标权重是客观权重,具有主观赋权法所没有的优势。为了消除负数对运算的影响,熵值法一般要借助对数运算。因此,本研究将采用熵值法来确定指标层的权重。

5.1.4 灰色关联分析法

1. 基本原理

灰色系统理论由邓聚龙教授于 20 世纪 80 年代初提出[158],灰色关联分析法(grey relational analysis,GRA)是其中应用最为广泛的一种多因素统计分析方法。通过计算各个评价对象与正负理想解的灰色关联度来判断方案的优劣,采用灰色关联度来表示因素间关系的强弱、大小和次序。其基本思想是根据序列的曲线几何形状的相似程度来判断其联系是否紧密,曲线越接近,关联度就越大,反之就越小。

2. 主要步骤

(1) 计算各评价对象与正负理想解 Z_j^+ 和 Z_j^- 的灰色关联系数矩阵 $\boldsymbol{R}^+$ 和 $\boldsymbol{R}^-$。

$$\begin{cases} \boldsymbol{R}^+ = (r_{ij}^+)_{m \times n}, \quad r_{ij}^+ = \dfrac{\min\limits_{i}\min\limits_{j}|z_j^+ - z_{ij}| + \rho \max\limits_{i}\max\limits_{j}|z_j^+ - z_{ij}|}{|z_j^+ - z_{ij}| + \rho \max\limits_{i}\max\limits_{j}|z_j^+ - z_{ij}|} = \dfrac{\rho w_j}{w_j - z_{ij} + \rho w_j} \\ \boldsymbol{R}^- = (r_{ij}^-)_{m \times n}, \quad r_{ij}^- = \dfrac{\min\limits_{i}\min\limits_{j}|z_j^- - z_{ij}| + \rho \max\limits_{i}\max\limits_{j}|z_j^- - z_{ij}|}{|z_j^- - z_{ij}| + \rho \max\limits_{i}\max\limits_{j}|z_j^- - z_{ij}|} = \dfrac{\rho w_j}{z_{ij} + \rho w_j} \end{cases}$$

其中,$\rho \in [0,1]$ 为分辨系数,其值越小,表明分辨力越高。

(2) 计算各个评价对象与正负理想解的灰色关联度 r_i^+ 和 r_i^-。

$$\begin{cases} r_i^+ = \dfrac{1}{n}\sum_{j=1}^{n} r_{ij}^+ \\ r_i^- = \dfrac{1}{n}\sum_{j=1}^{n} r_{ij}^- \end{cases}$$

3. 方法评析

灰色关联分析法通过多个数据序列的几何形状的相似程度比较,来对各评价方案进行优劣排序。但选择最优方案与最劣方案中哪个方案作为比较对象则难以确定。因此,本研究将结合其他方法,来克服其不足。

5.1.5 逼近理想解的排序方法

1. 基本原理

1981 年由 Hwang 和 Yoon 提出的逼近理想解的排序方法(technique for order of preference by similarity to ideal solution,TOPSIS)是一种多准则决策分析方法[159]。其基本思想是将评价方案与正、负理想方案之间的欧氏距离作为判断评价对象的优劣,与正理想方案距离越近,与负理想方案距离越远,说明评价方案越优;反之,则方案越劣。

2. 主要步骤

(1)计算加权规范化决策矩阵 $\mathbf{Z}$。

$$\mathbf{Z} = (z_{ij})_{m \times n}$$

其中,$z_{ij} = w_j \times x'_{ij}(i=1,\cdots,m;j=1,\cdots,n)$。

(2)确定正理想方案 Z^+ 和负理想方案 Z^-。

$$Z^+ = (z_1^+, z_2^+, \cdots, z_j^+, \cdots, z_n^+), Z^- = (z_1^-, z_2^-, \cdots, z_j^-, \cdots, z_n^-)$$

其中,$z_j^+ = \max_i(x'_{ij})$,$z_j^- = \min_i(x'_{ij})$。

(3)计算各评价方案与正负理想方案 Z^+ 和 Z^- 之间的欧氏距离 d_i^+ 和 d_i^-。

$$d_i^+ = \sqrt{\sum_{j=1}^n (z_{ij} - z_j^+)^2}, d_i^- = \sqrt{\sum_{j=1}^n (z_{ij} - z_j^-)^2}$$

(4)计算相对贴近度 $C = d_i^-/(d_i^+ + d_i^-)$。

3. 方法评析

该方法能充分利用评价方案与正、负理想方案间的关系进行评价,应用比较灵活。然而当评价方案较少时,使得最优方案、最劣方案往往不具代表性,从而对评价结果产生一定的影响。因此,本研究将与其他方法进行集成评价研究。

5.2 集成评价模型构建与验证

5.2.1 评价方法改进与集成

针对传统 AHP 中九标度法的不足,通过加速遗传算法寻优,利用改进的层次分析法,并集成熵值法、灰色关联法、逼近理想解的排序方法等,建立了 EM-AGA-EAHP-GRA-TOPSIS 集成评价模型。本研究改进的综合集成评价方法包括两个部分,一是采用 EM-AGA-EAHP 方法来确定权重,二是采用 GRA-TOPSIS 方法进行评价。

之所以采用 EM 和 AGA-EAHP 的方法,是因为传统的层次分析法无法达到最优一致性,有时候甚至连满意的一致性都达不到,因此本研究采用 Su 等[160]提出的基于加速遗传算法的扩展层次分析法(AGA-EAHP)来获取准则层与要素层权重。针对传统 AHP 中九标度法的不足,本研究将原来的标度扩展为标度区间,从而得到判断矩阵群,为此引入加速遗传算法(AGA)来寻找最优一致性判断矩阵。熵值法(EM)由于能根据实际数据分析决策问题中信息的有用性来确定权重,具有主观赋权法所不具有的优势,因此本研究将通过熵值法来获取指标层权重。灰色关联分析法(GRA)通过计算各个评价对象与正负理想解的灰色关联度来判断方案的优劣,逼近理想解的排序法(TOPSIS)主要是通过计算各个评价方案与正负理想方案之间的欧氏距离来判断方案的优劣,两者结合构造灰色贴近度,能更好地判断评价对象的优劣。方法改进与集成基本思路如图5.2所示。

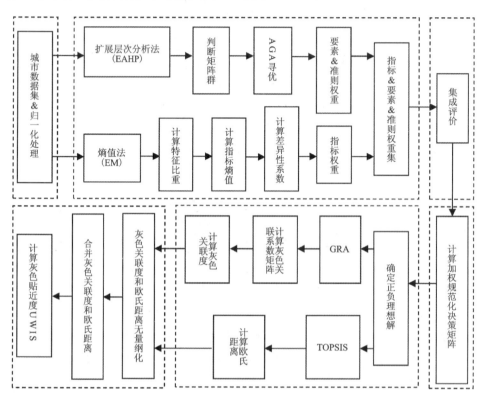

图5.2 方法改进与集成基本思路图

5.2.2 集成评价算法步骤

该集成评价方法的具体步骤如下:

步骤1 运用式(5.1)~式(5.4),对原始数据进行归一化处理。

正向指标:
$$x'_{ij} = (x_{ij} - \min\{x_{ij}\}) \div (\max\{x_{ij}\} - \min\{x_{ij}\}) \tag{5.1}$$

逆向指标:
$$x'_{ij} = (\max\{x_{ij}\} - x_{ij}) \div (\max\{x_{ij}\} - \min\{x_{ij}\}) \tag{5.2}$$

适度指标:
$$x''_{ij} = (x_{ij} - \text{median}\{x_{ij}\}) \div (\max\{x_{ij}\} - \min\{x_{ij}\}) \tag{5.3}$$

$$x'_{ij} = (x''_{ij} - \min\{x''_{ij}\}) \div (\max\{x''_{ij}\} - \min\{x''_{ij}\}) \tag{5.4}$$

$$(i = 1, \cdots, m; j = 1, \cdots, n)$$

式中:x_{ij}指第i个城市第j个指标的实际值;x'_{ij}指第i个城市第j个指标归一化后的值;$\max\{x_{ij}\}$指某一年所有被评价城市第j个指标的最大值;$\min\{x_{ij}\}$指某一年所有被评价城市第j个指标的最小值。

步骤 2 运用式(5.5)~式(5.9),采用熵值法(EM)确定指标层权重。

(1)计算各个属性值的特征比重:

$$p_{ij} = x'_{ij} \div \sum_{i=1}^{m} x'_{ij} \tag{5.5}$$

(2)计算指标熵值:

$$e_j = -\sum_{i=1}^{m} p_{ij} \ln p_{ij} \div \ln m \tag{5.6}$$

若 $p_{ij} = 0$,则定义

$$\lim_{p_{ij} \to 0} p_{ij} \ln p_{ij} = 0$$

式中:m 为被评价对象(城市)的数量。

(3)计算差异化系数:

$$g_j = 1 - e_j \tag{5.7}$$

(4)利用熵值计算指标权重,得到权重集合:

$$w_j = g_j \div \sum_{j=1}^{n} g_j \quad (n \text{ 为指标数量}) \tag{5.8}$$

$$w = [w_1, w_2, \cdots, w_n] \tag{5.9}$$

步骤 3 采用 AGA-EAHP 确定要素、准则层权重。

(1)构造判断矩阵群。为了减小传统 AHP 构造判断矩阵的主观性和评分标度值的离散性,本研究采用 EAHP 对评分标度做了如下改进(表5.3):将 Saaty 提出的九标度向前、向后各扩展 0.5,将原来的标度扩展为标度区间,如 2 扩充为 [1.5,2.5] 的取值范围,判断矩阵对角线上的标度值不变,这样就得到了判断矩阵群。如传统的 AHP 中的判断矩阵为

$$A = \begin{bmatrix} 1 & 3 & 2 \\ 1/3 & 1 & 1/2 \\ 1/2 & 2 & 1 \end{bmatrix}$$

则构造的新的判断矩阵群为

$$A = \begin{bmatrix} 1 & [2.5,3.5] & [1.5,2.5] \\ [1/3.5,1/2.5] & 1 & [1/2.5,1/1.5] \\ [1/2.5,1/1.5] & [1.5,2.5] & 1 \end{bmatrix}$$

(2)使用加速遗传算法搜索最优一致性判断矩阵。本研究引入加速遗传算法 AGA 来进行全局寻优,其参数设定:种群个体数 $n=300$,每次选取优秀个体数 $yx=10$,杂交概率 $pc=1$,变异概率 $pm=1$,最大加速次数 MAXGEN$=100$。

(3)根据得到的最优一致性判断矩阵来计算各要素的权重

表 5.3 改进后的层次分析法(EAHP)标度区间

标度值	标度区间	重要程度	标度含义
1	[0.5,1.5]	同样重要	元素 i 与元素 j 同样重要
3	[2.5,3.5]	稍微重要	元素 i 比元素 j 稍微重要
5	[4.5,5.5]	明显重要	元素 i 比元素 j 明显重要
7	[6.5,7.5]	强烈重要	元素 i 比元素 j 强烈重要
9	[8.5,9.5]	极端重要	元素 i 比元素 j 极端重要
2,4,6,8	[1.5,2.5],[3.5,4.5], [5.5,6.5],[7.5,8.5]	相邻标度的中值	表示相邻两标度之间折中时的标度
标度倒数	标度倒数	反向比较	元素 i 对元素 j 标度为 a_{ij},反之为 $\dfrac{1}{a_{ij}}$

步骤 4 集成评价。

(1)运用式(5.10),计算加权规范化决策矩阵 $\boldsymbol{Z}$。

$$\boldsymbol{Z}=(z_{ij})_{m\times n} \quad \text{其中 } z_{ij}=w_j\times x'_{ij}(i=1,\cdots,m;j=1,\cdots,n) \tag{5.10}$$

(2)运用式(5.11)、式(5.12),确定正理想解 Z^+ 和负理想解 Z^-。

$$Z^+=(z_1^+,z_2^+,\cdots,z_j^+,\cdots,z_n^+) \tag{5.11}$$

$$Z^-=(z_1^-,z_2^-,\cdots,z_j^-,\cdots,z_n^-) \tag{5.12}$$

其中

$$z_j^+=\max_i(x'_{ij})$$

$$z_j^-=\min_i(x'_{ij})$$

(3)运用式(5.13)、式(5.14),计算各评价对象与正负理想解 Z_j^+ 和 Z_j^- 的灰色关联系数矩阵 $\boldsymbol{R}^+$ 和 $\boldsymbol{R}^-$。

$$\boldsymbol{R}^+=(r_{ij}^+)_{m\times n},r_{ij}^+=\frac{\min\limits_i\min\limits_j|z_j^+-z_{ij}|+\rho\max\limits_i\max\limits_j|z_j^+-z_{ij}|}{|z_j^+-z_{ij}|+\rho\max\limits_i\max\limits_j|z_j^+-z_{ij}|}=\frac{\rho w_j}{w_j-z_{ij}+\rho w_j} \tag{5.13}$$

$$\boldsymbol{R}^-=(r_{ij}^-)_{m\times n},r_{ij}^-=\frac{\min\limits_i\min\limits_j|z_j^--z_{ij}|+\rho\max\limits_i\max\limits_j|z_j^--z_{ij}|}{|z_j^--z_{ij}|+\rho\max\limits_i\max\limits_j|z_j^--z_{ij}|}=\frac{\rho w_j}{z_{ij}+\rho w_j} \tag{5.14}$$

其中,$\rho\in[0,1]$ 为分辨系数,其值越小,表明分辨力越高,当 $\rho\leqslant 0.5463$ 时,分辨力处于最佳状态,一般情况下取其值为 0.5。

(4)运用式(5.15),计算各个评价对象与正负理想解的灰色关联度 r_i^+ 和 r_i^-。

$$\begin{cases}r_i^+=\dfrac{1}{n}\sum_{j=1}^n r_{ij}^+\\[2mm] r_i^-=\dfrac{1}{n}\sum_{j=1}^n r_{ij}^-\end{cases} \tag{5.15}$$

(5) 运用式(5.16)、式(5.17),计算各评价对象与正负理想方案 Z^+ 和 Z^- 之间的欧氏距离 d_i^+ 和 d_i^-。

$$d_i^+ = \sqrt{\sum_{j=1}^{n}(z_{ij}-z_j^+)^2} \tag{5.16}$$

$$d_i^- = \sqrt{\sum_{j=1}^{n}(z_{ij}-z_j^-)^2} \tag{5.17}$$

(6) 分别对得出的灰色关联度 r_i^+ 和 r_i^- 与欧氏距离 d_i^+ 和 d_i^- 进行无量纲化处理,得到 R_i^+、R_i^-、D_i^+ 和 D_i^-。

(7) 将灰色关联度 R_i^+ 和 R_i^- 与欧氏距离 D_i^+ 和 D_i^- 进行组合。

$$\begin{cases} S_i^+ = \zeta R_i^+ + \tau D_i^- \\ S_i^- = \zeta R_i^- + \tau D_i^+ \end{cases} \tag{5.18}$$

其中,ζ 和 τ 表征决策者对位置和形状的偏好程度,且满足 $\zeta + \tau = 1$,$\zeta,\tau \in [0,1]$,决策者可依据自己的偏好来确定它们的位置。

步骤 5 计算灰色贴近度。

$$C = S_i^- / (S_i^+ + S_i^-) \tag{5.19}$$

5.2.3 实例验证

为了进一步验证本研究提出的 GRA-TOPSIS 集成评价模型的科学性,现以文献[160,161]的中国矿业城市矿产资源可持续力测度为例进行实例验证研究。该实例中,矿产资源可持续力指标体系如表 5.4 所示,在此,采用该实例中 78 个矿业城市 19 个指标的数据进行验证,指标层的权重采用熵值法确定,要素与准则层的权重采用 AGA-EAHP 确定,所获得的权重分别为

$W_{11} = [0.120\ 8\quad 0.530\ 5\quad 0.185\ 5\quad 0.163\ 2] \qquad W_{12} = [0.249\ 9\quad 0.750\ 1]$

$W_{13} = [0.495\ 8\quad 0.504\ 2] \qquad W_{14} = [0.670\ 0\quad 0.330\ 0] \qquad W_{15} = [1]$

$W_{21} = [1] \qquad W_{22} = [0.310\ 7\quad 0.689\ 3] \qquad W_{23} = [1]$

$W_{24} = [0.688\ 0\quad 0.312\ 0] \qquad W_{25} = [0.700\ 4\quad 0.299\ 6]$

$W_1 = [0.243\ 5\quad 0.187\ 2\quad 0.205\ 3\quad 0.222\ 9\quad 0.141\ 0]$

$W_2 = [0.204\ 3\quad 0.224\ 4\quad 0.160\ 4\quad 0.216\ 0\quad 0.194\ 8]$

$W = [0.512\ 6\quad 0.487\ 4]$

本研究分别采用 GRA 模型、TOPSIS 模型和 GRA-TOPSIS 模型来对城市进行优先排序。为了评判不同模型的优劣,Ferreira 等曾经使用 3 个指标[162],即评价结果的标准差(SD)、最优与次优方案差值(DFS)、最优与最劣方案差值(DBW)。3 个指标值越大,说明采用该模型各个评价方案之间的区分度越大,越能说明该方案相对于其他方案的优先度越高。考虑结果的量纲不同,本研究将采用标准差(SD)、最优与其他方案平均差值(DAB)、最优与次优方案差值(DFS)、最优与最劣方案差值(DBW)4 个指标,构造 3 个判断指标(SD、DAB/DBW 和 DFS/DBW)来判定上述 3 个模型的优劣。

表 5.4 矿业城市矿产资源可持续力指标体系

目标	准则	要素	指标
U 可持续力	u_1 发展力	u_{11} 经济发展与效益	u_{111} 人均 GDP
			u_{112} 人均固定资产净值
			u_{113} 每百元固定资产投资实现的利税
			u_{114} 每百元工业总产值实现的利税
		u_{12} 社会发展与生活质量	u_{121} 人均储蓄年末余额
			u_{122} 矿业从业人数
		u_{13} 资源禀赋和开发条件	u_{131} 人均 45 种矿产工业储量潜在价值
			u_{132} 主要矿产资源聚集度
		u_{14} 环境影响	u_{141} 工业二氧化硫排放率
			u_{142} 工业烟尘排放率
		u_{15} 智力水平	u_{151} 人均电信业务总量
	u_2 协调力	u_{21} 经济协调度	u_{211} 万元 GDP 用电量
		u_{22} 社会协调度	u_{221} 每 10 万人拥有医生数
			u_{222} 城镇就业率
		u_{23} 资源转化效率	u_{231} 资源转化效率
		u_{24} 环境协调度	u_{241} 工业废物综合处理率
			u_{242} 人均绿地面积
		u_{25} 智力协调度	u_{251} 万人在校大学生数
			u_{252} 教育和科技经费占 GDP 的比例

基于实例中 78 个矿业城市的数据,分别按照 3 种不同模型得到相应的评价结果,并对其优先度进行排序,据此计算得到 3 个模型的优先度判断指标(表 5.5)。

表 5.5 3 个模型的评价结果与判断指标值

城市	GRA		TOPSIS		GRA-TOPSIS	
	评价结果	排序	评价结果	排序	评价结果	排序
唐山	0.559 3	15	0.429 6	62	0.451 1	64
邯郸	0.527 4	54	0.475 5	23	0.490 4	22
大同	0.494 2	71	0.482 7	20	0.510 5	11
阳泉	0.512 2	61	0.456 3	42	0.488 2	28
晋城	0.431 4	77	0.549 0	6	0.574 8	3
朔州	0.496 8	70	0.472 3	28	0.503 9	16

续表 5.5

城市	GRA		TOPSIS		GRA-TOPSIS	
	评价结果	排序	评价结果	排序	评价结果	排序
长治	0.497 9	69	0.481 1	21	0.507 8	13
乌海	0.539 3	39	0.422 0	66	0.457 3	60
包头	0.507 8	66	0.478 5	22	0.501 6	19
抚顺	0.551 9	24	0.467 8	33	0.474 3	38
阜新	0.557 4	17	0.461 6	37	0.468 4	47
鞍山	0.531 0	48	0.454 6	43	0.478 2	33
本溪	0.534 1	47	0.469 1	30	0.483 8	31
盘锦	0.453 9	74	0.574 4	1	0.576 4	2
白山	0.563 0	10	0.473 9	26	0.473 0	41
松原	0.493 8	72	0.555 4	4	0.548 0	6
辽源	0.557 2	18	0.468 7	31	0.472 9	42
大庆	0.389 1	78	0.569 3	2	0.605 9	1
鹤岗	0.539 1	40	0.483 6	19	0.488 9	24
七台河	0.541 4	36	0.485 1	17	0.488 6	25
鸡西	0.556 8	19	0.468 6	32	0.472 2	43
双鸭山	0.549 4	27	0.452 3	47	0.467 8	49
黑河	0.538 0	42	0.475 4	24	0.484 8	30
徐州	0.505 7	67	0.521 2	8	0.524 4	9
铜陵	0.535 7	45	0.426 0	65	0.461 0	59
马鞍山	0.524 2	57	0.433 7	58	0.470 6	44
淮南	0.561 8	11	0.433 9	57	0.452 4	63
淮北	0.553 5	23	0.446 7	49	0.463 1	54
新余	0.559 4	13	0.429 5	63	0.451 1	65
萍乡	0.549 9	26	0.457 2	40	0.470 1	46
东营	0.438 4	76	0.555 3	5	0.574 5	4
枣庄	0.544 3	32	0.486 7	14	0.487 9	29
莱芜	0.540 8	38	0.460 5	38	0.476 4	35
淄博	0.543 0	34	0.456 5	41	0.473 3	40
平顶山	0.538 2	41	0.459 6	39	0.477 2	34
濮阳	0.517 1	59	0.465 8	35	0.490 7	21

续表 5.5

城市	GRA		TOPSIS		GRA-TOPSIS	
	评价结果	排序	评价结果	排序	评价结果	排序
三门峡	0.554 2	21	0.391 2	73	0.434 0	72
鹤壁	0.545 4	31	0.438 7	55	0.462 9	56
黄石	0.546 7	29	0.444 0	51	0.464 6	50
鄂州	0.572 8	7	0.432 0	60	0.445 8	66
荆门	0.555 9	20	0.448 9	48	0.462 9	55
郴州	0.558 4	16	0.436 0	56	0.455 0	62
茂名	0.525 0	56	0.498 9	12	0.503 4	17
韶关	0.566 8	9	0.413 0	67	0.439 0	70
攀枝花	0.527 5	53	0.431 1	61	0.467 8	48
六盘水	0.574 2	6	0.393 5	72	0.425 3	73
铜川	0.579 0	4	0.371 2	76	0.411 5	75
榆林	0.586 0	2	0.394 5	70	0.420 0	74
金昌	0.534 2	46	0.381 1	74	0.438 5	71
白银	0.584 6	3	0.352 1	77	0.398 9	77
嘉峪关	0.541 4	37	0.393 9	71	0.441 8	68
石嘴山	0.572 2	8	0.345 1	78	0.401 9	76
克拉玛依	0.448 6	75	0.529 6	7	0.556 7	5
乌鲁木齐	0.512 1	62	0.496 6	13	0.508 8	12
邢台	0.501 4	68	0.483 9	18	0.507 4	14
承德	0.527 6	51	0.445 4	50	0.475 0	37
临汾	0.513 6	60	0.485 7	15	0.502 4	18
葫芦岛	0.559 3	14	0.453 6	45	0.463 5	53
赣州	0.508 6	65	0.561 3	3	0.543 3	7
郑州	0.512 1	63	0.394 6	69	0.456 6	61
娄底	0.544 2	33	0.464 3	36	0.476 4	36
贵阳	0.526 7	55	0.442 1	53	0.473 8	39
渭南	0.613 5	1	0.372 0	75	0.394 7	78
张家口	0.553 7	22	0.403 5	68	0.440 6	69
太原	0.465 6	73	0.514 4	10	0.540 6	8
宿州	0.574 6	5	0.427 3	64	0.442 6	67

续表 5.5

城市	GRA		TOPSIS		GRA-TOPSIS	
	评价结果	排序	评价结果	排序	评价结果	排序
龙岩	0.529 2	50	0.473 0	27	0.488 3	27
景德镇	0.529 5	49	0.485 2	16	0.494 2	20
南阳	0.550 0	25	0.441 0	54	0.461 8	58
滁州	0.547 3	28	0.442 9	52	0.464 2	51
南平	0.559 9	12	0.452 7	46	0.462 5	57
临沂	0.542 2	35	0.474 4	25	0.482 6	32
云浮	0.537 8	43	0.518 7	9	0.507 3	15
桂林	0.527 5	52	0.471 0	29	0.488 4	26
柳州	0.537 8	44	0.433 5	59	0.463 9	52
南宁	0.520 4	58	0.466 5	34	0.489 4	23
德阳	0.511 8	64	0.508 6	11	0.514 7	10
自贡	0.546 6	30	0.454 6	44	0.470 3	45
SD	0.036 3		0.047 3		0.039 5	
DAB/DBW	0.364 1		0.509 8		0.607 3	
DFS/DBW	0.122 4		0.022 1		0.139 3	

由表 5.5 可知，SD 值最高的是 TOPSIS 模型，其次是 GRA-TOPSIS 模型，最低的是 GRA 模型；GRA-TOPSIS 模型的 DAB/DBW 值和 DFS/DBW 值最高，而 GRA 模型结果的 3 个判定指标值中有 2 个（SD 值、DAB/DBW 值）都是最低的、1 个（DFS/DBW 值）居中；TOPSIS 模型结果的 3 个判定指标值中 1 个（DFS/DBW 值）最低、1 个（DAB/DBW 值）居中。考虑 GRA-TOPSIS 模型的 SD 值与 TOPSIS 模型的 SD 值差距并不大，综合来看，可以认为 GRA-TOPSIS 模型的结果最好，各个评价对象的评价结果之间区分度最大，相比于次优方案，最优方案具有更大的优势。可见，GRA-TOPSIS 模型具有科学性和有效性，相比于 TOPSIS 模型和 GRA 模型更有优势。

5.3 长江经济带 38 个城市水资源包容性可持续力评价

本节基于 2008—2018 年长江经济带 38 个城市的面板数据，采用熵值法（EM）和基于加速遗传算法的扩展层次分析法（AGA-EAHP）确定权重，根据本研究所建立的城市水资源包容性可持续力 ASFII 基本框架与评价体系，运用灰色关联分析法（GRA）与逼近理想解的排序法（TOPSIS）的集成算法，测算出 2008—2018 年长江经济带 38 个城市、三大城市群水资源包容性可持续力（UWIS）的大小和五大发展指数。

5.3.1 数据来源与处理

本研究选取了长江经济带长江沿线 38 个地级及以上城市作为样本进行研究(表 5.6),涵盖了长三角城市群(21 个城市)、长江中游城市群(12 个城市)和成渝城市群(5 个城市)。如按综合竞争力划分,研究样本包含了一级中心城市 1 个、二级中心城市 11 个,区域性中心城市 17 个以及一般城市 9 个(表 3.1)。

表 5.6 长江经济带三大城市群样本城市

城市群	城市
长三角城市群(21)	上海、南京、南通、扬州、常州、镇江、舟山、苏州、杭州、无锡、宁波、合肥、芜湖、安庆、铜陵、池州、嘉兴、湖州、马鞍山、绍兴、泰州
长江中游城市群(12)	武汉、南昌、九江、岳阳、长沙、荆州、鄂州、咸宁、黄石、宜昌、黄冈、常德
成渝城市群(5)	重庆、成都、攀枝花、泸州、宜宾

数据采集从 2008 年至 2018 年。数据来源于《中国城市统计年鉴》(2009—2019)、《中国环境统计年鉴》(2009—2019)、《中国城市建设统计年鉴》(2009—2019)、长江经济带 9 省 2 市的统计年鉴(2009—2019)、水资源公报(2008—2018)、各城市统计年鉴(2009—2019)以及国民经济和社会发展公报(2008—2018)等,对部分原始数据进行计算和处理得到指标数据。个别缺省数据根据该指标已有数据可能所属的函数类型,采用插值法和最小二乘法进行曲线拟合,选择误差平方和最小的函数表达式作为其最优拟合函数,从而补齐个别缺省数据。

5.3.2 水资源包容性可持续力 UWIS 测度

1. 基于 EM-AGA-EAHP 的权重确定

根据长江经济带 38 个城市 2008—2018 年的 UWIS 中的指标数据,运用式(5.1)～式(5.4)对数据进行归一化处理。

按照本研究所构建的评价指标体系,建立的城市水资源包容性可持续力层次结构模型如图 5.3 所示。第一层为目标层;第二层为准则层,包括 5 个准则元素;第三层为要素层,包括 14 个要素;第四层为指标层,包括 36 个指标。

采用熵值法(EM),运用式(5.5)～式(5.9),分别计算各个指标的特征比重、熵值、差异性系数,最后计算得到指标层各个指标的权重 w_j(表 5.7)。

采用 AGA-EAHP 确定要素层、准则层权重。具体步骤如下。

步骤 1:按照层次分析法(AHP),邀请 10 位水资源相关领域的专家对准则、要素层元素的相对重要性进行打分,得到要素层、准则层相应的判断矩阵为

$$\boldsymbol{B}_1 = \begin{bmatrix} 1 & 3 & 2 \\ 1/3 & 1 & 1/2 \\ 1/2 & 2 & 1 \end{bmatrix}$$

$$\boldsymbol{B}_2 = \begin{bmatrix} 1 & 2 \\ 1/2 & 1 \end{bmatrix}$$

$$\boldsymbol{B}_3 = \begin{bmatrix} 1 & 1/2 & 2 \\ 2 & 1 & 3 \\ 1/2 & 1/3 & 1 \end{bmatrix}$$

$$\boldsymbol{B}_4 = \begin{bmatrix} 1 & 1/2 & 1 \\ 2 & 1 & 2 \\ 1 & 1/2 & 1 \end{bmatrix}$$

$$\boldsymbol{B}_5 = \begin{bmatrix} 1 & 1 & 1 \\ 1 & 1 & 1 \\ 1 & 1 & 1 \end{bmatrix}$$

城市水资源包容性可持续力 UWIS
- A 可用性
  - C1 水资源量产水能力
    - W1 人均水资源总量
    - W2 每平方千米地表水资源含量
    - W3 每平方千米地下水资源含量
    - W4 产水模数
    - W5 降雨深
  - C2 用水量
    - W6 人均水足迹
    - W7 水足迹强度
  - C3 开发利用率
    - W8 水资源开发利用率
- S 持续性
  - C4 经济实力
    - Ec1 人均 GDP
    - Ec2 GDP 年增长率
  - C5 产业结构
    - Ec3 第二产业产值占 GDP 的比重
    - Ec4 第三产业产值占 GDP 的比重
- I 包容性
  - C6 公平与保障
    - S1 人口密度
    - S2 城镇登记失业人员率
    - S3 万人拥有医院卫生院床位数
    - S4 城镇职工基本养老保险参保率
  - C7 基础设施
    - S5 万人拥有排水管道长度
    - S6 万人拥有公共车辆数
  - C8 生活质量
    - S7 用水普及率
    - S8 城镇居民人均消费性支出
    - S9 城乡居民人均可支配收入比
    - S10 互联网宽带接入用户比率
- F 友好性
  - C9 压力
    - Ec1 万元 GDP 工业废水排放量
    - Ec2 化学需氧量排放压力
    - Ec3 氨氮排放压力
  - C10 状态
    - Ec4 全年期河流水质优于Ⅲ类水的比例
    - Ec5 湖泊及水库水质优于Ⅲ类水的比例
    - Ec6 重点水功能区达标率
    - Ec7 人均绿地面积
  - C11 响应
    - Ec8 污水处理厂集中处理率
    - Ec9 生活垃圾无害化处理率
    - Ec10 建成区绿化覆盖率
- I 创新性
  - C12 人才
    - T1 万人在校大学生数
  - C13 投入
    - T2 教育支出占 GDP 的比重
    - T3 科学技术支出占 GDP 的比重
  - C14 成果
    - T4 万人拥有专利授权数

图 5.3　城市水资源包容性可持续力层次结构模型

表 5.7　熵值法计算的各指标权重及评价对象的正负理想解

年份	指标	W_1	W_2	W_3	W_4	W_5	W_6	W_7	W_8	Ec_1	Ec_2	Ec_3	Ec_4
2008	w_j	0.240 5	0.131	0.273 3	0.106 2	0.249	0.317 2	0.682 8	1	0.693 2	0.306 8	0.524 5	0.475 5
	Z_j^+	0.240 5	0.131	0.273 3	0.106 2	0.249	0.317 2	0.682 8	1	0.693 2	0.306 8	0.524 5	0.475 5
	Z_j^-	0	0	0	0	0	0	0	0	0	0	0	0
2009	w_j	0.214 7	0.069 6	0.055 8	0.039 7	0.620 2	0.380 1	0.619 9	1	0.783 8	0.216 2	0.484 2	0.515 8
	Z_j^+	0.214 7	0.069 6	0.055 8	0.039 7	0.620 2	0.380 1	0.619 9	1	0.783 8	0.216 2	0.484 2	0.515 8
	Z_j^-	0	0	0	0	0	0	0	0	0	0	0	0
2010	w_j	0.177 2	0.118 6	0.098 7	0.097 1	0.508 4	0.384 3	0.615 7	1	0.661	0.339	0.499 4	0.500 6
	Z_j^+	0.177 2	0.118 6	0.098 7	0.097 1	0.508 4	0.384 3	0.615 7	1	0.661	0.339	0.499 4	0.500 6
	Z_j^-	0	0	0	0	0	0	0	0	0	0	0	0
2011	w_j	0.126 6	0.100 3	0.067 7	0.089 9	0.615 5	0.258 6	0.741 4	1	0.698 8	0.301 2	0.466 5	0.533 5
	Z_j^+	0.126 6	0.100 3	0.067 7	0.089 9	0.615 5	0.258 6	0.741 4	1	0.698 8	0.301 2	0.466 5	0.533 5
	Z_j^-	0	0	0	0	0	0	0	0	0	0	0	0
2012	w_j	0.163 2	0.095 5	0.068 6	0.055 4	0.617 3	0.342 8	0.657 2	1	0.673 7	0.326 3	0.501 2	0.498 8
	Z_j^+	0.163 2	0.095 5	0.068 6	0.055 4	0.617 3	0.342 8	0.657 2	1	0.673 7	0.326 3	0.501 2	0.498 8
	Z_j^-	0	0	0	0	0	0	0	0	0	0	0	0
2013	w_j	0.235 4	0.194 6	0.133 3	0.118	0.318 7	0.338 2	0.661 8	1	0.758 7	0.241 3	0.442 9	0.557 1
	Z_j^+	0.235 4	0.194 6	0.133 3	0.118	0.318 7	0.338 2	0.661 8	1	0.758 7	0.241 3	0.442 9	0.557 1
	Z_j^-	0	0	0	0	0	0	0	0	0	0	0	0
2014	w_j	0.295 5	0.123 4	0.122 1	0.116 1	0.342 9	0.317 7	0.682 3	1	0.691 6	0.308 4	0.401 5	0.598 5
	Z_j^+	0.295 5	0.123 4	0.122 1	0.116 1	0.342 9	0.317 7	0.682 3	1	0.691 6	0.308 4	0.401 5	0.598 5
	Z_j^-	0	0	0	0	0	0	0	0	0	0	0	0
2015	w_j	0.156 7	0.105 8	0.064 2	0.094 4	0.578 9	0.299 4	0.700 6	1	0.732 2	0.267 8	0.372 9	0.627 1
	Z_j^+	0.156 7	0.105 8	0.064 2	0.094 4	0.578 9	0.299 4	0.700 6	1	0.732 2	0.267 8	0.372 9	0.627 1
	Z_j^-	0	0	0	0	0	0	0	0	0	0	0	0
2016	w_j	0.248 8	0.128 1	0.163 6	0.068	0.391 6	0.289 4	0.710 6	1	0.708	0.292	0.389 1	0.610 9
	Z_j^+	0.248 8	0.128 1	0.163 6	0.068	0.391 6	0.289 4	0.710 6	1	0.708	0.292	0.389 1	0.610 9
	Z_j^-	0	0	0	0	0	0	0	0	0	0	0	0

续表 5.7

年份	指标	W_1	W_2	W_3	W_4	W_5	W_6	W_7	W_8	Ec_1	Ec_2	Ec_3	Ec_4
2017	w_j	0.204 3	0.112 1	0.446 1	0.066	0.171 7	0.269	0.731	1	0.748 3	0.251 7	0.352 8	0.647 2
	Z_j^+	0.204 3	0.112 1	0.446 1	0.066	0.171 7	0.269	0.731	1	0.748 3	0.251 7	0.352 8	0.647 2
	Z_j^-	0	0	0	0	0	0	0	0	0	0	0	0
2018	w_j	0.288 1	0.127 3	0.175 2	0.162 5	0.247	0.259 1	0.740 9	1	0.757 3	0.242 7	0.317 3	0.682 7
	Z_j^+	0.288 1	0.127 3	0.175 2	0.162 5	0.247	0.259 1	0.740 9	1	0.757 3	0.242 7	0.317 3	0.682 7
	Z_j^-	0	0	0	0	0	0	0	0	0	0	0	0

年份	指标	S_1	S_2	S_3	S_4	S_5	S_6	S_7	S_8	S_9	S_{10}	En_1	En_2
2008	w_j	0.303 9	0.139 5	0.196 2	0.360 5	0.604 7	0.395 3	0.084 8	0.174 2	0.086 6	0.654 5	0.567 7	0.212 9
	Z_j^+	0.303 9	0.139 5	0.196 2	0.360 5	0.604 7	0.395 3	0.084 8	0.174 2	0.086 6	0.654 5	0.567 7	0.212 9
	Z_j^-	0	0	0	0	0	0	0	0	0	0	0	0
2009	w_j	0.263 8	0.148 5	0.257 7	0.33	0.579 8	0.420 2	0.048 2	0.440 2	0.039 1	0.472 4	0.562 1	0.217 6
	Z_j^+	0.263 8	0.148 5	0.257 7	0.33	0.579 8	0.420 2	0.048 2	0.440 2	0.039 1	0.472 4	0.562 1	0.217 6
	Z_j^-	0	0	0	0	0	0	0	0	0	0	0	0
2010	w_j	0.256 1	0.123 5	0.245 7	0.374 7	0.535 9	0.464 1	0.068 8	0.432 9	0.176 5	0.321 8	0.515 3	0.318 7
	Z_j^+	0.256 1	0.123 5	0.245 7	0.374 7	0.535 9	0.464 1	0.068 8	0.432 9	0.176 5	0.321 8	0.515 3	0.318 7
	Z_j^-	0	0	0	0	0	0	0	0	0	0	0	0
2011	w_j	0.248	0.057 1	0.337 4	0.357 5	0.549 2	0.450 8	0.169 1	0.243 4	0.055	0.532 5	0.482 8	0.352 5
	Z_j^+	0.248	0.057 1	0.337 4	0.357 5	0.549 2	0.450 8	0.169 1	0.243 4	0.055	0.532 5	0.482 8	0.352 5
	Z_j^-	0	0	0	0	0	0	0	0	0	0	0	0
2012	w_j	0.251 2	0.065 4	0.303 4	0.38	0.652	0.348	0.085 4	0.244 9	0.219 1	0.450 5	0.583 7	0.303 4
	Z_j^+	0.251 2	0.065 4	0.303 4	0.38	0.652	0.348	0.085 4	0.244 9	0.219 1	0.450 5	0.583 7	0.303 4
	Z_j^-	0	0	0	0	0	0	0	0	0	0	0	0
2013	w_j	0.292	0.057 2	0.301	0.349 9	0.575 2	0.424 8	0.075 5	0.255 5	0.171 5	0.497 5	0.552 9	0.305 8
	Z_j^+	0.292	0.057 2	0.301	0.349 9	0.575 2	0.424 8	0.075 5	0.255 5	0.171 5	0.497 5	0.552 9	0.305 8
	Z_j^-	0	0	0	0	0	0	0	0	0	0	0	0
2014	w_j	0.299 7	0.080 5	0.290 3	0.329 5	0.538 4	0.461 6	0.036 9	0.280 1	0.129 6	0.553 4	0.525 5	0.315 5
	Z_j^+	0.299 7	0.080 5	0.290 3	0.329 5	0.538 4	0.461 6	0.036 9	0.280 1	0.129 6	0.553 4	0.525 5	0.315 5
	Z_j^-	0	0	0	0	0	0	0	0	0	0	0	0

续表 5.7

年份	指标	S_1	S_2	S_3	S_4	S_5	S_6	S_7	S_8	S_9	S_{10}	En_1	En_2
2015	w_j	0.248 3	0.157 3	0.242 2	0.352 2	0.633 6	0.366 4	0.054 6	0.286 9	0.124 7	0.533 7	0.369	0.417 9
	Z_j^+	0.248 3	0.157 3	0.242 2	0.352 2	0.633 6	0.366 4	0.054 6	0.286 9	0.124 7	0.533 7	0.369	0.417 9
	Z_j^-	0	0	0	0	0	0	0	0	0	0	0	0
2016	w_j	0.338 4	0.052 1	0.151 2	0.458 3	0.533 2	0.466 8	0.071 8	0.376	0.060 7	0.491 5	0.236 1	0.370 6
	Z_j^+	0.338 4	0.052 1	0.151 2	0.458 3	0.533 2	0.466 8	0.071 8	0.376	0.060 7	0.491 5	0.236 1	0.370 6
	Z_j^-	0	0	0	0	0	0	0	0	0	0	0	0
2017	w_j	0.275 4	0.048 8	0.364 1	0.311 7	0.577 6	0.422 4	0.053	0.371	0.077	0.498 9	0.299 8	0.399 3
	Z_j^+	0.275 4	0.048 8	0.364 1	0.311 7	0.577 6	0.422 4	0.053	0.371	0.077	0.498 9	0.299 8	0.399 3
	Z_j^-	0	0	0	0	0	0	0	0	0	0	0	0
2018	w_j	0.235 8	0.083 1	0.319 7	0.361 4	0.477 5	0.522 5	0.010 8	0.366 4	0.233 8	0.389 1	0.443 6	0.331 6
	Z_j^+	0.235 8	0.083 1	0.319 7	0.361 4	0.477 5	0.522 5	0.010 8	0.366 4	0.233 8	0.389 1	0.443 6	0.331 6
	Z_j^-	0	0	0	0	0	0	0	0	0	0	0	0

年份	指标	En_3	En_4	En_5	En_6	En_7	En_8	En_9	En_{10}	T_1	T_2	T_3	T_4
2008	w_j	0.219 4	0.232 6	0.181 7	0.253 5	0.332 3	0.395 6	0.241 8	0.362 6	1	0.521 9	0.478 1	1
	Z_j^+	0.219 4	0.232 6	0.181 7	0.253 5	0.332 3	0.395 6	0.241 8	0.362 6	1	0.521 9	0.478 1	1
	Z_j^-	0	0	0	0	0	0	0	0	0	0	0	0
2009	w_j	0.220 4	0.372 9	0.103	0.220 6	0.303 5	0.423 2	0.373 8	0.203	1	0.579 4	0.420 6	1
	Z_j^+	0.220 4	0.372 9	0.103	0.220 6	0.303 5	0.423 2	0.373 8	0.203	1	0.579 4	0.420 6	1
	Z_j^-	0	0	0	0	0	0	0	0	0	0	0	0
2010	w_j	0.166	0.249 1	0.109 1	0.169 3	0.472 5	0.352 5	0.381 6	0.265 9	1	0.469 1	0.530 9	1
	Z_j^+	0.166	0.249 1	0.109 1	0.169 3	0.472 5	0.352 5	0.381 6	0.265 9	1	0.469 1	0.530 9	1
	Z_j^-	0	0	0	0	0	0	0	0	0	0	0	0
2011	w_j	0.164 8	0.302 6	0.070 5	0.241	0.385 9	0.386 9	0.414 4	0.198 6	1	0.398 8	0.601 2	1
	Z_j^+	0.164 8	0.302 6	0.070 5	0.241	0.385 9	0.386 9	0.414 4	0.198 6	1	0.398 8	0.601 2	1
	Z_j^-	0	0	0	0	0	0	0	0	0	0	0	0

续表 5.7

年份	指标	En_3	En_4	En_5	En_6	En_7	En_8	En_9	En_{10}	T_1	T_2	T_3	T_4
2012	w_j	0.112 9	0.231 7	0.072 6	0.161 9	0.533 8	0.272 3	0.208 1	0.519 7	1	0.534 3	0.465 7	1
	Z_j^+	0.112 9	0.231 7	0.072 6	0.161 9	0.533 8	0.272 3	0.208 1	0.519 7	1	0.534 3	0.465 7	1
	Z_j^-	0	0	0	0	0	0	0	0	0	0	0	0
2013	w_j	0.141 2	0.304 1	0.091 8	0.161 4	0.442 7	0.387 7	0.226 9	0.385 3	1	0.391 6	0.608 4	1
	Z_j^+	0.141 2	0.304 1	0.091 8	0.161 4	0.442 7	0.387 7	0.226 9	0.385 3	1	0.391 6	0.608 4	1
	Z_j^-	0	0	0	0	0	0	0	0	0	0	0	0
2014	w_j	0.159	0.338 7	0.121 9	0.196 7	0.342 7	0.285 6	0.303 4	0.411	1	0.543 9	0.456 1	1
	Z_j^+	0.159	0.338 7	0.121 9	0.196 7	0.342 7	0.285 6	0.303 4	0.411	1	0.543 9	0.456 1	1
	Z_j^-	0	0	0	0	0	0	0	0	0	0	0	0
2015	w_j	0.213 1	0.345	0.085 2	0.173 9	0.395 9	0.348 5	0.229 3	0.422 1	1	0.656 9	0.343 1	1
	Z_j^+	0.213 1	0.345	0.085 2	0.173 9	0.395 9	0.348 5	0.229 3	0.422 1	1	0.656 9	0.343 1	1
	Z_j^-	0	0	0	0	0	0	0	0	0	0	0	0
2016	w_j	0.393 4	0.319 1	0.246 3	0.148 9	0.285 6	0.407 3	0.214 6	0.378 1	1	0.504 9	0.495 1	1
	Z_j^+	0.393 4	0.319 1	0.246 3	0.148 9	0.285 6	0.407 3	0.214 6	0.378 1	1	0.504 9	0.495 1	1
	Z_j^-	0	0	0	0	0	0	0	0	0	0	0	0
2017	w_j	0.300 9	0.348 1	0.204 7	0.068	0.379 2	0.217 2	0.266 3	0.516 5	1	0.314 3	0.685 7	1
	Z_j^+	0.300 9	0.348 1	0.204 7	0.068	0.379 2	0.217 2	0.266 3	0.516 5	1	0.314 3	0.685 7	1
	Z_j^-	0	0	0	0	0	0	0	0	0	0	0	0
2018	w_j	0.224 8	0.334 3	0.197 6	0.126 8	0.341 2	0.232 3	0.191 2	0.576 5	1	0.243 1	0.756 9	1
	Z_j^+	0.224 8	0.334 3	0.197 6	0.126 8	0.341 2	0.232 3	0.191 2	0.576 5	1	0.243 1	0.756 9	1
	Z_j^-	0	0	0	0	0	0	0	0	0	0	0	0

$$A = \begin{bmatrix} 1 & 2 & 2 & 2 & 3 \\ 1/2 & 1 & 1 & 1 & 2 \\ 1/2 & 1 & 1 & 1 & 2 \\ 1/2 & 1 & 1 & 1 & 2 \\ 1/3 & 1/2 & 1/2 & 1/2 & 1 \end{bmatrix}$$

其中,B_1 为水资源系统(可用性指数)的判断矩阵,B_2 为经济系统(持续性指数)的判断矩阵,B_3 为社会系统(包容性指数)的判断矩阵,B_4 为环境系统(友好性指数)的判断矩阵,B_5 为科技系统(创新性指数)的判断矩阵,A 为包容性可持续力(UWIS)的判断矩阵。

步骤2:按照扩展的层次分析法(EAHP),将判断矩阵的判断标度向前、向后各扩展0.5,则扩展后获得的判断矩阵群为

$$B_1 = \begin{bmatrix} 1 & [2.5,3.5] & [1.5,2.5] \\ [1/3.5,1/2.5] & 1 & [1/2.5,1/1.5] \\ [1/2.5,1/1.5] & [1.5,2.5] & 1 \end{bmatrix}$$

$$B_2 = \begin{bmatrix} 1 & [1.5,2.5] \\ [1/2.5,1/1.5] & 1 \end{bmatrix}$$

$$B_3 = \begin{bmatrix} 1 & [1/2.5,1/1.5] & [1.5,2.5] \\ [1.5,2.5] & 1 & [2.5,3.5] \\ [1/2.5,1/1.5] & [1/3.5,1/2.5] & 1 \end{bmatrix}$$

$$B_4 = \begin{bmatrix} 1 & [1/2.5,1/1.5] & [0.5,1.5] \\ [1.5,2.5] & 1 & [1.5,2.5] \\ [0.5,1.5] & [1/2.5,1/1.5] & 1 \end{bmatrix}$$

$$B_5 = \begin{bmatrix} 1 & [0.5,1.5] & [0.5,1.5] \\ [0.5,1.5] & 1 & [0.5,1.5] \\ [0.5,1.5] & [0.5,1.5] & 1 \end{bmatrix}$$

$$A = \begin{bmatrix} 1 & [1.5,2.5] & [1.5,2.5] & [1.5,2.5] & [2.5,3.5] \\ [1/2.5,1/1.5] & 1 & [0.5,1.5] & [0.5,1.5] & [1.5,2.5] \\ [1/2.5,1/1.5] & [0.5,1.5] & 1 & [0.5,1.5] & [1.5,2.5] \\ [1/2.5,1/1.5] & [0.5,1.5] & [0.5,1.5] & 1 & [1.5,2.5] \\ [1/3.5,1/2.5] & [1/2.5,1/1.5] & [1/2.5,1/1.5] & [1/2.5,1/1.5] & 1 \end{bmatrix}$$

步骤3:利用加速遗传算法寻优,找出各判断矩阵群的最优一致性判断矩阵,并计算出各个要素、准则的权重。AGA法参数设定为:种群个体数 $n=300$,每次选取优秀个体数 $yx=10$,杂交概率 $pc=1$,变异概率 $pm=1$,最大加速次数 MAXGEN=100,经过10次最优搜索,得出指标层最优平均权重分别为

$$U_{B_1} = [0.5337 \quad 0.1689 \quad 0.2974]$$
$$U_{B_2} = [0.6667 \quad 0.3333]$$
$$U_{B_3} = [0.3 \quad 0.5306 \quad 0.1694]$$
$$U_{B_4} = [0.25 \quad 0.5 \quad 0.25]$$
$$U_{B_5} = [0.3334 \quad 0.3333 \quad 0.3333]$$
$$U_A = [0.3380 \quad 0.1896 \quad 0.1879 \quad 0.1819 \quad 0.1026]$$

2. 基于 EM-AGA-EAHP-GRA-TOPSIS 的集成评价

采用 EM-AGA-EAHP-GRA-TOPSIS 进行集成评价。具体步骤如下。

步骤1:根据式(5.10)~式(5.12),计算加权规范化决策矩阵 $Z=(z_{ij})_{m \times n}$,确定矩阵 Z 的正负理想解 Z_j^+ 和 Z_j^-,如表5.7所示。

步骤2：运用 GRA，根据式(5.13)~式(5.15)计算各个城市正负理想解 Z_j^+ 和 Z_j^- 的灰色关联系数矩阵 $\boldsymbol{R}_i^+$ 和 $\boldsymbol{R}_i^-$，并计算出各个城市与正负理想解的灰色关联度 r_i^+ 和 r_i^-，如表5.8所示。

步骤3：运用 TOPSIS，根据式(5.16)、式(5.17)，计算各个城市与正负理想解的欧氏距离 d_i^+ 和 d_i^-，如表5.8所示。

步骤4：分别对灰色关联度 r_i^+ 和 r_i^- 与欧氏距离 d_i^+ 和 d_i^- 进行无量纲化处理，得到 R_i^+、R_i^-、D_i^+ 和 D_i^-，如表5.8所示。

步骤5：根据式(5.18)，将通过灰色关联分析得到的各个评价对象与正负理想解之间的无量纲化的灰色关联度 R_i^+ 和 R_i^- 与欧氏距离 D_i^+ 和 D_i^- 进行组合。在本研究中，取 $\sigma = \tau = 0.5$，据此可以得到 S_i^+ 和 S_i^-，如表5.8所示。

步骤6：根据式(5.19)，计算各个评价对象与正理想解的灰色贴近度 $C = S_i^+/(S_i^+ + S_i^-)$，得到 2008—2018 年间 38 个城市水资源包容性可持续力 UWIS 评价结果(表5.9，图5.4)。

结合本研究的实际情况，本研究将水资源包容性可持续力划分为表5.10所示的等级。

由表5.9、图5.4测度结果可以看出，从2008年到2018年11年间长江经济带38个城市水资源包容性可持续力虽有波动，但总体水平并不高，基本处于中等水平，整体略有上升趋势。从11年间UWIS均值来看，除黄冈(0.398 9)、宜宾(0.392 2)、荆州(0.359 8)3个城市处于较弱水平外，其余35个城市均处于中等水平。

排在前10位的城市分别是上海、南京、杭州、苏州、宁波、武汉、无锡、长沙、成都、合肥，以直辖市、省会城市为代表的一级和二级中心城市为主，而排在后10位的城市分别是池州、鄂州、咸宁、岳阳、常德、安庆、泸州、黄冈、宜宾、荆州，以一般城市、区域性中心城市为主，排名在后10位的城市中，UWIS处于较弱水平的是黄冈、宜宾、荆州。

2008年，在长江经济带的38个城市中，7个城市水资源包容性可持续力处于较弱水平（占18.4%），31个城市处于中等水平（占81.6%），但其中UWIS低于0.5的城市有19个（占61.3%），说明整体的UWIS处于中等偏下水平。2011年受长江流域严重干旱与局部洪灾的影响，2012年UWIS降到最低，虽然处于较弱水平的城市只有2个，但UWIS低于0.5的城市达到25个（占65.8%）。与2008年相比，2018年有4个城市由较弱水平上升为中等水平，但仍有3个城市处于较弱水平（占7.9%）。35个城市水资源包容性可持续力处于中等水平（占92.1%），这35个城市中UWIS低于0.5的城市仍有19个（占54.3%）。由此可见，长江经济带城市水资源包容性可持续发展形势严峻。

从长江经济带三大城市群来看，在水资源包容性可持续力排在前10位的城市中，7个城市属于长三角城市群，2个属于长江中游城市群，1个属于成渝城市群。在水资源包容性可持续力排在后10位的城市中，2个城市属于长三角城市群，占长三角城市群的9.5%，6个属于长江中游城市群，占长江中游城市群的50%，2个属于成渝城市群，占成渝城市群的40%。

表 5.8 集成评价的主要参数值

年份	指标	上海	南京	无锡	常州	苏州	南通	扬州	镇江	泰州	杭州	宁波	嘉兴	湖州	绍兴	舟山	合肥	芜湖	马鞍山	铜陵
2008	r_i^+	0.634 1	0.572 1	0.571 0	0.524 9	0.587 5	0.503 9	0.508 8	0.537 0	0.513 3	0.609 3	0.611 0	0.578 7	0.567 6	0.566 0	0.543 5	0.562 5	0.557 7	0.573 5	0.553 6
	r_i^-	0.540 3	0.550 2	0.560 1	0.598 5	0.545 6	0.619 1	0.626 1	0.581 0	0.641 0	0.530 0	0.508 1	0.534 1	0.548 9	0.549 7	0.565 0	0.580 1	0.539 1	0.552 4	0.547 0
	d_i^+	1.420 9	1.528 6	1.696 7	1.891 6	1.583 0	2.070 6	2.075 3	1.840 4	2.181 1	1.733 8	1.635 8	1.939 6	2.006 9	1.859 1	2.047 1	1.845 9	1.900 5	1.820 8	1.933 4
	d_i^-	1.914 5	1.693 0	1.544 5	1.241 2	1.794 6	1.093 0	1.102 8	1.273 5	1.089 8	1.467 5	1.631 8	1.248 8	1.162 7	1.473 1	1.050 7	1.402 3	1.232 5	1.481 8	1.171 7
	R_i^+	1.000 0	0.902 1	0.900 4	0.827 8	0.926 8	0.794 6	0.802 5	0.846 8	0.809 5	0.960 5	0.963 5	0.912 6	0.895 1	0.892 7	0.857 1	0.887 1	0.879 6	0.904 4	0.873 1
	R_i^-	0.788 8	0.803 4	0.817 8	0.874 1	0.797 1	0.903 9	0.914 1	0.848 4	0.935 4	0.773 5	0.741 8	0.780 7	0.801 7	0.802 4	0.826 2	0.847 0	0.787 1	0.806 6	0.798 6
	D_i^+	0.589 1	0.633 8	0.703 5	0.784 0	0.656 3	0.858 5	0.860 5	0.763 0	0.904 6	0.718 7	0.678 2	0.804 2	0.832 1	0.770 8	0.848 7	0.765 3	0.788 0	0.754 0	0.801 6
	D_i^-	1.000 0	0.884 3	0.806 8	0.648 3	0.937 4	0.570 9	0.576 1	0.665 2	0.569 2	0.766 5	0.852 4	0.652 3	0.607 3	0.769 5	0.548 8	0.732 5	0.643 5	0.774 0	0.612 0
	S_i^+	1.000 0	0.893 2	0.853 6	0.738 0	0.932 0	0.682 8	0.689 3	0.756 0	0.689 1	0.863 5	0.908 0	0.782 5	0.751 2	0.831 3	0.703 0	0.809 8	0.761 0	0.839 2	0.742 5
	S_i^-	0.689 0	0.718 6	0.760 6	0.829 3	0.726 1	0.881 2	0.887 3	0.805 7	0.920 3	0.746 3	0.710 0	0.792 5	0.816 7	0.786 5	0.837 5	0.806 2	0.787 5	0.780 7	0.800 1
2009	r_i^+	0.656 8	0.572 2	0.587 0	0.536 6	0.590 1	0.519 1	0.512 3	0.552 1	0.499 8	0.627 8	0.622 9	0.568 8	0.578 1	0.577 0	0.554 1	0.582 1	0.593 0	0.559 7	0.575 3
	r_i^-	0.523 5	0.538 5	0.530 2	0.573 5	0.529 7	0.605 8	0.610 0	0.560 3	0.654 4	0.522 9	0.505 7	0.527 4	0.539 7	0.529 5	0.560 0	0.566 9	0.528 4	0.558 2	0.545 7
	d_i^+	1.547 3	1.687 3	1.807 5	1.971 4	1.669 4	2.182 4	2.190 3	1.979 3	2.290 3	1.712 4	1.628 5	1.823 1	1.976 4	1.786 2	1.996 9	1.877 8	1.958 2	2.045 4	2.056 5
	d_i^-	1.925 0	1.647 7	1.559 7	1.246 4	1.808 5	1.075 4	1.086 5	1.249 5	1.035 1	1.630 9	1.599 1	1.311 5	1.199 5	1.414 8	1.242 1	1.418 9	1.267 1	1.142 0	1.150 3
	R_i^+	1.000 0	0.871 2	0.893 7	0.817 0	0.898 4	0.790 3	0.780 0	0.840 6	0.761 0	0.955 8	0.948 0	0.866 1	0.880 2	0.878 5	0.843 7	0.886 1	0.902 9	0.852 3	0.876 0
	R_i^-	0.758 4	0.780 1	0.768 0	0.830 7	0.767 3	0.877 6	0.885 0	0.811 7	0.948 1	0.757 0	0.732 6	0.764 1	0.781 9	0.766 3	0.812 7	0.821 3	0.765 6	0.808 6	0.790 6
	D_i^+	0.624 6	0.681 2	0.729 7	0.795 8	0.673 9	0.881 0	0.884 2	0.799 2	0.924 6	0.691 0	0.657 4	0.736 2	0.797 9	0.721 4	0.806 0	0.758 0	0.790 5	0.825 7	0.830 2
	D_i^-	1.000 0	0.855 9	0.810 2	0.647 5	0.939 6	0.558 6	0.564 4	0.648 8	0.537 1	0.847 0	0.830 7	0.681 3	0.623 0	0.735 0	0.645 3	0.737 1	0.658 5	0.593 2	0.597 6
	S_i^+	1.000 0	0.863 6	0.852 0	0.732 2	0.919 0	0.674 5	0.672 2	0.744 2	0.649 4	0.901 4	0.889 6	0.773 7	0.751 5	0.806 7	0.744 5	0.811 6	0.780 7	0.722 7	0.736 8
	S_i^-	0.691 5	0.730 6	0.748 9	0.813 4	0.720 6	0.879 3	0.884 6	0.805 5	0.936 5	0.724 3	0.695 0	0.750 0	0.789 7	0.743 9	0.809 3	0.789 7	0.778 0	0.817 2	0.810 4

续表5.8

年份	指标	上海	南京	无锡	常州	苏州	南通	扬州	镇江	泰州	杭州	宁波	嘉兴	湖州	绍兴	舟山	合肥	芜湖	马鞍山	铜陵
2010	r_i^+	0.6365	0.5628	0.5946	0.5276	0.5834	0.5030	0.5064	0.5452	0.5024	0.6143	0.6059	0.5598	0.5556	0.5509	0.5556	0.5742	0.5883	0.5540	0.5539
	r_i^-	0.5478	0.5455	0.5338	0.5938	0.5531	0.6097	0.6147	0.5686	0.6464	0.5268	0.5033	0.5327	0.5509	0.5489	0.5806	0.5571	0.5278	0.5547	0.5561
	d_i^+	1.4548	1.5968	1.5902	1.8548	1.5825	2.0239	2.0581	1.8335	2.1750	1.7103	1.6556	1.8654	1.9616	1.9576	2.0103	1.7695	1.8010	1.8950	1.9284
	d_i^-	1.9502	1.6866	1.6997	1.2757	1.7541	1.1377	1.1238	1.3208	1.0648	1.5564	1.6568	1.2705	1.1946	1.2421	1.2214	1.4574	1.3955	1.2491	1.2806
	R_i^+	1.0000	0.8842	0.9346	0.8289	0.9165	0.7902	0.7955	0.8565	0.7893	0.9653	0.9519	0.8794	0.8722	0.8654	0.8728	0.9021	0.9241	0.8703	0.8702
	R_i^-	0.7906	0.7872	0.7704	0.8569	0.7989	0.8799	0.8871	0.8201	0.9323	0.7603	0.7263	0.7688	0.7951	0.7917	0.8379	0.8040	0.7616	0.8005	0.8026
	D_i^+	0.6006	0.6596	0.6565	0.7655	0.6533	0.8356	0.8497	0.7570	0.8975	0.7063	0.6836	0.7701	0.8098	0.8088	0.8299	0.7305	0.7435	0.7824	0.7961
	D_i^-	1.0000	0.8640	0.8716	0.6546	0.8990	0.5834	0.5762	0.6769	0.5459	0.7987	0.8497	0.6517	0.6126	0.6366	0.6263	0.7473	0.7156	0.6405	0.6567
	S_i^+	1.0000	0.8740	0.9025	0.7415	0.9084	0.6867	0.6858	0.7660	0.6672	0.8810	0.9006	0.7656	0.7422	0.7512	0.7496	0.8246	0.8199	0.7554	0.7635
	S_i^-	1.0000	0.7236	0.7134	0.8115	0.7256	0.8574	0.8684	0.7887	0.9155	0.7330	0.7049	0.7694	0.8026	0.7997	0.8336	0.7673	0.7526	0.7915	0.7994
2011	r_i^+	0.6956	0.6035	0.6453	0.5753	0.6083	0.5341	0.5364	0.5634	0.5287	0.6346	0.6010	0.5638	0.5675	0.5879	0.5431	0.5774	0.5787	0.5507	0.5652
	r_i^-	0.5525	0.5155	0.4925	0.5305	0.5252	0.5662	0.5742	0.5398	0.5900	0.5170	0.5180	0.5581	0.5537	0.5405	0.6154	0.5585	0.5368	0.5665	0.5316
	d_i^+	1.5148	1.6520	1.6800	1.8760	1.6386	2.0572	2.1096	1.9180	2.1912	1.7681	1.7591	1.9470	2.0554	2.0261	2.1061	1.8674	1.9583	2.0811	1.9619
	d_i^-	1.9718	1.7641	1.7331	1.3841	1.8253	1.1633	1.1754	1.3266	1.1211	1.5175	1.5283	1.3060	1.1833	1.2745	1.2189	1.3802	1.3194	1.1735	1.3155
	R_i^+	1.0000	0.9296	0.9940	0.8863	0.9370	0.8225	0.8263	0.8683	0.8133	0.9775	0.9258	0.8684	0.8739	0.9049	0.8366	0.8894	0.8914	0.8483	0.8707
	R_i^-	0.8012	0.7471	0.7134	0.7692	0.7622	0.8207	0.8327	0.7825	0.8556	0.7495	0.7511	0.8094	0.8023	0.7844	0.8925	0.8099	0.7784	0.8215	0.7703
	D_i^+	0.6064	0.6614	0.6724	0.7515	0.6558	0.8236	0.8446	0.7680	0.8773	0.7079	0.7043	0.7797	0.8226	0.8111	0.8433	0.7476	0.7840	0.8331	0.7854
	D_i^-	1.0000	0.8947	0.8793	0.7024	0.9251	0.5900	0.5961	0.6721	0.5687	0.7697	0.7754	0.6623	0.6003	0.6460	0.6181	0.7000	0.6690	0.5951	0.6674
	S_i^+	1.0000	0.9120	0.9367	0.7940	0.9315	0.7064	0.7114	0.7701	0.6912	0.8735	0.8504	0.7554	0.7376	0.7754	0.7274	0.7947	0.7802	0.7217	0.7697
	S_i^-	0.7038	0.7043	0.6932	0.7607	0.7092	0.8227	0.8386	0.7752	0.8665	0.7288	0.7277	0.7947	0.8123	0.7978	0.8679	0.7787	0.7812	0.8273	0.7781

续表 5.8

年份	指标	上海	南京	无锡	常州	苏州	南通	扬州	镇江	泰州	杭州	宁波	嘉兴	湖州	绍兴	舟山	合肥	芜湖	马鞍山	铜陵
2012	r_i^+	0.631 6	0.568 3	0.598 8	0.544 3	0.576 4	0.502 4	0.501 4	0.540 7	0.501 1	0.616 3	0.623 4	0.553 6	0.551 6	0.572 6	0.555 5	0.570 6	0.578 5	0.526 4	0.571 4
	r_i^-	0.560 6	0.541 0	0.519 4	0.556 6	0.553 4	0.598 8	0.608 2	0.560 0	0.617 0	0.537 5	0.508 5	0.542 3	0.551 9	0.543 7	0.557 7	0.572 8	0.552 7	0.599 3	0.542 8
	d_i^+	1.637 7	1.662 3	1.703 8	1.950 2	1.677 6	2.132 2	2.175 4	1.954 8	2.233 3	1.727 9	1.807 9	2.054 3	2.101 2	2.100 5	2.077 8	1.905 3	2.001 3	2.125 5	1.920 4
	d_i^-	1.861 2	1.666 9	1.689 1	1.263 8	1.722 6	1.039 8	1.054 5	1.237 1	1.015 2	1.475 6	1.479 6	1.135 2	1.074 8	1.155 0	1.216 7	1.329 8	1.262 3	1.032 3	1.359 9
	R_i^+	0.996 3	0.896 5	0.944 6	0.858 7	0.909 4	0.792 5	0.791 0	0.853 0	0.791 5	0.972 0	0.983 5	0.873 3	0.870 1	0.902 2	0.876 7	0.900 1	0.912 6	0.330 5	0.901 5
	R_i^-	0.782 9	0.755 6	0.725 3	0.776 3	0.772 9	0.836 8	0.849 5	0.782 2	0.862 9	0.750 6	0.709 6	0.757 4	0.770 8	0.759 8	0.779 8	0.800 0	0.771 9	0.337 0	0.758 1
	D_i^+	0.648 4	0.658 1	0.674 6	0.772 1	0.664 3	0.844 2	0.861 3	0.773 9	0.884 1	0.684 1	0.715 7	0.813 3	0.832 0	0.831 0	0.822 6	0.754 4	0.792 4	0.841 5	0.760 3
	D_i^-	1.000 0	0.895 6	0.907 5	0.679 5	0.925 0	0.558 7	0.566 6	0.664 9	0.545 6	0.792 0	0.795 0	0.610 3	0.577 0	0.620 6	0.653 7	0.714 5	0.678 2	0.554 6	0.730 7
	S_i^+	0.998 3	0.896 1	0.926 1	0.768 1	0.917 0	0.675 6	0.678 8	0.759 0	0.668 4	0.882 5	0.889 6	0.741 8	0.723 6	0.761 5	0.765 5	0.807 3	0.795 4	0.692 5	0.816 1
	S_i^-	0.715 7	0.706 8	0.700 0	0.774 0	0.718 6	0.840 2	0.855 4	0.778 1	0.873 5	0.717 4	0.712 4	0.785 4	0.801 4	0.795 3	0.800 8	0.777 2	0.782 1	0.839 3	0.759 2
2013	r_i^+	0.611 5	0.554 9	0.606 2	0.554 6	0.595 1	0.516 9	0.515 1	0.542 7	0.512 2	0.639 0	0.621 5	0.575 0	0.562 0	0.568 7	0.561 1	0.570 0	0.563 2	0.523 4	0.586 1
	r_i^-	0.534 5	0.560 4	0.507 1	0.547 1	0.535 4	0.595 3	0.613 2	0.555 9	0.634 4	0.500 7	0.487 8	0.518 4	0.542 4	0.534 4	0.554 4	0.554 2	0.551 5	0.592 4	0.515 8
	d_i^+	1.439 4	1.488 1	1.473 9	1.662 9	1.542 5	1.938 8	1.929 1	1.784 0	2.067 4	1.648 9	1.519 8	1.718 2	1.876 7	1.831 9	1.912 3	1.737 9	1.849 9	1.978 5	1.736 2
	d_i^-	1.897 9	1.666 9	1.719 9	1.432 1	1.810 1	1.137 5	1.212 3	1.291 2	1.084 0	1.588 4	1.673 3	1.428 0	1.234 5	1.327 6	1.210 5	1.611 0	1.400 1	1.083 4	1.458 4
	R_i^+	0.957 0	0.868 3	0.948 6	0.867 0	0.931 0	0.808 8	0.806 0	0.849 0	0.801 2	1.000 0	0.972 6	0.899 7	0.880 0	0.889 0	0.878 7	0.892 0	0.881 3	0.819 0	0.917 2
	R_i^-	0.777 6	0.815 3	0.737 7	0.795 0	0.779 7	0.866 0	0.892 1	0.808 7	0.922 2	0.728 1	0.709 4	0.754 1	0.789 3	0.777 4	0.806 7	0.806 2	0.802 3	0.861 8	0.750 4
	D_i^+	0.594 5	0.614 6	0.608 8	0.686 8	0.637 1	0.800 8	0.796 8	0.736 6	0.854 1	0.681 0	0.627 8	0.709 7	0.775 1	0.756 6	0.789 5	0.717 8	0.764 0	0.817 2	0.717 1
	D_i^-	1.000 0	0.878 1	0.906 1	0.754 6	0.953 8	0.599 4	0.638 8	0.680 4	0.571 2	0.837 0	0.881 2	0.752 8	0.650 3	0.699 5	0.637 2	0.848 9	0.737 7	0.570 9	0.768 4
	S_i^+	0.978 5	0.873 2	0.927 4	0.811 3	0.942 8	0.704 1	0.722 4	0.764 8	0.686 2	0.918 5	0.927 1	0.826 1	0.765 1	0.794 5	0.758 2	0.870 4	0.809 5	0.694 9	0.842 8
	S_i^-	0.686 2	0.714 9	0.673 2	0.741 4	0.708 4	0.833 4	0.844 4	0.772 2	0.888 5	0.704 8	0.668 7	0.731 9	0.782 2	0.767 2	0.798 3	0.762 0	0.783 2	0.839 5	0.733 7

续表 5.8

年份	指标	上海	南京	无锡	常州	苏州	南通	扬州	镇江	泰州	杭州	宁波	嘉兴	湖州	绍兴	舟山	合肥	芜湖	马鞍山	铜陵
2014	r_i^+	0.6249	0.5700	0.5947	0.5574	0.5827	0.5143	0.5119	0.5490	0.5170	0.6401	0.6135	0.5572	0.5612	0.5831	0.5948	0.5718	0.5801	0.5213	0.6069
	r_i^-	0.5318	0.5467	0.5281	0.5535	0.5475	0.6116	0.6350	0.5609	0.6310	0.5089	0.5015	0.5406	0.5484	0.5399	0.5370	0.5436	0.5369	0.5860	0.5129
	d_i^+	1.4704	1.4013	1.6443	1.7495	1.6185	2.0611	2.0092	1.7460	2.1215	1.6443	1.6515	1.8465	1.9269	1.9073	1.8913	1.7525	1.8913	2.0559	1.8027
	d_i^-	1.8516	1.8257	1.6608	1.4471	1.7335	1.1207	1.1685	1.4090	1.1215	1.5748	1.6388	1.3090	1.2690	1.2770	1.3072	1.4161	1.3051	1.0268	1.4039
	R_i^+	0.9188	0.8381	0.8744	0.8196	0.8567	0.7562	0.7527	0.8072	0.7603	0.9411	0.9014	0.8190	0.8252	0.8573	0.8746	0.8396	0.8531	0.7665	0.8925
	R_i^-	0.7674	0.7888	0.7623	0.7987	0.7907	0.8826	0.9165	0.8093	0.9103	0.7343	0.7236	0.7801	0.7913	0.7773	0.7748	0.7844	0.7748	0.8455	0.7401
	D_i^+	0.6047	0.5763	0.6761	0.7193	0.6653	0.8477	0.8263	0.7180	0.8722	0.6766	0.6792	0.7592	0.7924	0.7846	0.7778	0.7207	0.7778	0.8455	0.7414
	D_i^-	1.0000	0.9860	0.8963	0.7815	0.9362	0.6052	0.6311	0.7610	0.6058	0.8505	0.8858	0.7069	0.6858	0.6908	0.7059	0.7648	0.7049	0.5545	0.7582
	S_i^+	0.9594	0.9123	0.8856	0.8006	0.8964	0.6807	0.6919	0.7841	0.6831	0.8958	0.8938	0.7631	0.7555	0.7735	0.7903	0.8023	0.7789	0.6605	0.8253
	S_i^-	0.6865	0.6825	0.7191	0.7591	0.7285	0.8651	0.8713	0.7637	0.8919	0.7052	0.7014	0.7694	0.7919	0.7815	0.7762	0.7525	0.7763	0.8455	0.7407
2015	r_i^+	0.6257	0.5788	0.5959	0.5545	0.5898	0.5233	0.5252	0.5536	0.5185	0.6617	0.6035	0.5570	0.5713	0.5875	0.6015	0.5640	0.5572	0.5209	0.5497
	r_i^-	0.5370	0.5408	0.5338	0.5675	0.5470	0.6083	0.6198	0.5567	0.6335	0.4887	0.5007	0.5316	0.5333	0.5275	0.5332	0.5763	0.5645	0.6011	0.5504
	d_i^+	1.6242	1.4860	1.7046	1.8295	1.7338	2.0595	2.0735	1.8515	2.1843	1.6615	1.7152	1.8875	1.9034	1.8653	1.8956	1.7899	1.9956	2.0403	1.8948
	d_i^-	1.8325	1.7283	1.7285	1.4719	1.7439	1.1759	1.2004	1.4247	1.1235	1.6478	1.5720	1.3286	1.3778	1.4408	1.4014	1.4162	1.2256	1.1327	1.2649
	R_i^+	0.9467	0.8745	0.9015	0.8395	0.8913	0.7917	0.7946	0.8375	0.7845	1.0000	0.9135	0.8427	0.8643	0.8893	0.9100	0.8532	0.8430	0.7880	0.8316
	R_i^-	0.7848	0.7905	0.7799	0.8292	0.7992	0.8886	0.9055	0.8134	0.9240	0.7140	0.7319	0.7765	0.7792	0.7700	0.7785	0.8420	0.8248	0.8782	0.8041
	D_i^+	0.6627	0.6066	0.6949	0.7458	0.7068	0.8396	0.8452	0.7547	0.8904	0.6774	0.6992	0.7695	0.7760	0.7604	0.7728	0.7297	0.8136	0.8318	0.7725
	D_i^-	0.9999	1.0000	0.9423	0.8025	0.9503	0.6408	0.6545	0.7765	0.6125	0.8984	0.8571	0.7243	0.7510	0.7852	0.7637	0.7721	0.6682	0.6175	0.6896
	S_i^+	0.9729	0.9372	0.9219	0.8205	0.9213	0.7161	0.7245	0.8075	0.6985	0.9492	0.8853	0.7835	0.8073	0.8375	0.8376	0.8127	0.7556	0.7028	0.7606
	S_i^-	0.7235	0.6981	0.7374	0.7874	0.7534	0.8641	0.8753	0.7841	0.9076	0.6956	0.7149	0.7731	0.7776	0.7651	0.7756	0.7859	0.8192	0.8550	0.7883

续表 5.8

年份	指标	上海	南京	无锡	常州	苏州	南通	扬州	镇江	泰州	杭州	宁波	嘉兴	湖州	绍兴	舟山	合肥	芜湖	马鞍山	铜陵
2016	r_i^+	0.622 6	0.596 1	0.633 3	0.596 3	0.604 7	0.526 6	0.527 0	0.558 0	0.523 7	0.641 8	0.619 9	0.567 8	0.605 5	0.562 5	0.599 0	0.574 6	0.601 5	0.563 9	0.587 5
	r_i^-	0.541 8	0.510 8	0.490 4	0.525 8	0.536 5	0.567 9	0.583 9	0.526 5	0.586 9	0.487 0	0.494 3	0.520 7	0.509 9	0.541 5	0.538 6	0.548 4	0.515 1	0.531 6	0.527 9
	d_i^+	1.487 6	1.394 6	1.598 6	1.718 5	1.622 3	1.955 7	1.972 9	1.719 9	2.065 5	1.539 5	1.601 5	1.774 5	1.821 3	1.774 3	1.944 3	1.686 1	1.837 3	1.959 9	2.045 0
	d_i^-	1.899 0	1.832 0	1.733 1	1.493 8	1.789 3	1.151 1	1.167 4	1.448 4	1.108 5	1.710 1	1.679 1	1.409 3	1.404 5	1.460 5	1.247 5	1.451 7	1.339 3	1.182 3	1.198 4
	R_i^+	0.941 5	0.901 4	0.957 7	0.902 4	0.914 3	0.795 5	0.797 9	0.843 7	0.792 9	0.970 5	0.937 4	0.858 7	0.915 0	0.851 7	0.906 5	0.869 0	0.909 6	0.852 8	0.888 5
	R_i^-	0.777 9	0.733 4	0.704 0	0.754 7	0.770 3	0.815 3	0.838 3	0.755 3	0.842 3	0.699 2	0.709 2	0.747 5	0.732 6	0.777 6	0.773 6	0.787 3	0.739 5	0.763 2	0.757 9
	D_i^+	0.622 1	0.583 2	0.668 5	0.718 5	0.678 4	0.817 9	0.825 1	0.719 0	0.863 9	0.643 8	0.669 8	0.742 0	0.761 6	0.742 6	0.813 0	0.705 1	0.768 3	0.819 6	0.855 3
	D_i^-	1.000 0	0.964 0	0.912 7	0.786 6	0.942 1	0.606 2	0.614 8	0.762 3	0.583 2	0.900 7	0.884 2	0.742 1	0.739 6	0.769 6	0.657 3	0.764 5	0.705 3	0.622 9	0.631 1
	S_i^+	0.970 8	0.933 1	0.935 1	0.844 5	0.928 2	0.700 8	0.706 2	0.803 3	0.687 3	0.935 5	0.910 2	0.800 4	0.827 4	0.810 2	0.781 7	0.816 7	0.807 4	0.737 9	0.759 8
	S_i^-	0.700 8	0.658 3	0.686 3	0.736 6	0.724 3	0.816 6	0.831 7	0.737 5	0.853 0	0.671 5	0.689 7	0.744 4	0.746 6	0.759 8	0.793 4	0.746 2	0.753 9	0.791 4	0.806 6
2017	r_i^+	0.621 5	0.598 3	0.601 2	0.556 2	0.599 3	0.516 2	0.522 5	0.541 0	0.516 5	0.648 7	0.591 8	0.557 3	0.635 2	0.589 3	0.582 6	0.569 8	0.583 5	0.535 5	0.558 3
	r_i^-	0.548 0	0.520 7	0.524 2	0.552 2	0.556 4	0.604 7	0.611 0	0.557 0	0.617 2	0.486 6	0.504 3	0.531 2	0.508 2	0.531 3	0.553 1	0.563 3	0.539 3	0.577 4	0.570 6
	d_i^+	1.473 1	1.371 0	1.650 7	1.773 7	1.600 5	2.027 1	2.001 7	1.799 5	2.102 1	1.559 4	1.683 7	1.852 3	1.883 3	1.821 3	2.031 6	1.747 7	1.839 6	2.034 5	2.072 5
	d_i^-	1.949 8	1.876 4	1.732 5	1.476 5	1.834 1	1.161 8	1.215 8	1.464 7	1.150 1	1.731 7	1.631 7	1.411 9	1.445 7	1.492 0	1.205 1	1.444 8	1.412 7	1.116 7	1.227 8
	R_i^+	0.958 0	0.922 7	0.926 2	0.857 9	0.924 5	0.795 8	0.805 4	0.834 6	0.795 5	1.000 0	0.912 3	0.859 1	0.979 0	0.908 5	0.898 0	0.878 4	0.899 5	0.825 5	0.860 5
	R_i^-	0.812 7	0.772 2	0.777 4	0.819 0	0.825 0	0.896 2	0.906 2	0.826 2	0.916 4	0.720 6	0.748 8	0.787 9	0.754 6	0.788 4	0.820 3	0.835 4	0.799 8	0.356 4	0.846 3
	D_i^+	0.611 0	0.568 8	0.684 6	0.735 8	0.664 0	0.841 0	0.830 4	0.746 0	0.872 1	0.646 6	0.698 2	0.768 5	0.781 0	0.755 6	0.842 8	0.725 0	0.763 0	0.344 0	0.859 8
	D_i^-	1.000 0	0.962 0	0.888 9	0.757 4	0.941 4	0.596 1	0.623 9	0.751 0	0.590 0	0.888 5	0.837 0	0.724 4	0.741 4	0.765 5	0.618 3	0.741 3	0.724 3	0.572 8	0.630 0
	S_i^+	0.979 0	0.942 5	0.907 8	0.807 8	0.933 0	0.695 9	0.714 7	0.793 3	0.692 8	0.944 3	0.874 4	0.791 8	0.860 6	0.836 2	0.758 2	0.809 8	0.812 2	0.599 1	0.745 3
	S_i^-	0.711 9	0.670 5	0.731 5	0.777 4	0.744 6	0.868 9	0.868 3	0.786 4	0.894 3	0.683 9	0.723 3	0.778 2	0.767 9	0.772 2	0.831 6	0.780 2	0.781 5	0.850 2	0.853 1

续表 5.8

年份	指标	上海	南京	无锡	常州	苏州	南通	扬州	镇江	泰州	杭州	宁波	嘉兴	湖州	绍兴	舟山	合肥	芜湖	马鞍山	铜陵
2018	r_i^+	0.649 8	0.582 3	0.596 1	0.539 3	0.592 4	0.507 7	0.537 1	0.511 8	0.514 6	0.668 8	0.610 2	0.592 0	0.642 2	0.605 2	0.574 8	0.579 4	0.577 4	0.530 8	0.530 8
	r_i^-	0.489 4	0.517 8	0.519 0	0.554 2	0.540 2	0.606 4	0.574 6	0.598 5	0.613 2	0.463 8	0.480 7	0.506 7	0.485 1	0.509 1	0.548 2	0.537 4	0.531 1	0.570 5	0.590 8
	d_i^+	1.277 3	1.281 4	1.635 5	1.725 5	1.533 3	1.996 3	1.902 3	1.772 1	2.061 1	1.452 6	1.611 9	1.855 3	1.803 9	1.759 6	1.926 4	1.818 2	1.846 2	2.012 4	2.131 4
	d_i^-	2.001 9	1.874 6	1.664 2	1.454 8	1.823 3	1.160 1	1.276 6	1.377 3	1.154 0	1.759 8	1.585 2	1.368 4	1.481 5	1.499 2	1.308 7	1.436 0	1.403 6	1.099 8	1.071 6
	R_i^+	0.971 6	0.870 6	0.891 3	0.806 3	0.885 3	0.759 1	0.803 1	0.765 3	0.769 2	1.000 0	0.912 3	0.885 1	0.960 1	0.904 3	0.859 4	0.866 3	0.863 3	0.793 6	0.793 6
	R_i^-	0.737 0	0.779 9	0.781 5	0.834 6	0.813 5	0.913 2	0.864 5	0.901 2	0.923 2	0.698 5	0.723 9	0.763 1	0.731 1	0.767 3	0.825 7	0.809 3	0.799 9	0.859 1	0.889 7
	D_i^+	0.516 7	0.518 4	0.661 6	0.698 1	0.620 2	0.807 5	0.769 4	0.716 9	0.833 7	0.587 6	0.652 1	0.750 5	0.729 5	0.711 2	0.779 3	0.735 5	0.746 2	0.814 1	0.862 2
	D_i^-	1.000 0	0.936 1	0.831 3	0.726 2	0.910 8	0.579 5	0.637 7	0.688 0	0.576 1	0.879 5	0.791 8	0.683 5	0.740 1	0.748 5	0.653 7	0.717 3	0.701 1	0.549 8	0.535 3
	S_i^+	0.985 8	0.903 4	0.861 6	0.766 5	0.898 3	0.669 3	0.720 4	0.726 2	0.672 9	0.939 5	0.852 0	0.784 0	0.850 1	0.826 8	0.756 5	0.791 8	0.782 2	0.671 4	0.664 4
	S_i^-	0.626 9	0.649 1	0.721 6	0.766 3	0.716 6	0.860 4	0.817 0	0.809 1	0.878 7	0.643 1	0.688 0	0.756 8	0.730 7	0.739 2	0.802 5	0.772 4	0.773 3	0.836 6	0.876 0

年份	指标	安庆	池州	南昌	九江	武汉	黄石	宜昌	鄂州	荆州	黄冈	咸宁	长沙	岳阳	常德	重庆	成都	攀枝花	泸州	宜宾
2008	r_i^+	0.488 8	0.520 9	0.581 6	0.560 2	0.579 5	0.506 4	0.560 4	0.522 5	0.478 5	0.544 4	0.507 8	0.595 1	0.478 1	0.478 4	0.504 4	0.554 9	0.568 8	0.476 4	0.492 3
	r_i^-	0.653 2	0.624 2	0.536 4	0.576 1	0.527 3	0.604 0	0.570 2	0.610 7	0.669 2	0.611 7	0.653 6	0.546 6	0.638 2	0.654 2	0.630 6	0.550 4	0.579 3	0.684 9	0.676 5
	d_i^+	2.325 2	2.315 5	1.867 5	2.191 8	1.603 7	2.247 1	2.193 5	2.233 7	2.399 7	2.330 0	2.359 3	1.852 6	2.309 3	2.390 1	2.211 9	1.838 7	2.126 3	2.399 7	2.411 9
	d_i^-	0.968 3	0.992 7	1.420 6	1.034 5	1.570 1	0.908 7	1.092 5	0.919 5	0.791 0	1.052 5	0.908 8	1.434 1	0.884 5	0.787 3	1.056 2	1.314 1	1.265 8	0.839 5	0.872 2
	R_i^+	0.770 9	0.821 5	0.917 2	0.883 4	0.913 6	0.798 5	0.883 6	0.823 8	0.754 7	0.858 6	0.800 8	0.938 5	0.754 0	0.754 5	0.795 5	0.875 1	0.897 1	0.751 4	0.776 4
	R_i^-	0.953 8	0.911 4	0.783 1	0.841 6	0.769 9	0.881 8	0.833 2	0.891 8	0.977 1	0.893 2	0.954 3	0.798 1	0.932 2	0.955 3	0.919 9	0.803 6	0.845 8	1.000 0	0.987 8
	D_i^+	0.964 0	0.960 0	0.774 0	0.908 7	0.664 9	0.931 9	0.909 4	0.926 1	0.994 3	0.966 0	0.978 4	0.772 3	0.957 3	0.991 1	0.917 0	0.762 3	0.881 6	0.994 8	1.000 0
	D_i^-	0.505 8	0.518 2	0.742 1	0.540 0	0.820 1	0.474 0	0.570 6	0.480 2	0.413 1	0.549 8	0.474 4	0.749 1	0.462 0	0.411 2	0.551 7	0.686 4	0.661 2	0.438 5	0.455 6
	S_i^+	0.638 3	0.669 0	0.829 6	0.711 9	0.867 0	0.636 6	0.727 2	0.651 9	0.584 0	0.704 2	0.637 6	0.843 6	0.608 8	0.583 0	0.673 6	0.780 8	0.779 1	0.594 9	0.616 0
	S_i^-	0.958 9	0.935 7	0.778 6	0.875 6	0.717 4	0.906 8	0.871 3	0.908 7	0.985 1	0.929 6	0.966 4	0.735 2	0.945 5	0.973 1	0.918 5	0.783 0	0.863 7	0.997 5	0.993 9

续表 5.8

年份	指标	安庆	池州	南昌	九江	武汉	黄石	宜昌	鄂州	荆州	黄冈	咸宁	长沙	岳阳	常德	重庆	成都	攀枝花	泸州	宜宾
2009	r_i^+	0.500 3	0.539 2	0.561 7	0.547 7	0.578 7	0.532 8	0.541 9	0.522 9	0.475 3	0.550 8	0.499 9	0.608 7	0.508 1	0.499 1	0.507 0	0.567 0	0.569 5	0.503 6	0.480 9
	r_i^-	0.657 9	0.625 5	0.561 5	0.592 2	0.534 2	0.598 0	0.614 0	0.617 7	0.689 0	0.629 5	0.670 0	0.522 8	0.604 4	0.637 4	0.625 7	0.545 8	0.585 2	0.658 6	0.690 3
	d_i^+	2.398 7	2.362 5	1.987 4	2.284 4	1.703 2	2.275 9	2.251 6	2.305 1	2.462 4	2.366 3	2.417 0	1.910 2	2.321 8	2.426 1	2.264 8	1.930 4	2.214 1	2.422 2	2.477 1
	d_i^-	0.969 6	0.940 5	1.389 6	1.042 4	1.583 1	1.027 6	1.070 3	0.940 3	0.788 0	1.185 7	0.906 5	1.474 8	0.944 0	0.820 2	1.063 2	1.285 5	1.234 5	0.925 0	0.871 1
	R_i^+	0.761 7	0.821 0	0.855 2	0.833 9	0.881 1	0.811 2	0.825 2	0.795 3	0.723 2	0.838 7	0.761 1	0.926 8	0.773 1	0.760 7	0.772 0	0.863 9	0.867 1	0.766 7	0.732 2
	R_i^-	0.953 1	0.906 1	0.813 5	0.857 7	0.773 9	0.866 3	0.889 5	0.893 3	0.999 3	0.911 9	0.970 5	0.757 4	0.875 6	0.923 6	0.906 4	0.790 8	0.847 8	0.954 1	1.000 0
	D_i^+	0.968 4	0.953 8	0.802 3	0.922 3	0.687 6	0.918 6	0.909 0	0.930 0	0.994 1	0.955 3	0.975 3	0.771 2	0.937 3	0.979 8	0.914 3	0.779 3	0.893 0	0.977 8	1.000 0
	D_i^-	0.503 7	0.488 6	0.722 0	0.541 9	0.822 7	0.533 8	0.556 0	0.488 5	0.409 4	0.615 9	0.470 9	0.766 1	0.490 5	0.426 5	0.552 3	0.667 8	0.641 3	0.480 5	0.452 5
	S_i^+	0.632 7	0.654 8	0.788 6	0.687 5	0.851 9	0.672 5	0.690 5	0.641 5	0.566 5	0.727 3	0.616 5	0.846 5	0.632 5	0.593 2	0.662 2	0.765 8	0.754 2	0.623 6	0.592 4
	S_i^-	0.960 7	0.930 0	0.807 9	0.890 0	0.730 8	0.892 2	0.899 2	0.912 2	0.996 7	0.933 6	0.973 0	0.764 2	0.906 3	0.951 6	0.910 3	0.785 0	0.870 0	0.966 0	1.000 0
2010	r_i^+	0.491 6	0.527 4	0.584 0	0.571 3	0.567 0	0.517 8	0.522 1	0.519 0	0.460 3	0.503 2	0.509 8	0.608 0	0.502 4	0.481 2	0.518 1	0.575 6	0.556 9	0.479 5	0.478 4
	r_i^-	0.658 5	0.627 2	0.543 2	0.581 3	0.531 3	0.593 7	0.599 7	0.615 8	0.684 1	0.673 1	0.644 1	0.528 4	0.614 7	0.652 1	0.625 8	0.546 2	0.590 3	0.668 5	0.692 9
	d_i^+	2.326 8	2.275 7	1.923 7	2.201 8	1.718 2	2.204 4	2.213 3	2.270 0	2.406 5	2.364 8	2.315 9	1.834 4	2.269 2	2.358 6	2.174 6	1.822 5	2.134 2	2.346 7	2.422 2
	d_i^-	0.939 1	0.968 1	1.378 3	1.093 7	1.551 6	0.978 6	1.043 4	0.969 4	0.753 4	1.017 7	0.921 8	1.494 7	0.963 4	0.849 8	1.125 5	1.379 3	1.233 9	0.915 6	0.824 7
	R_i^+	0.772 3	0.828 5	0.918 0	0.897 0	0.891 8	0.813 9	0.820 3	0.816 7	0.723 7	0.790 5	0.801 0	0.955 2	0.789 5	0.757 7	0.814 0	0.904 3	0.874 9	0.753 3	0.751 7
	R_i^-	0.950 3	0.905 1	0.783 1	0.839 4	0.766 7	0.856 8	0.864 8	0.888 7	0.987 3	0.971 4	0.930 7	0.762 5	0.887 0	0.941 0	0.903 1	0.788 3	0.851 9	0.964 1	1.000 0
	D_i^+	0.960 6	0.939 5	0.794 5	0.908 2	0.709 4	0.910 1	0.913 5	0.937 8	0.993 5	0.976 3	0.956 1	0.757 3	0.936 8	0.973 4	0.897 8	0.752 4	0.881 1	0.968 8	1.000 0
	D_i^-	0.481 5	0.496 6	0.706 6	0.560 3	0.795 8	0.501 8	0.535 0	0.497 5	0.386 6	0.521 8	0.472 7	0.766 4	0.493 9	0.435 9	0.577 1	0.707 3	0.632 7	0.469 5	0.422 9
	S_i^+	0.626 9	0.662 5	0.812 0	0.728 4	0.843 7	0.657 6	0.677 6	0.656 6	0.554 8	0.656 2	0.636 8	0.860 8	0.641 6	0.596 6	0.695 6	0.805 6	0.753 8	0.511 4	0.587 3
	S_i^-	0.955 4	0.922 3	0.789 3	0.874 0	0.738 0	0.883 5	0.889 1	0.913 1	0.990 4	0.973 9	0.943 4	0.759 9	0.911 9	0.957 9	0.900 5	0.770 4	0.866 5	0.966 5	1.000 0

续表 5.8

年份	指标	安庆	池州	南昌	九江	武汉	黄石	宜昌	鄂州	荆州	黄冈	咸宁	长沙	岳阳	常德	重庆	成都	攀枝花	泸州	宜宾
2011	r_i^+	0.488 4	0.555 4	0.585 5	0.575 9	0.577 9	0.530 1	0.539 3	0.532 9	0.460 2	0.497 3	0.510 4	0.637 7	0.535 4	0.542 9	0.569 3	0.640 5	0.586 5	0.502 3	0.518 4
	r_i^-	0.653 6	0.592 5	0.547 8	0.567 8	0.537 8	0.576 7	0.587 7	0.601 6	0.689 6	0.674 2	0.632 6	0.517 8	0.609 6	0.611 5	0.573 1	0.502 4	0.567 3	0.661 2	0.632 5
	d_i^+	2.367 0	2.277 4	1.997 7	2.250 7	1.672 1	2.216 5	2.239 1	2.304 1	2.497 3	2.481 3	2.358 9	1.810 8	2.268 5	2.320 8	2.180 1	1.902 9	2.144 4	2.396 4	2.371 7
	d_i^-	0.938 8	1.037 0	1.405 3	1.076 3	1.652 0	1.059 8	1.095 7	1.003 5	0.698 4	0.902 0	0.928 6	1.621 2	1.039 4	1.009 8	1.262 9	1.448 5	1.319 3	0.953 1	0.998 8
	R_i^+	0.752 3	0.855 5	0.901 9	0.887 1	0.888 8	0.816 5	0.830 8	0.820 8	0.708 9	0.766 1	0.786 1	0.982 2	0.824 7	0.836 8	0.876 9	0.986 6	0.903 4	0.773 8	0.798 5
	R_i^-	0.947 8	0.859 3	0.794 4	0.823 9	0.779 1	0.836 3	0.852 3	0.871 0	1.000 0	0.977 0	0.917 3	0.750 9	0.883 5	0.886 2	0.831 0	0.728 6	0.822 7	0.958 9	0.917 2
	D_i^+	0.947 6	0.911 7	0.799 8	0.901 0	0.669 4	0.887 4	0.896 4	0.922 4	1.000 0	0.993 3	0.944 4	0.724 9	0.908 1	0.929 1	0.872 8	0.761 8	0.858 5	0.959 5	0.949 5
	D_i^-	0.476 1	0.525 9	0.712 7	0.546 1	0.837 8	0.537 8	0.555 7	0.508 7	0.354 2	0.457 5	0.471 0	0.822 0	0.527 3	0.512 1	0.640 5	0.734 6	0.669 1	0.483 4	0.506 1
	S_i^+	0.614 2	0.690 7	0.807 3	0.716 6	0.863 6	0.677 0	0.693 2	0.664 9	0.531 5	0.611 8	0.628 5	0.902 2	0.675 9	0.674 2	0.758 7	0.860 6	0.786 2	0.628 6	0.652 5
	S_i^-	0.947 7	0.885 5	0.797 1	0.862 7	0.724 2	0.861 8	0.874 4	0.897 7	1.000 0	0.985 0	0.930 8	0.737 9	0.895 8	0.907 7	0.851 9	0.745 2	0.840 6	0.959 1	0.933 3
2012	r_i^+	0.500 9	0.530 0	0.573 6	0.571 3	0.579 4	0.523 5	0.506 4	0.511 6	0.439 1	0.478 1	0.510 1	0.633 9	0.528 3	0.525 8	0.526 5	0.580 4	0.546 8	0.486 0	0.503 8
	r_i^-	0.642 8	0.626 2	0.546 6	0.586 7	0.538 1	0.596 6	0.621 8	0.638 2	0.716 6	0.693 6	0.619 7	0.528 5	0.629 9	0.636 6	0.619 7	0.539 5	0.604 7	0.671 1	0.642 7
	d_i^+	2.358 3	2.319 1	2.014 4	2.263 3	1.774 0	2.257 6	2.324 0	2.350 3	2.525 3	2.494 6	2.329 2	1.932 0	2.372 4	2.424 1	2.244 6	1.949 0	2.204 2	2.383 2	2.432 6
	d_i^-	0.931 7	0.980 0	1.348 7	1.078 6	1.650 6	0.989 7	0.955 9	0.904 3	0.636 3	0.896 8	0.970 6	1.478 2	0.862 6	0.828 8	1.110 3	1.344 8	1.199 0	1.014 2	0.940 7
	R_i^+	0.790 1	0.836 0	0.904 9	0.901 3	0.914 0	0.825 8	0.798 9	0.807 0	0.692 1	0.754 0	0.805 6	1.000 6	0.833 8	0.829 5	0.830 8	0.915 5	0.862 6	0.766 6	0.794 8
	R_i^-	0.897 8	0.874 6	0.762 6	0.819 4	0.751 5	0.833 2	0.868 2	0.891 4	1.000 0	0.968 0	0.865 0	0.738 7	0.879 8	0.888 2	0.865 2	0.753 5	0.844 5	0.937 2	0.897 6
	D_i^+	0.933 7	0.918 2	0.797 5	0.896 1	0.702 0	0.893 8	0.920 1	0.930 5	1.000 0	0.987 0	0.922 2	0.734 7	0.939 3	0.959 7	0.888 7	0.771 7	0.872 7	0.943 6	0.963 1
	D_i^-	0.500 6	0.526 6	0.724 6	0.579 5	0.886 9	0.531 8	0.513 6	0.485 8	0.342 4	0.481 8	0.521 5	0.794 2	0.463 4	0.445 3	0.596 6	0.722 6	0.644 2	0.544 9	0.505 4
	S_i^+	0.645 4	0.681 3	0.814 8	0.740 6	0.900 4	0.678 4	0.656 6	0.646 6	0.517 5	0.618 6	0.663 6	0.897 1	0.648 5	0.637 4	0.713 7	0.819 0	0.753 6	0.655 8	0.650 1
	S_i^-	0.915 8	0.896 4	0.780 1	0.857 1	0.726 9	0.863 5	0.894 2	0.911 0	1.000 0	0.978 0	0.893 9	0.761 7	0.909 5	0.924 0	0.877 1	0.762 6	0.858 6	0.940 4	0.930 3

续表 5.8

年份	指标	安庆	池州	南昌	九江	武汉	黄石	宜昌	鄂州	荆州	黄冈	咸宁	长沙	岳阳	常德	重庆	成都	攀枝花	泸州	宜宾
2013	r_i^+	0.5111	0.5197	0.5689	0.5740	0.5811	0.5229	0.5226	0.5229	0.4533	0.4773	0.5302	0.6318	0.5259	0.5369	0.5509	0.6317	0.5682	0.4809	0.5003
	r_i^-	0.6219	0.6216	0.5298	0.5668	0.5168	0.5830	0.5917	0.5964	0.6876	0.6704	0.6046	0.5171	0.6229	0.6159	0.5893	0.5177	0.5637	0.6561	0.6319
	d_i^+	2.2772	2.2352	1.9948	2.0510	1.6661	2.1259	2.1221	2.1681	2.4211	2.4057	2.2490	1.9446	2.3126	2.3536	2.0461	1.8341	1.9583	2.2121	2.2523
	d_i^-	0.9330	0.9588	1.1942	1.3687	1.4831	1.0588	1.0821	0.9901	0.6561	0.8191	1.0346	1.3620	0.9330	0.9173	1.2607	1.4799	1.3795	1.0525	1.0344
	R_i^+	0.7998	0.8138	0.8903	0.8983	0.9093	0.8182	0.8178	0.8183	0.7098	0.7465	0.8297	0.9887	0.8227	0.8407	0.8618	0.9885	0.8891	0.7526	0.7829
	R_i^-	0.9047	0.9043	0.7707	0.8246	0.7507	0.8481	0.8607	0.8677	1.0000	0.9752	0.8795	0.7523	0.9061	0.8951	0.8570	0.7532	0.8201	0.9541	0.9193
	D_i^+	0.9406	0.9232	0.8239	0.8471	0.6887	0.8781	0.8765	0.8958	1.0000	0.9930	0.9290	0.8030	0.9550	0.9712	0.8459	0.7576	0.8088	0.9137	0.9303
	D_i^-	0.4916	0.5053	0.6293	0.7213	0.7812	0.5579	0.5702	0.5217	0.3460	0.4320	0.5450	0.7181	0.4918	0.4838	0.6640	0.7798	0.7268	0.5545	0.5450
	S_i^+	0.6457	0.6596	0.7597	0.8097	0.8455	0.6881	0.6940	0.6700	0.5272	0.5893	0.6873	0.8534	0.6574	0.6618	0.7628	0.8842	0.8082	0.6536	0.6640
	S_i^-	0.9226	0.9136	0.7973	0.8353	0.7196	0.8631	0.8681	0.8811	1.0000	0.9844	0.9040	0.7770	0.9308	0.9335	0.8515	0.7554	0.8144	0.9341	0.9248
2014	r_i^+	0.5198	0.5572	0.5949	0.5489	0.5895	0.5341	0.5326	0.5376	0.4596	0.5108	0.5679	0.6801	0.5410	0.5520	0.5615	0.5954	0.5644	0.4935	0.4956
	r_i^-	0.6252	0.6064	0.5333	0.5933	0.5141	0.5764	0.5935	0.6054	0.6934	0.6424	0.5908	0.5020	0.6069	0.6109	0.5903	0.5287	0.5768	0.6285	0.6386
	d_i^+	2.2798	2.2433	1.8196	2.1973	1.4804	2.1883	2.1862	2.2492	2.4314	2.3788	2.2542	1.7756	2.2442	2.3062	2.1162	1.7332	2.0645	2.2842	2.3234
	d_i^-	0.9717	1.0039	1.4774	1.0761	1.7263	1.0136	1.0703	0.9811	0.6826	0.9722	1.0571	1.5865	1.0055	0.9833	1.1628	1.4681	1.2683	1.0419	0.9945
	R_i^+	0.7644	0.8193	0.8748	0.8069	0.8669	0.7853	0.7823	0.7905	0.6753	0.7514	0.8350	1.0000	0.7955	0.8125	0.8256	0.8755	0.8298	0.7256	0.7287
	R_i^-	0.9022	0.8750	0.7695	0.8556	0.7417	0.8317	0.8563	0.8736	1.0000	0.9274	0.8524	0.7244	0.8754	0.8813	0.8514	0.7628	0.8323	0.9069	0.9208
	D_i^+	0.9376	0.9226	0.7483	0.9039	0.6089	0.8999	0.8991	0.9251	1.0000	0.9783	0.9273	0.7304	0.9230	0.9484	0.8705	0.7128	0.8490	0.9394	0.9555
	D_i^-	0.5248	0.5422	0.7979	0.5811	0.9320	0.5474	0.5781	0.5299	0.3688	0.5251	0.5708	0.8568	0.5428	0.5319	0.6280	0.7932	0.6849	0.5627	0.5371
	S_i^+	0.6446	0.6807	0.8363	0.6936	0.8996	0.6663	0.6802	0.6602	0.5222	0.6382	0.7028	0.9284	0.6694	0.6719	0.7268	0.8343	0.7574	0.6441	0.6329
	S_i^-	0.9199	0.8988	0.7588	0.8799	0.6753	0.8658	0.8777	0.8994	1.0000	0.9527	0.8897	0.7273	0.8994	0.9149	0.8612	0.7379	0.8402	0.9231	0.9382

续表 5.8

年份	指标	安庆	池州	南昌	九江	武汉	黄石	宜昌	鄂州	荆州	黄冈	咸宁	长沙	岳阳	常德	重庆	成都	攀枝花	泸州	宜宾
2015	r_i^+	0.5087	0.5455	0.5712	0.5457	0.5896	0.5187	0.5194	0.5171	0.4611	0.4936	0.5305	0.6371	0.5151	0.5310	0.5511	0.5713	0.5394	0.5063	0.4854
	r_i^-	0.6345	0.6047	0.5584	0.6111	0.5206	0.6125	0.6097	0.6315	0.6844	0.6560	0.6082	0.5233	0.6431	0.6231	0.6237	0.5548	0.6275	0.6360	0.6835
	d_i^+	2.3234	2.2641	1.9183	2.2296	1.5676	2.2472	2.2438	2.3020	2.4520	2.4284	2.3235	1.8517	2.3347	2.3543	2.1902	1.7224	2.2392	2.2679	2.3894
	d_i^-	0.9916	1.0302	1.4786	1.1174	1.7111	1.0275	1.0932	0.9352	0.7217	0.9230	1.0030	1.5579	0.9464	1.0104	1.1389	1.4429	1.1764	1.1632	1.0052
	R_i^+	0.7697	0.8253	0.8641	0.8251	0.8917	0.7847	0.7858	0.7823	0.6983	0.7463	0.8026	0.9635	0.7793	0.8034	0.8339	0.8643	0.8160	0.7660	0.7344
	R_i^-	0.9271	0.8835	0.8159	0.8929	0.7607	0.8950	0.8908	0.9226	1.0000	0.9584	0.8886	0.7646	0.9396	0.9107	0.9112	0.8106	0.9168	0.9292	0.9988
	D_i^+	0.9472	0.9230	0.7820	0.9091	0.6389	0.9162	0.9140	0.9385	1.0000	0.9900	0.9472	0.7549	0.9510	0.9598	0.8929	0.7022	0.9129	0.9246	0.9741
	D_i^-	0.5406	0.5617	0.8062	0.6092	0.9331	0.5602	0.5960	0.5098	0.3935	0.5033	0.5463	0.8494	0.5164	0.5500	0.6208	0.7867	0.6414	0.6342	0.5481
	S_i^+	0.6557	0.6935	0.8351	0.7175	0.9120	0.6722	0.6909	0.6460	0.5459	0.6243	0.6747	0.9067	0.6476	0.6770	0.7274	0.8255	0.7287	0.7001	0.6412
	S_i^-	0.9375	0.9035	0.7995	0.9009	0.6996	0.9052	0.9028	0.9305	1.0000	0.9742	0.9172	0.7597	0.9457	0.9357	0.9022	0.7564	0.9148	0.9265	0.9865
2016	r_i^+	0.5522	0.5845	0.5661	0.5228	0.6142	0.5488	0.5427	0.5667	0.5117	0.5327	0.5489	0.6613	0.5387	0.5301	0.5461	0.5459	0.5110	0.5175	0.4616
	r_i^-	0.5945	0.5715	0.5548	0.5965	0.4875	0.5565	0.5773	0.5764	0.6324	0.6271	0.5913	0.5052	0.6019	0.6049	0.5851	0.5581	0.6156	0.6152	0.6966
	d_i^+	2.2470	2.2034	1.7882	2.1802	1.4524	2.0967	2.1578	2.1597	2.3857	2.3911	2.2692	1.7244	2.2724	2.2968	2.0784	1.6702	2.1692	2.2333	2.3394
	d_i^-	1.0250	1.0769	1.5189	1.0529	1.7238	1.0851	1.1161	1.0181	0.8453	0.9316	1.0156	1.6017	0.9656	0.9686	1.1571	1.3933	1.1157	1.0933	0.9447
	R_i^+	0.8353	0.8840	0.8560	0.7906	0.9288	0.8290	0.8205	0.8570	0.7742	0.8056	0.8301	1.0000	0.8140	0.8016	0.8256	0.8258	0.7727	0.7827	0.6980
	R_i^-	0.8533	0.8204	0.7965	0.8564	0.6999	0.7989	0.8288	0.8276	0.9078	0.9010	0.8489	0.7253	0.8640	0.8682	0.8402	0.8012	0.8837	0.8830	1.0000
	D_i^+	0.9397	0.9214	0.7478	0.9117	0.6074	0.8766	0.9024	0.9034	0.9972	1.0000	0.9487	0.7211	0.9504	0.9604	0.8694	0.6984	0.9071	0.9340	0.9783
	D_i^-	0.5398	0.5671	0.7998	0.5545	0.9076	0.5714	0.5876	0.5362	0.4453	0.4906	0.5345	0.8434	0.5085	0.5099	0.6093	0.7337	0.5875	0.5757	0.4975
	S_i^+	0.6874	0.7255	0.8278	0.6723	0.9183	0.7000	0.7041	0.6966	0.6097	0.6483	0.6823	0.9217	0.6615	0.6554	0.7177	0.7797	0.6801	0.6792	0.5978
	S_i^-	0.8965	0.8709	0.7722	0.8840	0.6536	0.8379	0.8656	0.8654	0.9528	0.9507	0.8989	0.7232	0.9072	0.9144	0.8542	0.7498	0.8954	0.9086	0.9892

续表 5.8

年份	指标	安庆	池州	南昌	九江	武汉	黄石	宜昌	鄂州	荆州	黄冈	咸宁	长沙	岳阳	常德	重庆	成都	攀枝花	泸州	宜宾
2017	r_i^+	0.544 7	0.553 7	0.579 3	0.535 5	0.603 9	0.538 9	0.534 5	0.533 6	0.507 8	0.514 8	0.575 3	0.644 3	0.564 9	0.574 8	0.546 0	0.573 5	0.523 6	0.512 9	0.486 4
	r_i^-	0.605 5	0.627 3	0.540 4	0.603 8	0.517 3	0.580 8	0.598 2	0.605 7	0.640 6	0.641 6	0.583 4	0.544 4	0.603 4	0.607 4	0.589 4	0.539 7	0.615 1	0.627 2	0.674 3
	d_i^+	2.289 9	2.299 3	1.821 0	2.235 5	1.462 9	2.222 9	2.174 2	2.255 6	2.410 2	2.397 5	2.276 3	1.903 5	2.313 4	2.315 7	2.139 1	1.699 0	2.162 1	2.327 6	2.359 1
	d_i^-	1.007 5	0.990 0	1.563 6	1.027 8	1.785 9	1.080 4	1.154 3	0.999 2	0.847 4	0.898 5	1.102 8	1.599 4	1.126 3	1.137 1	1.109 8	1.459 7	1.202 4	1.014 5	0.953 1
	R_i^+	0.839 8	0.853 5	0.892 9	0.825 5	0.930 0	0.830 9	0.823 9	0.822 6	0.782 2	0.792 0	0.886 9	0.993 3	0.870 8	0.884 8	0.842 8	0.884 1	0.807 1	0.790 7	0.749 8
	R_i^-	0.898 5	0.930 3	0.801 4	0.895 5	0.767 5	0.860 5	0.887 2	0.898 4	0.950 0	0.951 0	0.865 6	0.807 4	0.894 9	0.900 9	0.873 9	0.800 4	0.912 3	0.930 2	1.000 0
	D_i^+	0.950 0	0.953 9	0.755 4	0.927 4	0.606 0	0.922 9	0.902 0	0.935 8	1.000 8	0.994 5	0.944 3	0.789 7	0.959 7	0.960 7	0.887 4	0.704 9	0.897 0	0.965 6	0.978 7
	D_i^-	0.516 7	0.507 9	0.802 2	0.527 9	0.916 2	0.554 4	0.592 2	0.512 7	0.434 8	0.461 0	0.565 8	0.820 6	0.577 7	0.583 7	0.569 2	0.748 9	0.616 9	0.520 5	0.489 0
	S_i^+	0.678 3	0.680 7	0.847 6	0.676 4	0.923 7	0.692 4	0.708 1	0.667 6	0.608 1	0.626 9	0.726 9	0.907 0	0.724 2	0.734 2	0.705 2	0.816 5	0.712 0	0.655 6	0.619 4
	S_i^-	0.924 1	0.942 1	0.778 4	0.911 5	0.687 5	0.891 3	0.894 6	0.917 5	0.975 1	0.973 1	0.904 8	0.798 8	0.927 3	0.930 8	0.880 6	0.752 6	0.904 6	0.947 9	0.989 4
2018	r_i^+	0.549 6	0.556 2	0.593 3	0.515 5	0.613 5	0.526 1	0.552 6	0.543 7	0.497 0	0.511 3	0.562 7	0.624 5	0.534 5	0.569 5	0.529 3	0.616 4	0.562 3	0.526 8	0.523 9
	r_i^-	0.602 3	0.598 0	0.537 0	0.635 0	0.506 1	0.605 9	0.568 0	0.591 9	0.664 0	0.649 0	0.598 6	0.518 0	0.603 5	0.592 2	0.599 6	0.500 4	0.609 8	0.511 0	0.632 6
	d_i^+	2.300 5	2.253 9	1.733 2	2.220 1	1.378 2	2.260 7	2.133 7	2.225 1	2.472 7	2.394 2	2.312 1	1.611 5	2.242 6	2.233 7	2.152 2	1.697 1	2.218 2	2.348 2	2.420 7
	d_i^-	0.986 1	1.025 1	1.609 1	1.068 2	1.817 0	0.973 1	1.136 6	1.019 4	0.763 9	0.889 2	1.001 4	1.716 8	1.044 8	1.127 8	1.090 4	1.468 9	1.165 4	0.949 5	0.908 3
	R_i^+	0.821 7	0.831 7	0.887 0	0.770 7	0.917 9	0.786 3	0.826 2	0.812 9	0.743 5	0.764 6	0.841 3	0.933 7	0.799 3	0.851 9	0.791 3	0.921 6	0.840 6	0.787 6	0.783 3
	R_i^-	0.907 0	0.900 6	0.808 8	0.956 5	0.762 5	0.912 5	0.855 4	0.891 4	1.000 0	0.977 7	0.901 6	0.780 2	0.908 2	0.891 8	0.902 3	0.753 6	0.918 4	0.920 2	0.952 7
	D_i^+	0.930 6	0.911 8	0.701 1	0.898 1	0.557 5	0.914 0	0.863 1	0.900 1	1.000 1	0.968 7	0.935 3	0.651 9	0.907 9	0.903 2	0.870 7	0.686 5	0.897 3	0.949 9	0.979 2
	D_i^-	0.492 6	0.512 1	0.803 8	0.533 5	0.908 5	0.486 1	0.567 8	0.509 2	0.381 2	0.444 2	0.500 2	0.857 6	0.521 8	0.563 8	0.544 7	0.733 8	0.582 2	0.474 3	0.453 7
	S_i^+	0.657 1	0.671 9	0.845 4	0.652 1	0.912 1	0.636 0	0.697 0	0.661 1	0.562 2	0.604 5	0.670 8	0.895 6	0.660 5	0.707 6	0.668 7	0.827 7	0.711 4	0.631 0	0.618 5
	S_i^-	0.918 8	0.906 2	0.754 9	0.927 3	0.660 0	0.913 5	0.859 3	0.895 7	1.000 7	0.973 2	0.918 4	0.716 0	0.908 0	0.897 0	0.886 6	0.720 1	0.907 9	0.935 1	0.965 9

5 长江经济带城市水资源包容性可持续力评价

表 5.9 基于 EM-AGA-EAHP-GRA-TOPSIS 的长江经济带 38 个城市 UWIS(2008—2018)

年份	上海	南京	无锡	常州	苏州	南通	扬州	镇江	泰州	杭州	宁波	嘉兴	湖州	绍兴	舟山	合肥	芜湖	马鞍山	铜陵
2008	0.5921	0.5542	0.5288	0.4710	0.5619	0.4366	0.4372	0.4841	0.4283	0.5364	0.5612	0.4968	0.4791	0.5137	0.4563	0.5011	0.4917	0.5180	0.4813
2009	0.5912	0.5417	0.5322	0.4737	0.5605	0.4344	0.4318	0.4800	0.4094	0.5545	0.5614	0.5078	0.4876	0.5203	0.4791	0.5068	0.5009	0.4693	0.4762
2010	0.5898	0.5474	0.5586	0.4775	0.5558	0.4447	0.4413	0.4929	0.4217	0.5460	0.5610	0.4987	0.4803	0.4843	0.4734	0.5184	0.5214	0.4883	0.4885
2011	0.5869	0.5643	0.5747	0.5117	0.5677	0.4620	0.4585	0.4984	0.4437	0.5451	0.5389	0.4907	0.4757	0.4923	0.4559	0.5059	0.4997	0.4653	0.4970
2012	0.5824	0.5590	0.5695	0.4982	0.5608	0.4457	0.4425	0.4939	0.4335	0.5516	0.5550	0.4857	0.4745	0.4895	0.4886	0.5095	0.5042	0.4521	0.5181
2013	0.5878	0.5498	0.5794	0.5225	0.5710	0.4570	0.4619	0.4931	0.4358	0.5658	0.5810	0.5302	0.4945	0.5089	0.4879	0.5332	0.5083	0.4529	0.5346
2014	0.5831	0.5720	0.5511	0.5133	0.5718	0.4404	0.4426	0.4971	0.4338	0.5595	0.5601	0.4979	0.4882	0.4975	0.5045	0.5164	0.5008	0.4386	0.5270
2015	0.5735	0.5731	0.5556	0.5104	0.5502	0.4532	0.4523	0.5072	0.4349	0.5775	0.5605	0.5034	0.5095	0.5225	0.5196	0.5084	0.4798	0.4515	0.4911
2016	0.5813	0.5863	0.5767	0.5340	0.5617	0.4619	0.4593	0.5213	0.4464	0.5822	0.5691	0.5180	0.5255	0.5162	0.4963	0.5226	0.5172	0.4825	0.4851
2017	0.5793	0.5843	0.5540	0.5095	0.5561	0.4444	0.4513	0.5023	0.4365	0.5800	0.5474	0.5043	0.5285	0.5201	0.4769	0.5093	0.5096	0.4512	0.4663
2018	0.6113	0.5819	0.5441	0.5001	0.5562	0.4376	0.4689	0.4736	0.4337	0.5937	0.5533	0.5089	0.5378	0.5278	0.4858	0.5062	0.5029	0.4453	0.4313

年份	安庆	池州	南昌	九江	武汉	黄石	宜昌	鄂州	荆州	黄冈	咸宁	长沙	岳阳	常德	重庆	成都	攀枝花	泸州	宜宾
2008	0.3996	0.4172	0.5159	0.4486	0.5479	0.4126	0.4545	0.4177	0.3720	0.4310	0.3975	0.5180	0.3915	0.3745	0.4236	0.4993	0.4742	0.3736	0.3826
2009	0.3971	0.4132	0.4939	0.4359	0.5383	0.4297	0.4344	0.4139	0.3624	0.4379	0.3876	0.5255	0.4109	0.3840	0.4219	0.4938	0.4641	0.3923	0.3720
2010	0.3962	0.4180	0.5073	0.4547	0.5334	0.4267	0.4324	0.4183	0.3590	0.4026	0.4030	0.5311	0.4133	0.3837	0.4354	0.5112	0.4657	0.3875	0.3700
2011	0.3932	0.4382	0.5032	0.4539	0.5439	0.4397	0.4237	0.4259	0.3471	0.3831	0.4031	0.5500	0.4301	0.4261	0.4711	0.5352	0.4839	0.3959	0.4115
2012	0.4114	0.4318	0.5109	0.4633	0.5533	0.4403	0.4238	0.4151	0.3409	0.3876	0.4263	0.5408	0.4163	0.4083	0.4482	0.5179	0.4674	0.4103	0.4113
2013	0.4120	0.4191	0.4871	0.4929	0.5403	0.4340	0.4315	0.4315	0.3454	0.3745	0.4319	0.5232	0.4169	0.4148	0.4725	0.5393	0.4980	0.4179	0.4179
2014	0.4120	0.4345	0.5240	0.4409	0.5713	0.4344	0.4361	0.4311	0.3455	0.4011	0.4411	0.5602	0.4266	0.4234	0.4577	0.5307	0.4739	0.4117	0.4027
2015	0.4114	0.4345	0.5111	0.4431	0.5659	0.4349	0.4486	0.4235	0.3531	0.3908	0.4236	0.5441	0.4065	0.4235	0.4465	0.5218	0.4434	0.4303	0.3945
2016	0.4340	0.4545	0.5174	0.4329	0.5842	0.4559	0.4481	0.4461	0.3902	0.3906	0.4315	0.5603	0.4063	0.4171	0.4463	0.5098	0.4431	0.4309	0.4113
2017	0.4233	0.4195	0.5213	0.4266	0.5734	0.4374	0.4418	0.4218	0.3844	0.3915	0.4458	0.5318	0.4388	0.4410	0.4457	0.5204	0.4404	0.4278	0.3850
2018	0.4178	0.4258	0.5283	0.4129	0.5804	0.4109	0.4479	0.4246	0.3604	0.3831	0.4229	0.5558	0.4218	0.4408	0.4297	0.5348	0.4393	0.4029	0.3904

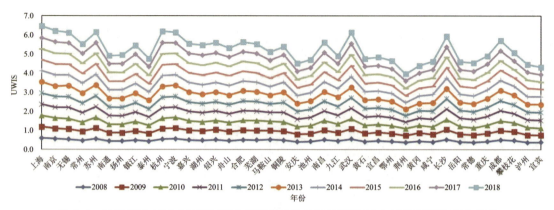

图 5.4 基于 EM-AGA-EAHP-GRA-TOPSIS 的长江经济带 38 个城市 UWIS 变化趋势

表 5.10 水资源包容性可持续力等级划分

等级	很弱	较弱	中等	较强	很强
包容性可持续力	0～0.2	0.2～0.4	0.4～0.6	0.6～0.8	0.8～1.0

在三大城市群中(表 5.11,图 5.5),UWIS 由高到低总体表现为长三角城市群(0.501)＞长江中游城市群(0.446 4)＞成渝城市群(0.444 9)。长三角城市群的 UWIS 高于长江经济带的平均水平(0.476 4),长江中游城市群、成渝城市群的 UWIS 低于长江经济带的平均水平,且一级、二级中心城市的 UWIS 明显优于区域性中心城市和一般城市。这是因为一级和二级中心城市主要是直辖市、省会城市,它们主要分布在长江经济带的下游沿海地区,对水资源环境的治理力度大,其经济发展与城市化水平已经达到一个很高的层次,对长江经济带城市水资源包容性可持续发展具有显著的带动作用。

表 5.11 2008—2018 年长江经济带及三大城市群 UWIS

年份	长江经济带	长三角城市群	长江中游城市群	成渝城市群
2008	0.467 9	0.492 7	0.440 1	0.430 6
2009	0.466 5	0.491 9	0.437 8	0.428 7
2010	0.469 5	0.495 4	0.438 8	0.434 0
2011	0.476 6	0.498 4	0.445 7	0.459 5
2012	0.474 8	0.498 1	0.443 8	0.451 2
2013	0.483 5	0.509 1	0.445 3	0.467 9
2014	0.479 8	0.501 4	0.452 3	0.455 2
2015	0.477 2	0.503 4	0.444 0	0.447 2
2016	0.488 0	0.515 8	0.459 2	0.440 5
2017	0.479 1	0.502 6	0.454 5	0.439 9
2018	0.477 0	0.502 0	0.449 0	0.439 4
平均	0.476 4	0.501 0	0.446 4	0.444 9

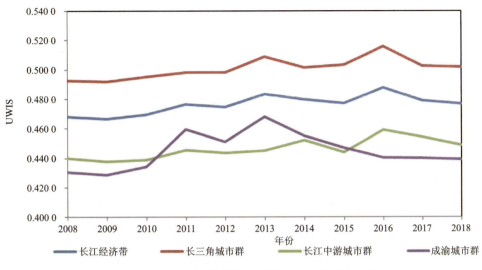

图 5.5 2008—2018 年长江经济带及三大城市群 UWIS 变化

5.3.3 五大发展指数测度

从各个子系统(图 5.6)来看,在五大发展指数中,2008—2018 年长江经济带城市平均综合发展水平由高到低依次为友好性指数(0.573 4)＞持续性指数(0.445 3)＞包容性指数(0.327 8)＞可用性指数(0.294 9)＞创新性指数(0.249 9)。友好性与持续性处于中等水平,包容性、可用性和创新性处于较弱水平。

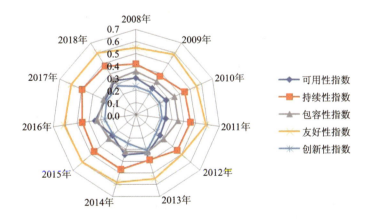

图 5.6 2008—2018 年长江经济带城市五大发展指数变化

如图 5.7 所示,可用性指数呈波动上升趋势,2008—2011 年先波动下降,2011 年降到最低(0.250 6),随后开始上升,2015 年虽有所下降,但 2016 年达到最高,之后又波动上升。可用性指数在五大发展指数中位居第四,处于较弱水平,说明长江经济带城市水资源禀赋形势严峻,人均水足迹、农业与工业水足迹强度较大,水资源开发利用能力亟待提升,城市间发展的不平衡、不协调进一步加剧了水资源的供需矛盾。三大城市群的可用性指数由高到低为长三角城市群＞长江中游城市群＞成渝城市群。其中，长三角城市群城市的可用性指数总体高于长江经济带的平均水平，长江中游城市群和成渝城市群城市的可用性指数低于长江经济带的平均水平，长江中游城市群城市的可用性指数在2008年、2010年、2014年、2017年超过长江经济带的平均水平，成渝城市群城市的可用性指数仅在2013年、2018年超过长江经济带的平均水平，2018年甚至超过了长三角城市群。

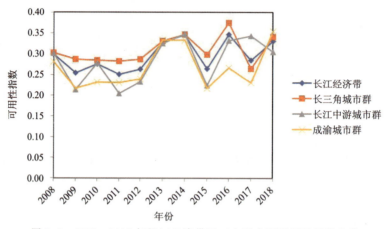

图5.7　2008—2018年长江经济带及三大城市群可用性指数变化

如图5.8所示，持续性指数呈明显的波动上升趋势，在五大发展指数中位居第二，总体处于中等水平，说明经济实力仍有待进一步加强，产业结构有待优化，减少高耗水、高污染的产业。长三角城市群城市的持续性指数明显高于长江经济带的平均水平，处于中等水平，而长江中游城市群和成渝城市群城市的持续性指数比较接近，普遍低于长江经济带的平均水平，处于较弱水平。三大城市群的持续性指数由高到低为长三角城市群＞长江中游城市群＞成渝城市群。

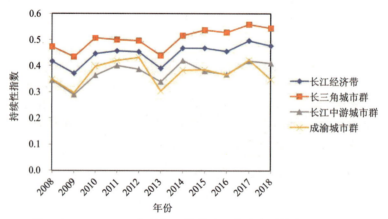

图5.8　2008—2018年长江经济带及三大城市群持续性指数变化

如图5.9所示，包容性指数呈小幅波动下降的变化趋势，在五大发展指数中位居第三，处于较弱水平，说明社会保障与城市水管网等基础设施系统不够完备，居民生活质量有待提升。长三角城市群城市的包容性指数明显高于长江经济带的平均水平，而长江中游城市群和成渝城市群城市的包容性指数比较接近，普遍低于长江经济带的平均水平。三大城市群包容性指数均处于较弱水平,由高到低为长三角城市群>成渝城市群>长江中游城市群。

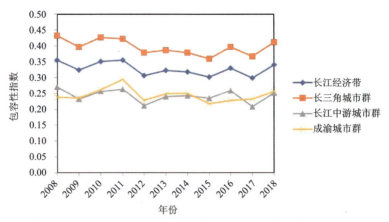

图 5.9 2008—2018 年长江经济带及三大城市群包容性指数变化

如图 5.10 所示,长江经济带及三大城市群的友好性指数变化趋势基本一致,呈小幅波动上升趋势,友好性指数在五大发展指数中位居第一,处于中等水平,说明国家在水资源环境治理方面力度较大,推行"四水共治"水环境治理模式初见成效,水资源与水生态环境的系统治理能力得到提升。仅 2012 年有所下降,长江中游城市群城市的友好性指数(0.605 1)高于长江经济带的平均水平,达到较强水平,成渝城市群、长三角城市群略低于平均水平,处于中等水平。三大城市群的友好性指数表现为长江中游城市群>成渝城市群>长三角城市群。

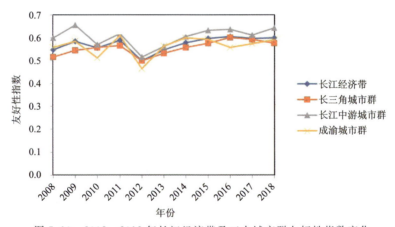

图 5.10 2008—2018 年长江经济带及三大城市群友好性指数变化

如图 5.11 所示,创新性指数呈震荡向上变化趋势,2013 年达到峰值(0.310 1),在五大发展指数中位居倒数第一,处于较弱水平,说明在国家大力倡导科技创新的背景下,科技创新水平虽有小幅上升,但仍存在着水资源高效开发利用技术与水环境治理技术研发投入不足等问题,这对水资源科技成果转化与应用产生了一定的影响。长三角城市群城市的创新性指数明显高于长江经济带的平均水平,而长江中游城市群和成渝城市群城市的创新性指数比较接近,普遍低于长江经济带的平均水平,仅 2013 年成渝城市群接近平均水平。三大城市群的创新性指数由高到低为长三角城市群>成渝城市群>长江中游城市群。

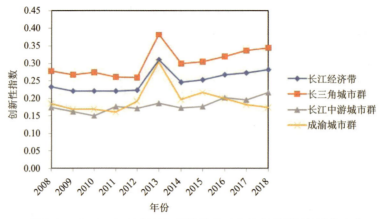

图 5.11　2008—2018 年长江经济带及三大城市群创新性指数变化

5.4　本章小结

本章利用改进的层次分析法和加速遗传算法，集成熵值法、灰色关联分析法、逼近理想解的排序方法，提出了一套适合城市水资源包容性可持续力测度的集成评价方法及模型，通过实例研究验证了该模型的科学性和有效性。基于所构建的集成评价模型，从城市、城市群和流域 3 个层面，对 38 个城市、三大城市群及长江经济带水资源包容性可持续力进行了集成评价，所获得的主要成果与结论如下。

(1) 针对传统 AHP 中九标度法的不足，基于熵值法 (EM)、加速遗传算法的扩展层次分析法 (AGA-EAHP) 的改进，通过对灰色关联分析法 (GRA) 和逼近于理想值的排序方法 (TOPSIS) 等方法的集成，本章提出了 EM-AGA-EAHP-GRA-TOPSIS 集成评价模型及算法步骤，并进行了实例验证研究，结果表明该方法具有科学性和有效性，不仅可用于水资源包容性可持续力的综合评价，也可用于其他资源可持续发展能力的评价。

(2) 运用集成评价模型，采用熵值法、AGA-EAHP 分别确定指标层、要素层、准则层权重，通过 GRA 和 TOPSIS 方法集成，测算出 2008—2018 年长江经济带 38 个城市、三大城市群水资源包容性可持续力大小和五大发展指数，得出以下结论：

①长江经济带 38 个城市水资源包容性可持续力整体呈略有上升趋势，基本处于中等水平，且一级和二级中心城市的 UWIS 优于一般城市、区域性中心城市，长江经济带城市水资源包容性可持续发展总体形势严峻。

②三大城市群中，UWIS 总体表现为长三角城市群＞长江中游城市群＞成渝城市群。这与长江经济带下游沿海地区对水资源环境的治理力度大、经济发展与城市化水平高等有关。

③从城市的五大发展指数来看，友好性指数＞持续性指数＞包容性指数＞可用性指数＞创新性指数。

④三大城市群的可用性指数、持续性指数由高到低为长三角城市群＞长江中游城市群＞成渝城市群；包容性指数、创新性指数由高到低为长三角城市群＞成渝城市群＞长江中游城市群；友好性指数由高到低为长江中游城市群＞成渝城市群＞长三角城市群。

6 长江经济带城市水资源包容性可持续力系统耦合协调时空分析与障碍诊断

从复杂系统角度来看,城市水资源、社会、经济、环境、科技 5 个子系统之间存在交互及多系统共同耦合关系,其耦合协调对城市水资源包容性可持续力具有重要影响。本章运用耦合协调度模型,通过时序与空间特征分析,揭示了 UWIS 整个系统及五大子系统之间耦合协调的时空演变特征,通过障碍度模型识别出制约城市水资源包容性可持续力的关键因素,以探究长江经济带、三大城市群、城市水资源包容性可持续力系统耦合协调的变化趋势与制约因素。

6.1 评价模型

由于城市水资源包容性可持续力系统是一个涉及水资源-经济-社会-环境-科技的复杂系统,各个子系统之间存在交互及多重耦合关系,对城市水资源包容性可持续力产生重要影响。因此,评价模型不仅要度量各系统之间交互耦合的协调程度好坏,而且还要能反映各系统发展水平的相对高低。在此,本研究引入耦合协调度模型来加以研究。

6.1.1 耦合协调度模型

耦合度是对系统间关联程度的度量,反映各系统间相互作用程度大小。为了表征 UWIS 各子系统之间的多重耦合关系,本研究采用扩展后的耦合度模型:

$$C = \left[U_1 \times U_2 \times \cdots \times U_k \div \left(\frac{U_1 + U_2 + \cdots + U_k}{k} \right)^k \right]^{\frac{1}{k}} \quad (6.1)$$

式中:C 为耦合度($0 \leqslant C \leqslant 1$),$U_k$ 为第 k 个子系统的发展水平(指数)。本研究包含 5 个子系统,分别为水资源(W)、经济(Ec)、社会(S)、环境(En)、科技(T)系统,即 $k=5$,$W(w)$、$Ec(ec)$、$S(s)$、$En(en)$、$T(t)$ 分别表示可用性指数、持续性指数、包容性指数、友好性指数和创新性指数。

$$C = \left\{ \frac{W(w) \times Ec(ec) \times S(s) \times En(en) \times T(t)}{\left[\frac{W(w) \times Ec(ec) \times S(s) \times En(en) \times T(t)}{5} \right]^5} \right\}^{\frac{1}{5}} \quad (6.2)$$

为了进一步表征城市水资源包容性可持续力系统的发展水平以及系统间相互作用协调

水平的高低，本章在耦合度的基础上，引入耦合协调度模型：

$$\begin{cases} T = v_1 W(w) \times v_2 Ec(ec) \times v_3 S(s) \times v_4 En(en) \times v_5 T(t) \\ D = \sqrt{C \times T} \end{cases} \quad (6.3)$$

式中：T 为综合评价值，反映系统的发展水平；D 为耦合协调度；v_1、v_2、v_3、v_4、v_5 为准则层的权重，且 $v_1+v_2+v_3+v_4+v_5=1$，通过邀请水资源领域的专家、学者、水资源规划与管理部门人员，本研究运用专家打分法，得到 $v_1=0.275$，$v_2=0.182$，$v_3=0.192$，$v_4=0.193$，$v_5=0.158$。

6.1.2 障碍度模型

为了识别出促进或制约城市水资源包容性可持续力的关键因素，本研究引入障碍度模型：

$$F_{ij} = w_{ij} \times w_i (i = 1, 2, \cdots, l) \quad (6.4)$$

$$I_{ij} = 1 - x'_{ij} \quad (6.5)$$

$$\begin{cases} p_{ij} = F_{ij} \times I_{ij} / \sum_{i=1}^{m}(F_{ij} \times I_{ij}) \\ P_{ij} = \sum_{i=1}^{m} p_{ij} \end{cases} \quad (6.6)$$

式中：w_{ij} 是第 i 个准则层第 j 个指标的权重；w_i 是第 j 个指标所在准则层的权重；x'_{ij} 是第 i 个城市第 j 个指标归一化后的值；F_{ij} 是因子贡献度；I_{ij} 是指标偏离度；P_{ij} 是第 i 个城市第 j 个指标的障碍度。

6.2 耦合协调时空分析

6.2.1 时序特征分析

为了进一步描述长江经济带城市水资源包容性可持续力系统耦合协调的时空特征，根据式(6.1)～式(6.3)计算得到 38 个城市 2008—2018 年的耦合度 C、协调度 T 和耦合协调度 D，如表 6.1 所示。计算得到的 2008—2018 年长江经济带及三大城市群耦合度 C、协调度 T 和耦合协调度 D 见表 6.2。

根据已有学者的研究，本研究将耦合协调度的划分标准确定如表 6.3 所示。

表 6.1 2008—2018 年长江经济带 38 个城市耦合度 C、协调度 T 和耦合协调度 D

城市	变量	2008年	2009年	2010年	2011年	2012年	2013年	2014年	2015年	2016年	2017年	2018年
上海	C	0.9903	0.9909	0.9932	0.9922	0.9945	0.9948	0.9891	0.9832	0.9782	0.9872	0.9934
	T	0.5251	0.5231	0.5360	0.5250	0.4959	0.5370	0.5378	0.5142	0.5295	0.5199	0.5932
	D	0.7212	0.7199	0.7297	0.7217	0.7023	0.7309	0.7293	0.7110	0.7197	0.7164	0.7677

续表 6.1

城市	变量	2008年	2009年	2010年	2011年	2012年	2013年	2014年	2015年	2016年	2017年	2018年
南京	C	0.9843	0.9849	0.9705	0.9697	0.9654	0.9845	0.9805	0.9704	0.9872	0.9553	0.9713
	T	0.4494	0.4296	0.4530	0.4679	0.4561	0.4794	0.5025	0.4926	0.5142	0.4958	0.5194
	D	0.6651	0.6505	0.6631	0.6736	0.6635	0.6870	0.7020	0.6914	0.7125	0.6882	0.7103
无锡	C	0.8971	0.8832	0.9301	0.9312	0.9316	0.9704	0.9578	0.9428	0.9649	0.9323	0.9424
	T	0.4694	0.4712	0.5009	0.5315	0.4953	0.5191	0.5051	0.4941	0.5530	0.4930	0.5074
	D	0.6489	0.6451	0.6826	0.7035	0.6792	0.7097	0.6956	0.6825	0.7304	0.6780	0.6915
常州	C	0.9563	0.9377	0.9387	0.9373	0.9341	0.9795	0.9636	0.9416	0.9651	0.9378	0.9567
	T	0.3609	0.3602	0.3718	0.4153	0.3773	0.4114	0.4341	0.4089	0.4670	0.4130	0.4209
	D	0.5874	0.5811	0.5908	0.6239	0.5937	0.6347	0.6467	0.6205	0.6713	0.6223	0.6346
苏州	C	0.9299	0.9291	0.9386	0.9331	0.9529	0.9534	0.9665	0.9574	0.9627	0.9348	0.9386
	T	0.4813	0.4776	0.4751	0.4837	0.4529	0.4863	0.4722	0.4538	0.4875	0.4711	0.4906
	D	0.6690	0.6661	0.6678	0.6718	0.6570	0.6809	0.6756	0.6591	0.6851	0.6636	0.6786
南通	C	0.9179	0.9114	0.9317	0.9451	0.9353	0.9678	0.9050	0.9101	0.9412	0.9061	0.9264
	T	0.3072	0.2803	0.2998	0.3278	0.2937	0.3105	0.3229	0.3251	0.3626	0.3286	0.3361
	D	0.5310	0.5054	0.5285	0.5567	0.5241	0.5482	0.5406	0.5440	0.5841	0.5457	0.5580
扬州	C	0.9201	0.8739	0.8824	0.9035	0.8863	0.9474	0.8823	0.8814	0.9127	0.8956	0.9085
	T	0.2978	0.2939	0.3204	0.3273	0.2930	0.3034	0.3184	0.3267	0.3566	0.3289	0.3764
	D	0.5234	0.5068	0.5317	0.5438	0.5096	0.5362	0.5300	0.5366	0.5700	0.5428	0.5848
镇江	C	0.9530	0.9252	0.9253	0.9268	0.9173	0.9701	0.9524	0.9382	0.9671	0.9512	0.9740
	T	0.3706	0.3670	0.3952	0.3987	0.3783	0.3895	0.4239	0.4136	0.4614	0.3999	0.3804
	D	0.5943	0.5827	0.6047	0.6078	0.5891	0.6147	0.6354	0.6229	0.6680	0.6167	0.6087
泰州	C	0.9214	0.8809	0.8772	0.8832	0.8688	0.9578	0.8659	0.8595	0.9050	0.8701	0.9072
	T	0.2794	0.2569	0.2755	0.3120	0.2840	0.2778	0.3062	0.2946	0.3445	0.3103	0.3183
	D	0.5074	0.4757	0.4916	0.5249	0.4967	0.5159	0.5149	0.5032	0.5584	0.5196	0.5373
杭州	C	0.9894	0.9785	0.9808	0.9893	0.9893	0.9945	0.9953	0.9798	0.9817	0.9679	0.9902
	T	0.4612	0.4409	0.4613	0.4455	0.4376	0.4910	0.4973	0.5113	0.5296	0.5218	0.5768
	D	0.6755	0.6568	0.6726	0.6639	0.6580	0.6989	0.7035	0.7078	0.7211	0.7107	0.7558

续表 6.1

城市	变量	2008年	2009年	2010年	2011年	2012年	2013年	2014年	2015年	2016年	2017年	2018年
宁波	C	0.957 9	0.973 4	0.971 9	0.972 6	0.986 2	0.991 0	0.988 3	0.985 9	0.986 0	0.972 7	0.984 3
	T	0.481 5	0.448 5	0.481 8	0.451 8	0.450 0	0.511 9	0.501 8	0.484 7	0.516 1	0.476 2	0.526 6
	D	0.679 2	0.660 7	0.684 3	0.662 9	0.666 2	0.712 3	0.704 2	0.691 3	0.713 3	0.680 6	0.720 0
嘉兴	C	0.952 1	0.977 7	0.955 8	0.939 7	0.960 7	0.992 8	0.979 8	0.973 6	0.978 5	0.972 0	0.992 3
	T	0.393 3	0.395 0	0.415 1	0.386 2	0.369 0	0.423 9	0.395 9	0.407 3	0.427 5	0.398 2	0.466 0
	D	0.611 9	0.621 4	0.629 8	0.602 5	0.595 4	0.648 8	0.622 8	0.629 7	0.646 8	0.622 2	0.680 0
湖州	C	0.960 8	0.966 7	0.956 8	0.941 8	0.946 2	0.977 6	0.968 6	0.966 1	0.968 5	0.944 6	0.971 7
	T	0.378 1	0.362 4	0.368 4	0.359 4	0.347 5	0.368 1	0.382 9	0.403 7	0.456 0	0.447 0	0.502 6
	D	0.602 7	0.591 9	0.593 7	0.581 8	0.573 4	0.599 8	0.609 0	0.624 6	0.664 5	0.649 8	0.698 9
绍兴	C	0.983 6	0.986 0	0.935 9	0.927 4	0.921 9	0.991 5	0.968 8	0.984 5	0.982 6	0.963 9	0.984 8
	T	0.405 5	0.403 8	0.398 8	0.406 1	0.391 3	0.405 8	0.415 6	0.418 8	0.411 4	0.417 8	0.472 2
	D	0.631 6	0.631 3	0.611 0	0.613 7	0.600 6	0.634 4	0.634 5	0.642 2	0.635 9	0.634 6	0.681 9
舟山	C	0.939 7	0.937 5	0.928 7	0.933 3	0.936 2	0.933 0	0.924 3	0.932 5	0.906 6	0.876 0	0.941 7
	T	0.368 8	0.422 2	0.410 0	0.403 1	0.430 0	0.399 0	0.442 8	0.490 5	0.466 9	0.406 2	0.430 9
	D	0.588 7	0.629 2	0.617 0	0.613 4	0.634 5	0.610 1	0.639 7	0.676 3	0.650 6	0.596 5	0.637 0
合肥	C	0.917 2	0.906 3	0.911 6	0.896 4	0.922 2	0.935 5	0.937 7	0.922 0	0.943 8	0.909 2	0.934 0
	T	0.409 8	0.405 7	0.433 8	0.407 4	0.393 6	0.415 6	0.436 7	0.414 7	0.446 0	0.391 0	0.445 9
	D	0.613 1	0.606 4	0.628 8	0.604 3	0.602 5	0.623 6	0.639 9	0.618 4	0.648 8	0.596 2	0.645 3
芜湖	C	0.947 9	0.944 2	0.951 9	0.928 2	0.939 1	0.946 9	0.962 0	0.927 7	0.954 1	0.919 3	0.957 7
	T	0.401 3	0.392 8	0.439 8	0.389 2	0.363 4	0.377 4	0.417 5	0.367 9	0.441 1	0.398 5	0.416 4
	D	0.616 8	0.609 0	0.647 0	0.601 1	0.584 2	0.597 8	0.633 6	0.584 2	0.648 8	0.605 3	0.631 5
马鞍山	C	0.892 9	0.871 5	0.875 5	0.863 2	0.889 2	0.928 2	0.906 6	0.891 6	0.911 7	0.879 7	0.943 4
	T	0.474 5	0.368 4	0.409 4	0.359 3	0.320 5	0.315 5	0.333 7	0.333 1	0.405 0	0.347 7	0.366 0
	D	0.650 9	0.566 6	0.598 7	0.557 0	0.533 9	0.541 4	0.550 1	0.545 0	0.607 6	0.553 1	0.587 6
铜陵	C	0.930 9	0.884 4	0.864 8	0.890 3	0.926 2	0.989 8	0.974 1	0.926 3	0.896 1	0.867 2	0.885 0
	T	0.422 3	0.378 6	0.426 2	0.430 9	0.420 7	0.476 1	0.506 2	0.405 7	0.427 4	0.369 7	0.341 8
	D	0.627 0	0.578 6	0.607 1	0.619 3	0.624 2	0.686 5	0.702 2	0.613 0	0.618 9	0.566 2	0.550 0

续表 6.1

城市	变量	2008年	2009年	2010年	2011年	2012年	2013年	2014年	2015年	2016年	2017年	2018年
安庆	C	0.8747	0.8638	0.8731	0.8805	0.8773	0.8459	0.8283	0.8449	0.8580	0.8453	0.8789
	T	0.2649	0.2369	0.2622	0.2564	0.2519	0.2766	0.2909	0.2638	0.3318	0.3035	0.3269
	D	0.4813	0.4523	0.4785	0.4752	0.4701	0.4837	0.4908	0.4721	0.5336	0.5066	0.5360
池州	C	0.8645	0.8274	0.8373	0.8837	0.8665	0.8453	0.8019	0.8590	0.8450	0.8101	0.8204
	T	0.3109	0.2811	0.3062	0.3055	0.2784	0.3149	0.3457	0.3141	0.3751	0.3054	0.3445
	D	0.5184	0.4822	0.5063	0.5195	0.4912	0.5159	0.5266	0.5195	0.5630	0.4974	0.5316
南昌	C	0.9361	0.9047	0.9537	0.9097	0.9626	0.9292	0.9712	0.9422	0.9521	0.9481	0.9792
	T	0.4205	0.3608	0.4085	0.3746	0.3834	0.4198	0.4601	0.4092	0.4248	0.4142	0.4674
	D	0.6274	0.5713	0.6242	0.5838	0.6075	0.6245	0.6685	0.6210	0.6360	0.6267	0.6765
九江	C	0.8832	0.8447	0.8156	0.8387	0.8888	0.9321	0.9098	0.8966	0.9313	0.8741	0.8969
	T	0.3636	0.3095	0.3597	0.3361	0.3328	0.3838	0.3669	0.3310	0.3362	0.3252	0.3163
	D	0.5667	0.5113	0.5416	0.5310	0.5439	0.5982	0.5778	0.5447	0.5595	0.5331	0.5326
武汉	C	0.9717	0.9581	0.9717	0.9562	0.9745	0.9617	0.9798	0.9718	0.9863	0.9843	0.9769
	T	0.4613	0.4462	0.4499	0.4506	0.4351	0.4637	0.5105	0.4862	0.5149	0.5106	0.5157
	D	0.6695	0.6538	0.6612	0.6564	0.6511	0.6678	0.7073	0.6874	0.7127	0.7090	0.7098
黄石	C	0.8506	0.8380	0.9011	0.8428	0.8848	0.9330	0.8445	0.8491	0.9169	0.8566	0.8886
	T	0.3157	0.3068	0.3376	0.3409	0.3079	0.3353	0.3562	0.2982	0.3792	0.3733	0.3176
	D	0.5182	0.5071	0.5516	0.5360	0.5218	0.5599	0.5489	0.5035	0.5897	0.5654	0.5312
宜昌	C	0.8838	0.7971	0.8462	0.8111	0.8296	0.9401	0.8173	0.8069	0.8344	0.8424	0.8757
	T	0.3980	0.3068	0.3265	0.3325	0.2898	0.3446	0.3617	0.3212	0.3630	0.3684	0.3845
	D	0.5931	0.4945	0.5254	0.5195	0.4903	0.5692	0.5437	0.5091	0.5503	0.5571	0.5802
鄂州	C	0.8454	0.7606	0.7566	0.7210	0.7571	0.9182	0.7350	0.7822	0.8753	0.8450	0.8212
	T	0.3222	0.2781	0.3028	0.3058	0.2727	0.3228	0.3428	0.2774	0.3870	0.3377	0.3454
	D	0.5219	0.4599	0.4786	0.4696	0.4544	0.5444	0.5019	0.4658	0.5824	0.5340	0.5326
荆州	C	0.8943	0.7869	0.8720	0.8718	0.9223	0.9524	0.8832	0.8349	0.8360	0.8709	0.8812
	T	0.2415	0.1998	0.2150	0.1967	0.1720	0.2027	0.2083	0.2022	0.2375	0.2665	0.2387
	D	0.4647	0.3966	0.4330	0.4141	0.3983	0.4394	0.4289	0.4108	0.4456	0.4817	0.4586

续表 6.1

城市	变量	2008年	2009年	2010年	2011年	2012年	2013年	2014年	2015年	2016年	2017年	2018年
黄冈	C	0.9112	0.8414	0.8446	0.8163	0.8517	0.8829	0.8966	0.8871	0.9119	0.8698	0.8667
	T	0.3237	0.2856	0.2563	0.2132	0.1919	0.2288	0.2653	0.2322	0.2833	0.2830	0.2643
	D	0.5431	0.4902	0.4653	0.4171	0.4043	0.4494	0.4877	0.4539	0.5083	0.4961	0.4786
咸宁	C	0.8149	0.7762	0.8143	0.7829	0.7975	0.8201	0.7784	0.7897	0.8041	0.7654	0.7752
	T	0.3055	0.2353	0.2943	0.2767	0.2833	0.3211	0.3656	0.2901	0.3200	0.3936	0.3481
	D	0.4990	0.4274	0.4895	0.4654	0.4753	0.5132	0.5335	0.4787	0.5072	0.5489	0.5195
长沙	C	0.9471	0.9208	0.9316	0.9265	0.9386	0.9174	0.9510	0.9311	0.9538	0.9535	0.9426
	T	0.4291	0.4190	0.4498	0.4716	0.4286	0.4505	0.5295	0.4697	0.5198	0.4611	0.5032
	D	0.6375	0.6211	0.6473	0.6610	0.6343	0.6429	0.7096	0.6613	0.7041	0.6630	0.6887
岳阳	C	0.7394	0.7928	0.7587	0.8580	0.7829	0.7843	0.7491	0.6964	0.7206	0.6364	0.7897
	T	0.2938	0.2887	0.3029	0.3136	0.2830	0.3063	0.3527	0.2965	0.3294	0.3352	0.3364
	D	0.4660	0.4785	0.4794	0.5187	0.4707	0.4901	0.5140	0.4544	0.4872	0.4619	0.5154
常德	C	0.6329	0.7489	0.7404	0.8185	0.7509	0.7222	0.6716	0.6663	0.6937	0.5954	0.7041
	T	0.2668	0.2384	0.2554	0.2876	0.2535	0.3082	0.3305	0.2848	0.3137	0.3250	0.3675
	D	0.4109	0.4226	0.4348	0.4852	0.4363	0.4718	0.4710	0.4356	0.4665	0.4399	0.5087
重庆	C	0.9199	0.8764	0.9067	0.8998	0.9081	0.9156	0.8632	0.8568	0.8621	0.8732	0.8882
	T	0.3156	0.2871	0.3104	0.3466	0.2932	0.3408	0.3580	0.3142	0.3411	0.3303	0.3326
	D	0.5388	0.5016	0.5305	0.5585	0.5166	0.5586	0.5559	0.5188	0.5423	0.5370	0.5435
成都	C	0.9680	0.9336	0.9515	0.9353	0.9557	0.9658	0.9652	0.9632	0.9764	0.9564	0.9861
	T	0.4081	0.3850	0.4193	0.4511	0.3927	0.4796	0.4639	0.4160	0.4096	0.4210	0.5032
	D	0.6285	0.5995	0.6316	0.6496	0.6126	0.6800	0.6691	0.6330	0.6324	0.6346	0.7044
攀枝花	C	0.8758	0.8718	0.8928	0.9003	0.9191	0.9781	0.9128	0.8900	0.9123	0.9096	0.8913
	T	0.4052	0.3532	0.3686	0.3936	0.3560	0.3942	0.4141	0.3151	0.3173	0.3503	0.3784
	D	0.5957	0.5549	0.5736	0.5953	0.5720	0.6209	0.6148	0.5296	0.5380	0.5645	0.5808
泸州	C	0.8837	0.8706	0.8811	0.8479	0.9070	0.9133	0.8862	0.8693	0.8874	0.8499	0.8511
	T	0.2470	0.2386	0.2474	0.2478	0.2538	0.2611	0.2789	0.2910	0.3071	0.2733	0.2958
	D	0.4672	0.4558	0.4668	0.4584	0.4798	0.4883	0.4971	0.5029	0.5220	0.4819	0.5017

续表 6.1

城市	变量	2008 年	2009 年	2010 年	2011 年	2012 年	2013 年	2014 年	2015 年	2016 年	2017 年	2018 年
宜宾	C	0.879 4	0.896 7	0.925 1	0.815 1	0.878 8	0.872 2	0.874 3	0.836 3	0.894 5	0.801 1	0.793 9
	T	0.255 3	0.222 4	0.220 3	0.261 6	0.253 2	0.276 2	0.290 5	0.248 7	0.244 4	0.249 2	0.287 6
	D	0.473 8	0.446 6	0.451 4	0.461 7	0.471 7	0.490 8	0.504 0	0.456 1	0.467 5	0.446 8	0.477 8

表 6.2　2008—2018 年长江经济带及三大城市群耦合度 C、协调度 T 和耦合协调度 D

城市群	变量	2008 年	2009 年	2010 年	2011 年	2012 年	2013 年	2014 年	2015 年	2016 年	2017 年	2018 年
长江经济带	C	0.908 4	0.890 9	0.899 9	0.895 3	0.906 8	0.932 6	0.904 9	0.896 0	0.914 4	0.887 6	0.910 8
	T	0.370 7	0.346 2	0.367 5	0.368 2	0.346 4	0.377 1	0.395 9	0.369 0	0.403 6	0.383 2	0.404 3
	D	0.578 1	0.553 0	0.572 4	0.571 7	0.557 6	0.590 0	0.596 3	0.572 7	0.605 4	0.581 4	0.604 4
长三角城市群	C	0.937 2	0.925 5	0.925 9	0.927 1	0.930 3	0.957 7	0.938 0	0.932 9	0.942 7	0.919 0	0.943 0
	T	0.395 9	0.380 8	0.401 9	0.399 5	0.380 4	0.404 3	0.418 6	0.406 6	0.443 3	0.406 8	0.436 2
	D	0.606 9	0.591 4	0.607 9	0.606 8	0.592 8	0.619 6	0.625 1	0.614 1	0.645 4	0.610 1	0.639 4
长江中游城市群	C	0.859 6	0.830 6	0.850 0	0.846 1	0.861 8	0.891 1	0.848 9	0.837 9	0.868 0	0.836 8	0.866 5
	T	0.345 1	0.306 3	0.329 3	0.325 2	0.302 3	0.340 3	0.370 3	0.324 3	0.367 3	0.366 2	0.367 1
	D	0.543 2	0.502 9	0.527 7	0.521 5	0.507 4	0.547 5	0.557 7	0.518 8	0.562 5	0.551 4	0.561 0
成渝城市群	C	0.905 0	0.889 8	0.911 4	0.879 7	0.913 7	0.929 0	0.900 4	0.883 1	0.906 5	0.878 0	0.882 1
	T	0.326 3	0.297 3	0.313 2	0.340 3	0.309 8	0.350 2	0.361 3	0.317 5	0.323 2	0.324 3	0.359 5
	D	0.540 8	0.511 7	0.530 8	0.544 7	0.530 4	0.567 9	0.568 2	0.528 1	0.540 5	0.533 0	0.561 6

表 6.3　耦合协调度等级划分

协调类型	濒临失调	轻度协调	低度协调	中度协调	高度协调	优质协调
耦合协调度	0~0.4	0.4~0.5	0.5~0.6	0.6~0.7	0.7~0.8	0.8~1.0

1. 三大城市群

由表 6.2、表 6.3 和图 6.1 可以看出，2008—2018 年间长江经济带 38 个城市水资源包容性可持续力系统耦合协调度在整体上表现出小幅波动、略有上升趋势，整体耦合度较高（>0.88），协调度较低（<0.41），耦合协调度基本处于低度协调状态［仅 2016 年、2018 年达到中度协调状态（>0.6）］。在三大城市群中，长三角城市群的耦合协调度优于长江中游城市群和成渝城市群，基本处于中度协调状态，仅 2009 年、2012 年处于低度协调状态（0.591 4、0.592 8）；长江中游城市群、成渝城市群则一直处于低度协调状态。

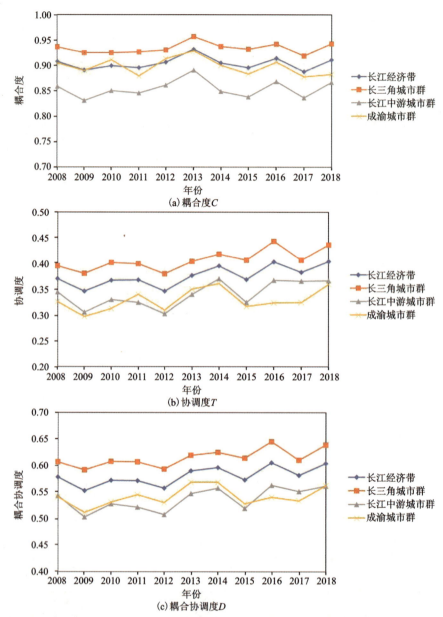

图 6.1 2008—2018 年长江经济带及三大城市群耦合度、协调度和耦合协调度

由于被评价城市较多,为了更直观地描绘城市水资源包容性可持续系统及各子系统耦合协调度的变化趋势,本研究引入 Spearman 秩相关系数法(coefficient of rank correlation),计算公式为

$$\begin{cases} R_n = 1 - \left[6 \times \sum_{i=1}^{N} d_i^2 / (N^3 - N) \right] \\ d_i = X_i - Y_i \end{cases} \tag{6.7}$$

式中:R_n 为秩相关系数;N 为年份数(本研究中,$N=11$);X_i、Y_i 分别表示 2008—2018 年

耦合协调度评价值由小到大排列的序号和按时间排列的序号；d_i 为二者之差。查表可得，当 $N=11$ 时，在 $\alpha=0.01$ 的置信水平下，秩相关系数检验的临界值为 $W_p=0.755$，即当 $|R_n| \geqslant W_p=0.755$ 时，表明变化趋势有显著意义；当 $|R_n|<W_p=0.755$ 时，表明变化趋势表现不显著，但可根据 R_n 的正负性初步判断呈上升或下降趋势，最终得到长江经济带 38 个城市整体耦合协调度及各个子系统的耦合协调度的分布状况，如图 6.2 所示。

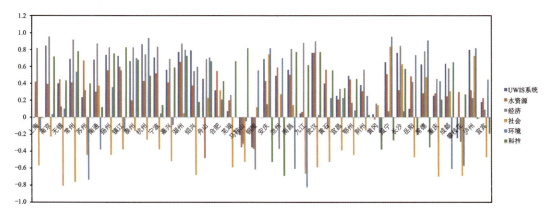

图 6.2　长江经济带 38 个城市 UWIS 系统及各子系统耦合协调度秩相关系数变化

从长江经济带 38 个城市来看，UWIS 系统整体耦合协调度呈下降趋势的只有 4 个城市，依次为铜陵（$R_n=-0.3546$）、攀枝花（$R_n=-0.2455$）、马鞍山（$R_n=-0.2091$）、上海（$R_n=-0.0091$），其余 34 个城市整体耦合协调度呈上升趋势，其中呈显著上升态势（$R_n \geqslant 0.755$）的城市分别为杭州、泸州、南京、绍兴、湖州、武汉、长沙，共 7 个城市。主要集中在以省会城市为代表的二级中心城市，包括长三角城市群中的二级中心城市与一般城市，长江中游城市群中的二级中心城市，以及成渝城市群中的区域性中心城市。

不同城市耦合协调度存在差异的主要原因是：呈上升或显著上升态势的城市，经济实力与科技发展水平相对较高，其经济、科技与水资源耦合协调能力较强；而呈下降趋势的城市，与基础设施和社会保障不够完备等有关，受制于较弱的社会耦合协调能力的影响。可见，应加强经济、科技以及社会的耦合协调能力建设，以全面提升城市的整体耦合协调能力。

2. 五大子系统

在水资源包容性可持续力系统的五大子系统中，耦合协调度最好的是经济系统，其次是水资源系统、科技系统、环境系统，最差的是社会系统。

在 38 个城市中，33 个城市（超过 6/7）的水资源耦合协调度呈上升趋势，耦合协调度最好的 5 个城市依次为武汉（$R_n=0.7636$）、苏州（$R_n=0.6727$）、湖州（$R_n=0.6545$）、镇江（$R_n=0.6$）、池州（$R_n=0.5909$），主要集中在长三角城市群、长江中游城市群；只有 4 个城市的水资源系统耦合协调度呈下降趋势，依次为舟山（$R_n=-0.4818$）、铜陵（$R_n=-0.3727$）、马鞍山（$R_n=-0.3546$）、黄冈（$R_n=-0.0273$）。成渝城市群耦合协调度均值远低于长江中游城市群和长三角城市群。水资源耦合协调度总体表现为长江中游城市群＞长三角城市群＞成渝城市群。与成渝城市群相比，长三角城市群、长江中游城市群的城市拥有较丰富的水资源量、较强的产水能力及水资源开发利用能力。因此,应加强成渝城市群水资源耦合协调能力建设。

在五大系统中,经济系统的耦合协调度最高。铜陵($R_n=-0.6182$)、池州($R_n=-0.3727$)、马鞍山($R_n=-0.3091$)、攀枝花($R_n=-0.2909$)、黄石($R_n=-0.1273$)5个城市耦合协调度呈下降趋势,其中铜陵呈明显下降态势,33个城市呈上升趋势。其中,南京、武汉、常州、九江、南通、湖州、长沙、宁波、扬州、泰州、南昌、上海、常德13个城市处于显著上升趋势($R_n>0.755$)。较强的经济耦合协调能力促进了长江经济带城市持续性指数的上升,使其在五大发展指数中位居第二,处于中等水平。经济耦合协调度总体表现为长江中游城市群>长三角城市群>成渝城市群,这是因为长三角城市群中铜陵、池州、马鞍山3个城市的经济耦合协调度呈下降或显著下降趋势,而长江中游城市群中仅黄石1个城市呈下降趋势,12个城市中呈显著上升趋势的城市有4个,使其经济耦合协调度均值略高于长三角城市群,成渝城市群因地处西部,经济实力及耦合协调水平相对较弱。因此,应加强成渝城市群经济耦合协调能力建设。

在五大系统中,社会系统的耦合协调度最差。约2/3的城市(24个)的社会耦合协调度呈下降趋势,覆盖了一级和二级中心城市、区域性中心城市与一般城市等所有类型的城市,其中社会耦合协调度最差的5个城市为无锡($R_n=-0.8091$)、常州($R_n=-0.7636$)、重庆($R_n=-0.7$)、攀枝花($R_n=-0.6909$)、绍兴($R_n=-0.6818$),呈显著或明显下降趋势;只有14个城市(咸宁、安庆、泸州、长沙、常德、成都、南通、湖州、舟山、合肥、铜陵、池州、南昌、黄冈)呈上升趋势,其中咸宁呈显著上升趋势,安庆、泸州、长沙、常德呈明显上升趋势。这也使得长江经济带城市包容性指数一直处于较弱的水平,主要受制于水资源基础设施系统不完备,就业、医疗与养老保障体系不健全以及居民的生活质量不高等方面的因素影响。总体来看,长江经济带社会耦合协调度整体处于下降趋势($R_n=-0.1715$),长江中游城市群>成渝城市群>长三角城市群,因此,应加强长江经济带三大城市群的社会耦合协调能力建设,全面提升包容性水平。

从环境系统的耦合协调状态来看,11个城市呈下降趋势,环境耦合协调度最差的5个城市为九江($R_n=-0.8273$)、苏州($R_n=-0.7364$)、南昌($R_n=-0.6091$)、成都($R_n=-0.6091$)、攀枝花($R_n=-0.5727$),其中九江呈显著下降趋势,苏州、南昌、成都、攀枝花呈明显下降趋势,这些城市主要集中在长江中游城市群和成渝城市群,超过2/3的城市环境耦合协调度处于上升状态,其中环境耦合协调度最好的城市依次为咸宁($R_n=0.9545$)、杭州($R_n=0.9364$)、常德($R_n=0.9091$)、泸州($R_n=0.8182$)、安庆($R_n=0.8182$)、湖州($R_n=0.8$),处于显著上升态势。城市间环境耦合协调度存在显著差异的原因主要有:反映环境与经济子系统相互作用的万元GDP工业废水排放量,反映环境与水资源子系统相互作用的全年期河流水质、湖泊及水库水质优于Ⅲ类水的比例、重点水功能区达标率,反映环境与社会子系统相互作用的人均绿地面积,以及反映环境与科技子系统相互作用的污水集中处理率、生活垃圾无害化处理率等存在较大差距。环境耦合协调度总体表现为长三角城市群>长江中游城市群>成渝城市群,因此,应重点加强长江中游城市群和成渝城市群环境耦合协调能力建设。

从科技系统的耦合协调状态来看,池州($R_n=-0.6909$)、安庆($R_n=-0.5273$)、黄冈

($R_n=-0.3818$)、常德($R_n=-0.3546$)、咸宁($R_n=-0.2727$)、岳阳($R_n=-0.2091$)、宜宾($R_n=-0.1909$)、泸州($R_n=-0.0182$)、上海($R_n=-0.0091$)9个城市科技耦合协调度呈下降趋势,其中池州、安庆下降幅度较大,这些城市主要集中在长江中游城市群、成渝城市群;其余29个城市科技耦合协调度呈上升趋势,其中镇江($R_n=0.8273$)、马鞍山($R_n=0.8182$)、常州($R_n=0.7818$)、武汉($R_n=0.7727$)、南昌($R_n=0.7727$)、扬州($R_n=0.7546$)6个城市呈显著上升趋势。城市间科技耦合协调度呈现差异化的原因主要有：反映科技与社会子系统相互作用的万人在校大学生数、万人拥有专利授权数,反映科技与经济子系统相互作用的科学技术支出占GDP的比重,反映科技与社会、经济子系统相互作用的教育支出占GDP的比重等存在较大差距。科技耦合协调度总体表现为长三角城市群＞长江中游城市群＞成渝城市群,因此,应加强长江中游城市群和成渝城市群科技耦合协调能力建设。

综上,从三大城市群来看,长三角城市群的经济、环境和科技耦合协调度相对较强,而社会耦合协调度最弱,水资源耦合协调度一般;长江中游城市群的水资源、经济耦合协调度较强,社会、环境耦合协调度较弱,科技耦合协调度一般;成渝城市群的水资源耦合协调度一般,社会耦合协调度相对较弱,经济、环境、科技耦合协调度最弱。

6.2.2 空间差异分析

为了探寻长江经济带38个城市各个子系统耦合协调的空间演化特征,选取评价期内2008年、2012年、2015年、2018年4个样本时间节点,分别绘制出相应的耦合协调度空间分布图(图6.3)。

由图6.3可见,长江经济带城市整体呈现由轻度、低度协调向中度、高度协调状态演变的特征,其空间演变态势表现为东高西低,一级、二级中心城市的耦合协调度普遍高于区域性中心城市和一般城市。

2008年长江经济带西部成渝城市群城市的耦合协调度基本处于轻度、低度协调状态,只有成都进入中度协调状态;中部长江中游城市群城市的耦合协调度多数处于轻度、低度协调状态,少数城市(南昌、武汉、长沙3个省会城市)进入中度协调状态;东部长三角城市群城市的耦合协调度绝大多数处于低度、中度协调状态,只有上海进入高度协调状态,安庆仍处于轻度协调状态。

到2012年,成渝城市群城市的耦合协调度与2008年持平,基本处于轻度、低度协调状态(仅成都进入中度协调状态);长江中游城市群城市的耦合协调度大多数与2008年持平,处于轻度、低度协调状态,省会城市处于中度协调状态,但宜昌、鄂州、黄冈、荆州分别下降一个等级,荆州降为濒临失调状态,其余3个城市降为轻度协调状态;长三角城市群城市的耦合协调度绝大多数保持不变,仍处于低度、中度协调状态(上海处于高度协调状态,安庆处于轻度协调状态),只有泰州、池州下降一个等级,处于轻度协调状态。

到2015年,与2012年相比,三大城市群的耦合协调度略有上升。成渝城市群城市的耦合协调度基本保持不变,只有泸州上升一个等级,进入低度协调状态;长江中游城市群城市的耦合协调度除宜昌、荆州分别上升一个等级外,其余城市的耦合协调度与2012年持平;长三

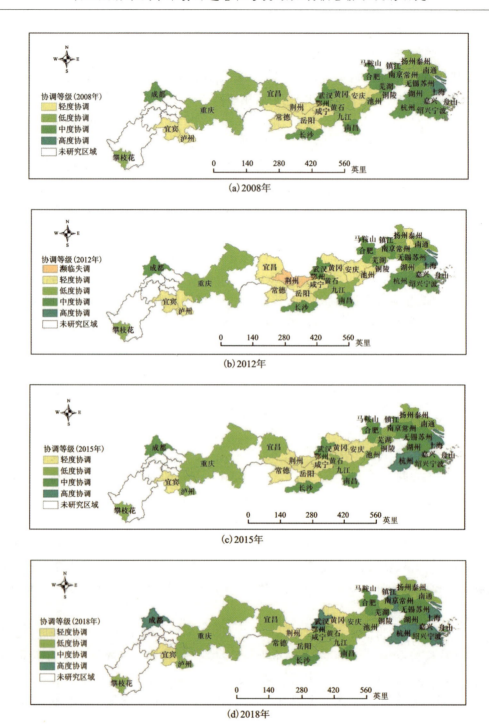

图 6.3　长江经济带 38 个城市 4 个样本时间节点耦合协调度空间分布图

角城市群城市的耦合协调度大多数保持不变,只有杭州、常州、镇江、嘉兴、湖州、泰州、池州上升一个等级,其中杭州一跃达到高度协调水平。

到 2018 年,在长三角城市群 21 个城市中,上海、南京、杭州和宁波 4 个城市的耦合协调度达到了高度协调水平,苏州等 10 个城市达到了中度协调水平。长三角城市群总体处于较高协调水平的原因是,它包括了直辖市上海,省会城市南京、杭州这样的超大城市作为城市群核心,经济发达,科技实力雄厚,环境治理力度大,是国家政策的先行区和优质资源的集中区。其经济、环境、科技耦合协调水平高,但由于泰州等部分城市的社会耦合协调水平较低,水资源耦合协调水平一般,泰州等7个城市仍停留在低度协调水平。

在长江中游城市群12个城市中,2018年只有武汉达到高度协调水平。武汉作为长江黄金水道上与上海、重庆并列的三大核心城市之一,其经济实力、社会保障与科技发展水平较为超前,地理位置优越,水资源丰富,高校与人才聚集,武汉对提升周边其他城市协调水平的辐射作用较为明显。南昌和长沙2个城市达到中度协调水平,其余城市处于低度或轻度协调水平。这与其环境治理力度不够、基础设施和社会保障不够完备等有关。

与长三角城市群、长江中游城市群相比,虽然成渝城市群有重庆与成都2个超大城市作为其核心,但由于受地理位置限制,其发展较为落后。在成渝城市群5个城市中,2018年只有成都达到高度协调水平,其余4个城市处于低度、轻度协调水平。这与西部经济欠发达、科技发展较落后、环境治理力度小等有关。成渝城市群虽然水资源耦合协调水平一般,但社会耦合协调水平较弱,这也是因为其经济发展水平相对较低,发展速度相对较慢。

从空间分析来看,长三角城市群的耦合协调度优于长江中游城市群,而成渝城市群相对较弱。

6.3 障碍度分析

运用式(6.4)~式(6.6)计算得到2008—2018年38个城市各个指标的障碍度(表6.4),进而得到各个子系统的障碍度均值(表6.5)。总体来看,各子系统障碍度由大到小依次为水资源>社会>经济>科技>环境,其障碍度平均值分别为0.3590、0.2075、0.1796、0.1315、0.1224。可见影响长江经济带城市水资源包容性可持续性的主要障碍因子集中在水资源、社会、经济系统中。这与其科技发展水平比较高,实施生态优先战略分不开。

表6.4 2008—2018年38个城市各指标的障碍度 P_{ij}

指标	2008年	2009年	2010年	2011年	2012年	2013年	2014年	2015年	2016年	2017年	2018年
W1	0.0361	0.0343	0.0268	0.0184	0.0228	0.0336	0.0447	0.0244	0.0386	0.0306	0.0463
W2	0.0167	0.0063	0.0156	0.0109	0.0109	0.0238	0.0121	0.0130	0.0120	0.0134	0.0132
W3	0.0430	0.0047	0.0112	0.0081	0.0066	0.0150	0.0120	0.0072	0.0170	0.0752	0.0219
W4	0.0115	0.0041	0.0109	0.0090	0.0054	0.0122	0.0112	0.0111	0.0047	0.0070	0.0185
W5	0.0392	0.1094	0.0919	0.1127	0.1082	0.0517	0.0560	0.1055	0.0619	0.0282	0.0408
W6	0.0094	0.0111	0.0091	0.0060	0.0078	0.0090	0.0074	0.0069	0.0058	0.0058	0.0067
W7	0.0306	0.0239	0.0227	0.0361	0.0256	0.0268	0.0288	0.0305	0.0306	0.0324	0.0344
W8	0.1667	0.1650	0.1742	0.1796	0.1673	0.1742	0.1732	0.1671	0.1809	0.1772	0.1774

续表 6.4

指标	2008年	2009年	2010年	2011年	2012年	2013年	2014年	2015年	2016年	2017年	2018年
$Ec1$	0.0739	0.0862	0.0587	0.0637	0.0582	0.0824	0.0603	0.0627	0.0614	0.0574	0.0670
$Ec2$	0.0238	0.0162	0.0283	0.0206	0.0230	0.0180	0.0225	0.0176	0.0255	0.0161	0.0122
$Ec3$	0.0434	0.0401	0.0456	0.0437	0.0469	0.0423	0.0378	0.0339	0.0367	0.0309	0.0272
$Ec4$	0.0396	0.0484	0.0447	0.0483	0.0437	0.0525	0.0578	0.0589	0.0593	0.0659	0.0720
$S1$	0.0245	0.0208	0.0208	0.0204	0.0199	0.0243	0.0255	0.0205	0.0292	0.0231	0.0202
$S2$	0.0060	0.0062	0.0053	0.0019	0.0021	0.0014	0.0026	0.0064	0.0011	0.0011	0.0031
$S3$	0.0126	0.0168	0.0164	0.0232	0.0190	0.0195	0.0179	0.0144	0.0079	0.0236	0.0213
$S4$	0.0247	0.0232	0.0280	0.0264	0.0277	0.0240	0.0212	0.0265	0.0359	0.0232	0.0285
$S5$	0.0450	0.0465	0.0439	0.0456	0.0549	0.0503	0.0471	0.0549	0.0454	0.0494	0.0383
$S6$	0.0216	0.0251	0.0253	0.0253	0.0197	0.0276	0.0298	0.0222	0.0313	0.0323	0.0363
$S7$	0.0008	0.0004	0	0.0027	0.0011	0.0008	0	0.0004	0.0006	0.0002	0.0000
$S8$	0.0086	0.0301	0.0309	0.0124	0.0136	0.0159	0.0178	0.0185	0.0260	0.0248	0.0257
$S9$	0.0027	0.0002	0.0075	0.0002	0.0163	0.0082	0.0058	0.0077	0.0014	0.0019	0.0115
$S10$	0.0553	0.0323	0.0197	0.0348	0.0284	0.0333	0.0522	0.0490	0.0338	0.0363	0.0258
$En1$	0.0287	0.0266	0.0221	0.0176	0.0268	0.0251	0.0216	0.0071	0.0041	0.0077	0.0153
$En2$	0.0046	0.0047	0.0072	0.0101	0.0091	0.0087	0.0085	0.0112	0.0097	0.0112	0.0097
$En3$	0.0042	0.0045	0.0027	0.0017	0.0011	0.0014	0.0016	0.0025	0.0121	0.0076	0.0048
$En4$	0.0109	0.0182	0.0108	0.0154	0.0102	0.0138	0.0184	0.0180	0.0154	0.0153	0.0138
$En5$	0.0078	0.0030	0.0027	0.0017	0.0017	0.0031	0.0042	0.0023	0.0092	0.0086	0.0086
$En6$	0.0111	0.0104	0.0087	0.0134	0.0076	0.0090	0.0110	0.0092	0.0069	0.0024	0.0048
$En7$	0.0275	0.0221	0.0372	0.0297	0.0411	0.0372	0.0283	0.0323	0.0226	0.0318	0.0285
$En8$	0.0100	0.0124	0.0125	0.0102	0.0061	0.0108	0.0069	0.0085	0.0167	0.0049	0.0044
$En9$	0.0034	0.0055	0.0062	0.0061	0.0020	0.0019	0.0025	0.0013	0.0029	0.0021	0.0009
$En10$	0.0234	0.0087	0.0154	0.0075	0.0350	0.0190	0.0179	0.0170	0.0203	0.0246	0.0316
$T1$	0.0450	0.0414	0.0454	0.0459	0.0428	0.0338	0.0455	0.0446	0.0467	0.0450	0.0460
$T2$	0.0207	0.0250	0.0205	0.0152	0.0217	0.0157	0.0250	0.0311	0.0229	0.0118	0.0076
$T3$	0.0209	0.0194	0.0244	0.0257	0.0195	0.0253	0.0211	0.0147	0.0234	0.0323	0.0338
$T4$	0.0462	0.0463	0.0455	0.0497	0.0470	0.0473	0.0438	0.0402	0.0401	0.0392	0.0419

表 6.5 各城市分系统障碍度均值

城市	水资源	经济	社会	环境	科技
上海	0.259 3	0.208 1	0.165 8	0.215 3	0.151 5
南京	0.358 5	0.162 7	0.215 9	0.151 1	0.111 7
无锡	0.412 3	0.142 7	0.138 3	0.155 8	0.150 9
常州	0.366 2	0.148 6	0.197 2	0.149 6	0.138 5
苏州	0.413 5	0.129 1	0.139 3	0.207 1	0.110 9
南通	0.363 9	0.161 4	0.210 5	0.133 4	0.130 8
扬州	0.364 1	0.159 1	0.219 2	0.121 9	0.135 7
镇江	0.369 9	0.154 6	0.205 7	0.134 0	0.135 7
泰州	0.348 6	0.160 7	0.217 5	0.134 6	0.138 7
杭州	0.377 8	0.169 0	0.162 1	0.172 7	0.118 5
宁波	0.392 7	0.190 2	0.147 4	0.147 1	0.122 5
嘉兴	0.356 8	0.192 5	0.180 6	0.139 1	0.131 1
湖州	0.352 4	0.198 5	0.203 0	0.111 6	0.134 4
绍兴	0.339 5	0.184 1	0.196 1	0.151 9	0.128 5
舟山	0.429 0	0.160 7	0.169 6	0.104 2	0.136 6
合肥	0.407 6	0.183 0	0.204 8	0.081 5	0.123 0
芜湖	0.384 1	0.180 4	0.227 8	0.094 9	0.112 8
马鞍山	0.354 6	0.181 1	0.225 9	0.097 7	0.140 7
铜陵	0.359 4	0.179 3	0.225 8	0.094 5	0.141 0
安庆	0.351 1	0.204 1	0.231 3	0.092 1	0.121 4
池州	0.329 8	0.199 1	0.247 7	0.097 4	0.125 9
南昌	0.371 1	0.182 7	0.233 6	0.092 6	0.120 0
九江	0.348 2	0.195 2	0.233 1	0.091 6	0.131 9
武汉	0.373 8	0.176 7	0.195 0	0.129 7	0.124 8
黄石	0.335 1	0.192 3	0.212 6	0.117 4	0.142 5
宜昌	0.330 9	0.178 0	0.227 8	0.115 6	0.147 7
鄂州	0.354 5	0.173 6	0.223 9	0.106 1	0.141 8
荆州	0.369 0	0.196 6	0.201 9	0.119 9	0.112 6

续表 6.5

城市	水资源	经济	社会	环境	科技
黄冈	0.348 2	0.211 0	0.218 6	0.107 8	0.114 4
咸宁	0.315 9	0.201 5	0.249 3	0.099 4	0.133 9
长沙	0.399 1	0.158 2	0.206 2	0.095 8	0.140 8
岳阳	0.346 5	0.187 4	0.221 3	0.099 2	0.145 5
常德	0.347 1	0.189 0	0.235 6	0.085 7	0.142 6
重庆	0.344 2	0.179 1	0.234 9	0.113 8	0.128 1
成都	0.364 6	0.190 0	0.189 6	0.118 3	0.137 4
攀枝花	0.329 8	0.184 8	0.217 8	0.123 2	0.144 4
泸州	0.342 5	0.189 3	0.226 6	0.118 0	0.123 5
宜宾	0.330 3	0.189 3	0.226 9	0.127 9	0.125 6
均值	**0.359 0**	**0.179 6**	**0.207 5**	**0.122 4**	**0.131 5**

6.3.1 障碍因子分析

筛选出障碍度排名前 1/3 的指标，各子系统具体的主要障碍因子分别是水资源系统中的水资源开发利用率、降雨深、人均水资源总量、水足迹强度；社会系统中的万人拥有排水管道长度、互联网宽带接入用户比率；经济系统中的人均 GDP、第三产业产值占 GDP 的比重、第二产业产值占 GDP 的比重；科技系统中的万人拥有专利授权数、万人在校大学生数；环境系统中的人均绿地面积。这些因素应成为提升城市水资源包容性可持续力、耦合协调度的关键。

6.3.2 分系统障碍度分析

从城市分系统障碍度均值分布（表 6.5，图 6.4，图 6.5）来看，水资源系统障碍度排名前 10 位的城市主要来自长三角城市群中的舟山、苏州、无锡、合肥、宁波、芜湖、杭州 7 个城市，长江中游城市群中的省会城市长沙、武汉和南昌。可见，水资源系统障碍因子主要来自省会城市或二级中心城市，其城市规模大、人口多，生活水平高，人均水资源总量较低，水足迹强度大，水资源开发利用率有待提升。三大城市群水资源系统障碍度由高到低依次为长三角城市群＞长江中游城市群＞成渝城市群。

社会系统障碍度排名前 10 位的城市主要来自长三角城市群中的池州、安庆、芜湖，长江中游城市群中的咸宁、常德、南昌、九江、宜昌，以及成渝城市群中的重庆、宜宾。可见，除重庆、南昌外，社会系统障碍因子主要来自区域性中心城市和一般城市，其社会保障与基础设施不尽完备。三大城市群社会系统障碍度由高到低依次为长江中游城市群＞成渝城市群＞长三角城市群。

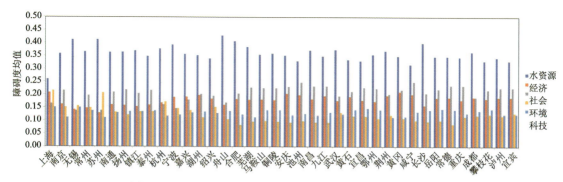

图 6.4 2008—2018 年长江经济带各城市分系统障碍度均值

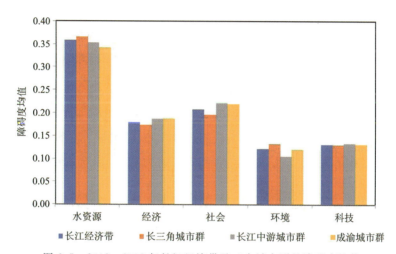

图 6.5 2008—2018 年长江经济带及三大城市群的障碍度均值

经济系统障碍度排名前 10 位的城市主要来自长三角城市群中的上海、安庆、池州、湖州、嘉兴,长江中游城市群中的黄冈、咸宁、荆州、九江、黄石。除上海外,经济系统障碍因子主要来自区域性中心城市和一般城市,其经济实力不够雄厚,产业结构布局也有待完善。上海由于是国际大都市,虽然经济实力强,但人均 GDP、第二产业占 GDP 的比重仍是其经济发展的主要制约因素。三大城市群经济系统障碍度由高到低依次为长江中游城市群＞成渝城市群＞长三角城市群。

科技系统障碍度排前 10 位的城市主要来自长三角城市群中的上海、无锡、铜陵,长江中游城市群中的宜昌、岳阳、常德、黄石、鄂州、长沙,以及成渝城市群中的攀枝花。可见,科技系统障碍因子主要来自区域性中心城市,其次是二级中心城市和一般城市,最后是一级中心城市,其科技人才与科技投入相对不足。上海虽然科技实力强,但由于人口规模大,使其万人在校大学生数、万人拥有专利授权数不具优势。三大城市群科技系统障碍度由高到低依次为长江中游城市群＞成渝城市群＞长三角城市群。

环境系统障碍度排前 10 位的城市全部来自长三角城市群,分别是上海、苏州、杭州、无锡、绍兴、南京、常州、宁波、嘉兴、泰州。环境系统障碍因子主要来自一级、二级中心城市,少数来自区域性中心城市和一般城市。由于一级、二级中心城市经济发展速度快,已建有五大钢铁基地、七大炼油厂和一大批石化基地,基本形成重化工业围江格局,已集聚有40余万家化工企业。高耗能、高耗水和高污染产业集聚,造成水资源环境压力较大,从而成为主要的障碍因子。而区域性中心城市和一般城市受经济实力所限,水资源环境治理力度不大。三大城市群环境系统障碍度由高到低依次为长三角城市群＞成渝城市群＞长江中游城市群。

6.4 本章小结

本章采用耦合协调度模型与障碍度模型,对长江经济带38个城市水资源包容性可持续力5个子系统间耦合协调度进行时序特征与空间差异分析,识别出其障碍因子,分别对各子系统障碍度进行了分析。所获得的主要结论如下。

(1)长江经济带城市水资源包容性可持续力系统耦合协调度整体处于低度协调状态,呈现出经济＞水资源＞科技＞环境＞社会系统的时序特征,空间分异表现为东高西低,整体呈现由轻度、低度协调向中度、高度协调状态演变的格局。

(2)从时序特征分析来看,2008－2018年长江经济带38个城市水资源包容性可持续力系统耦合协调度在整体上表现出小幅波动、略有上升的趋势,基本处于低度协调状态。在三大城市群中,长三角城市群基本处于中度协调状态,长江中游城市群、成渝城市群则一直处于低度协调状态,应加强经济、科技以及社会的耦合协调能力建设,以全面提升城市的耦合协调能力。

五大子系统耦合协调度由高到低为经济＞水资源＞科技＞环境＞社会系统。在三大城市群中,长三角城市群经济、环境和科技耦合协调度相对较强,而社会耦合协调度最弱、水资源耦合协调度一般;长江中游城市群水资源、经济耦合协调度较强,社会、环境耦合协调度较弱,科技耦合协调度一般;成渝城市群水资源耦合协调度一般,社会耦合协调度较弱,经济、环境、科技耦合协调度最弱。

(3)从空间分异分析来看,其演变态势表现为东高西低,一级、二级中心城市耦合协调度普遍高于区域性中心城市和一般城市。长三角城市群耦合协调度优于长江中游城市群,而成渝城市群相对较弱。

(4)障碍因子分析表明,各子系统障碍度由大到小依次为水资源＞社会＞经济＞科技＞环境系统,主要障碍因子来自水资源开发利用率、降雨深、人均水资源总量、水足迹强度、万人拥有排水管道长度、互联网宽带接入用户比率、人均GDP、第三产业产值占GDP的比重、第二产业产值占GDP的比重、万人拥有专利授权数、万人在校大学生数、人均绿地面积12个因子。

在三大城市群中,水资源障碍度表现为长三角城市群＞长江中游城市群＞成渝城市群,社会、经济、科技障碍度表现为长江中游城市群＞成渝城市群＞长三角城市群,环境障碍度表现为长三角城市群＞成渝城市群＞长江中游城市群。

7 长江经济带城市水资源包容性可持续力耦合协调演化路径研究

本章将聚焦耦合协调机制中的趋势预测（耦合协调优化路径），根据前文的研究结果,通过聚类与情景模拟来探寻不同类型城市水资源包容性可持续力耦合协调优化路径。具体来讲,针对传统聚类方法难以反映样本整体拓扑结构不足的问题,本章采用自组织映射神经网络(SOM)聚类方法,探讨长江经济带城市水资源包容性可持续力的空间集聚效应,确定其聚类特征、等级划分;针对不同类型城市分别选择一个代表性城市作为研究样本,参数预测值通过线性回归、趋势线预测、BP 神经网络等方法确定,运用情景模拟方法对设定的 6 种情景进行模拟,分类提出了其耦合协调最优路径方案。

7.1 SOM 神经网络

为了后续更深入地分析、探究长江经济带城市水资源包容性可持续力的具体演化路径,本章首先对长江经济带的 38 个城市进行聚类分析。

常用的聚类算法有 K-means、层次聚类、混合高斯模型以及 SOM 神经网络算法等。较经典的聚类算法是 K-means,虽然传统的 K-means 算法计算效率较高,但由于受初始聚类中心及个数的设定影响较大,聚类结果往往不太稳定,而且初始值对聚类收敛的结果比较敏感,容易陷入局部最优。

与传统的 K-means 算法不同的是,自组织映射神经网络是一种以特征提取为主要手段、具有拓扑限制的聚类算法。SOM 神经网络由于引入邻域函数,能更好地反映样本的拓扑结构,从而获得较稳定的聚类结果,且受初值影响较小[163]。因此,考虑传统聚类方法难以反映样本整体拓扑结构的不足,本研究采用 SOM 神经网络来对长江经济带的 38 个城市进行聚类分析。

SOM 神经网络实际上是一种无监督训练的、无指示学习的自组织过程,通过引入邻域函数,将聚类中心或所有的神经元置于一个拓扑结构上,这个拓扑结构基于先验知识而事先确定。与 K-means 算法不同,K-means 算法的 K 个聚类中心彼此独立,在训练中互不影响。而 SOM 对每个输入样本都要选择一个获胜神经元,让获胜神经元与其邻域范围内的神经元一起学习,基于邻域函数确定学习的量,或者说与距离最优神经元的拓扑距离成反比。邻域函数也是 SOM 区别于其他聚类算法的重要特征,使得 SOM 的训练受到拓扑结构的限制,从而最大限度地保证训练不会陷入局部最小,然而其训练时间较长。可见,SOM 算法通过给定合理的初始值、学习率以及邻域函数,从而达到很好的聚类效果[164]。

SOM 神经网络的具体算法[165]如下:

(1)确定 SOM 网络结构。确定输入层神经元个数、竞争层维数及神经元网格结构。

(2)初始化网络参数。针对每个神经元,对参考权重向量 $w_{ij}(0)$ 随机初始化,设定学习率初始值 η_0 以及足够大的初始邻域 $\sigma_0(0)$。

(3)在迭代步 t,随机加入一个输入样本进入网络。

(4)寻找获胜神经元。计算出每个输入样本与所有神经元对应的参考权重向量的欧氏距离,对应于最小距离的即为获胜神经元。

(5)修正输出神经元、邻域神经元的权重值。

$$w_{ij}(t+1) = w_{ij}(t) + \eta(t)\sigma_{ci}(t)[x_i(t) - w_{ij}(t)] \tag{7.1}$$

式中:$w_{ij}(t)$、$w_{ij}(t+1)$ 分别表示第 t、$t+1$ 步的输入层神经元 i 与竞争层神经元 j 之间的权重值;$\eta(t)$ 表示第 t 步的学习率;η 取[0,1]之间的常数,随着时间的变化逐渐下降至 0;$x_i(t)$ 表示第 t 次迭代的输入向量;$\sigma_{ci}(t)$ 表示在迭代 t 时刻从获胜者到一个邻域神经元的距离的函数。

$$\eta(t) = 1/t \quad \text{或} \quad \eta(t) = 0.2 \times (1 - 1/10\,000) \tag{7.2}$$

(6)迭代直至收敛。学习率函数 $\eta(t)$ 和邻域函数 σt 随着迭代次数衰减。

(7)重复步骤(3),直到 $t = t_{\max}$,达到最大迭代次数,聚类过程结束,输出相应结果。

7.2 空间集聚分析

基于长江经济带 38 个城市的实际数据,根据前文由 EM-AGA-EAHP 确定的指标层与要素层的权重,计算出准则层五大发展指数值(表 7.1),据此进行基于 SOM 的聚类分析。

表 7.1 SOM 聚类中五大发展指数值

城市	可用性指数	持续性指数	包容性指数	友好性指数	创新性指数
上海	0.600 2	0.691 5	0.605 5	0.510 3	0.513 1
南京	0.382 9	0.755 4	0.435 0	0.564 4	0.607 7
无锡	0.329 9	0.789 0	0.655 4	0.483 6	0.343 4
常州	0.314 1	0.688 0	0.381 8	0.438 7	0.319 7
苏州	0.299 7	0.771 4	0.654 7	0.348 8	0.551 2
南通	0.208 2	0.554 5	0.339 1	0.418 8	0.202 1
扬州	0.224 9	0.556 9	0.282 8	0.639 0	0.247 4
镇江	0.261 7	0.498 1	0.436 0	0.448 9	0.330 7
泰州	0.213 5	0.515 9	0.242 0	0.468 8	0.170 8
杭州	0.469 6	0.687 7	0.597 1	0.664 5	0.532 4

续表 7.1

城市	可用性指数	持续性指数	包容性指数	友好性指数	创新性指数
宁波	0.424 0	0.609 1	0.590 5	0.625 7	0.419 4
嘉兴	0.461 3	0.516 5	0.493 7	0.454 1	0.357 9
湖州	0.469 5	0.486 4	0.448 8	0.723 7	0.348 4
绍兴	0.420 8	0.528 0	0.392 2	0.621 5	0.420 4
舟山	0.254 1	0.537 1	0.423 9	0.702 7	0.348 1
合肥	0.259 6	0.533 3	0.508 8	0.715 6	0.304 4
芜湖	0.301 9	0.473 2	0.307 1	0.656 2	0.463 5
马鞍山	0.272 6	0.442 0	0.273 9	0.609 3	0.271 0
铜陵	0.268 0	0.300 1	0.262 7	0.703 3	0.166 2
安庆	0.313 6	0.259 4	0.191 4	0.654 1	0.163 1
池州	0.405 7	0.248 4	0.113 7	0.671 3	0.163 4
南昌	0.410 9	0.522 4	0.342 7	0.624 9	0.500 8
九江	0.287 8	0.351 2	0.157 5	0.571 6	0.183 8
武汉	0.387 9	0.671 2	0.431 3	0.643 3	0.577 8
黄石	0.284 1	0.342 5	0.201 4	0.576 2	0.136 1
宜昌	0.359 2	0.457 8	0.222 4	0.657 2	0.145 4
鄂州	0.301 6	0.454 5	0.168 4	0.632 7	0.103 3
荆州	0.177 6	0.200 5	0.159 5	0.524 6	0.148 5
黄冈	0.197 8	0.189 8	0.205 1	0.595 6	0.142 3
咸宁	0.402 5	0.303 9	0.095 4	0.683 1	0.119 5
长沙	0.269 7	0.689 1	0.570 5	0.715 8	0.429 0
岳阳	0.241 8	0.368 0	0.243 8	0.721 1	0.077 3
常德	0.332 7	0.368 6	0.221 2	0.766 0	0.041 3
重庆	0.314 4	0.355 5	0.155 7	0.607 6	0.186 6
成都	0.465 2	0.523 1	0.534 4	0.599 5	0.362 2
攀枝花	0.463 9	0.328 9	0.250 3	0.544 2	0.129 0
泸州	0.247 5	0.235 7	0.219 8	0.630 5	0.111 3
宜宾	0.284 2	0.294 8	0.120 6	0.576 5	0.079 2

依据 7.1 节中 SOM 神经网络的基本原理与算法步骤,根据数据的相似性和拓扑结构进行聚类。本研究采用 MATLAB 2015b Neural Network Toolbox 8.4 软件编写的程序,来实

现 SOM 的聚类分析。其网络结构如图 7.1 所示,包括输入层、竞争层以及权重向量。

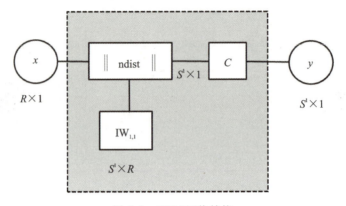

图 7.1 SOM 网络结构

在本研究中,输入层包含 5 个神经元,分别对应水资源包容性可持续力五大发展指数,竞争层神经元按六边形拓扑结果的网格进行排列。长江经济带 38 个城市的 SOM 网络拓扑结构如图 7.2 所示。SOM 网络神经元之间的连接关系如图 7.3 所示,其中蓝色为神经元,神经元直接距离远近为其连接色块,其颜色越深表示连接神经元之间的距离越远,图 7.3 中黑色显示彼此连接的两个神经元距离最远,黄色显示彼此连接的神经元距离最近。此外,分类神经元与输入特征的连接权重关系如图 7.4 所示,分别显示了不同输入特征与竞争层神经元的连接权重关系,最大连接权重显示为黄色,最小连接权重显示为黑色;而不同竞争神经元与输入特征的连接颜色显示了不同分类中各输入特征的作用,颜色越接近则对应特征的分类指向性越接近。

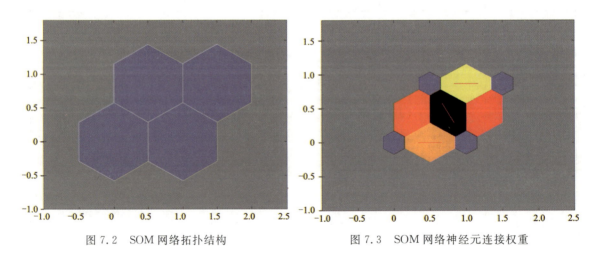

图 7.2 SOM 网络拓扑结构　　　　图 7.3 SOM 网络神经元连接权重

长江经济带 38 个城市的 SOM 类中心位置如图 7.5 所示。当迭代次数 t 为 2000 次时,达到最大迭代次数,聚类过程结束,得到基于 SOM 神经网络的聚类结果,将 38 个城市分成 4 类,分别包含 8 个、8 个、6 个、16 个城市(表 7.2、图 7.6、图 7.7)。

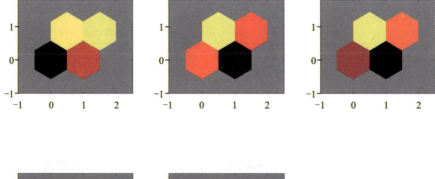

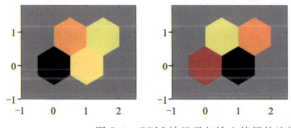

图 7.4 SOM 神经元与输入特征的连接权重关系

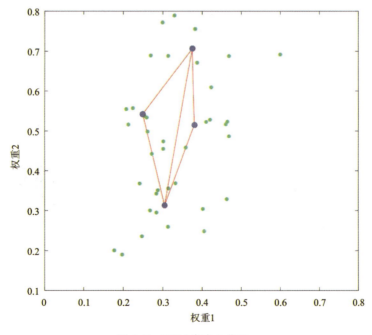

图 7.5 SOM 类中心位置

表 7.2 基于 SOM 长江经济带 38 个城市聚类

聚类	城市数量/个	城市
1	8	上海、南京、无锡、苏州、杭州、宁波、武汉、长沙
2	8	嘉兴、湖州、绍兴、舟山、合肥、芜湖、南昌、成都
3	6	常州、南通、扬州、镇江、泰州、马鞍山
4	16	铜陵、安庆、池州、九江、黄石、鄂州、宜昌、荆州、黄冈、咸宁、岳阳、常德、攀枝花、重庆、泸州、宜宾

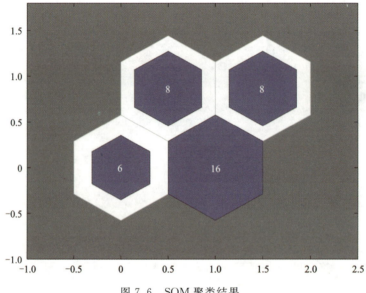

图 7.6 SOM 聚类结果

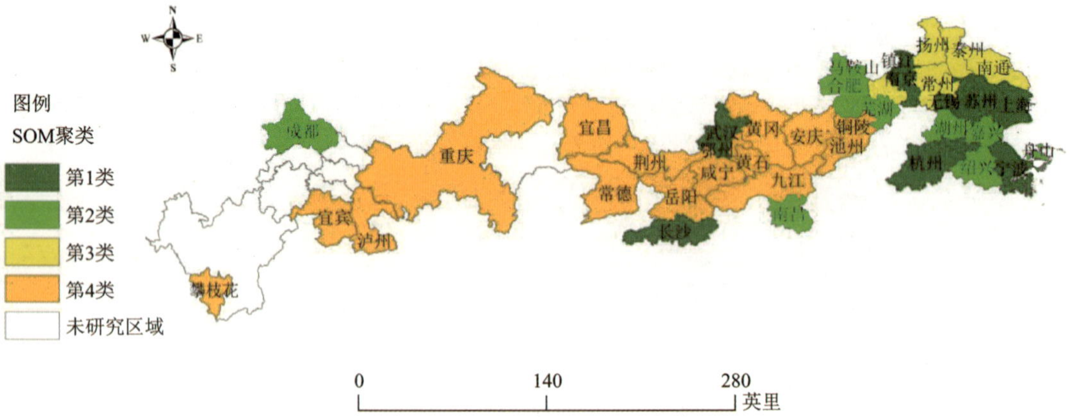

图 7.7 基于 SOM 长江经济带 38 个城市聚类空间分布

每一类城市的 UWIS 及五大发展指数、耦合协调度及障碍度如表 7.3 所示,基于 SOM 聚类的各类城市主要特征与等级如下。

表 7.3　SOM 聚类后各类城市的 UWIS、五大发展指数、耦合协调度及分系统障碍度

五大发展指数	可用性指数	持续性指数	包容性指数	友好性指数	创新性指数	UWIS
第一类	0.395 5	0.708	0.567 5	0.569 6	0.496 7	0.572 1
第二类	0.380 4	0.515	0.431 5	0.637 3	0.388 2	0.516 5
第三类	0.249 2	0.542 6	0.325 9	0.503 9	0.256 9	0.459 7
第四类	0.305 1	0.316 2	0.186 8	0.632 2	0.131	0.416 2
耦合协调度	水资源	经济	社会	环境	科技	整个系统
第一类	0.494 3	0.693 2	−0.333	0.040 9	0.440 9	0.571 6
第二类	0.305 7	0.558	−0.093 2	0.126 1	0.585 2	0.521 6
第三类	0.284 8	0.615 2	−0.318 2	0.168 2	0.663 6	0.548 5
第四类	0.288 1	0.181 8	−0.075	0.348 3	−0.010 2	0.300 6
分系统障碍度	水资源	经济	社会	环境	科技	
第一类	0.373 4	0.167 1	0.171 3	0.159 3	0.129	
第二类	0.375 6	0.184	0.200 6	0.111 8	0.128	
第三类	0.361 2	0.160 9	0.212 7	0.128 5	0.136 7	
第四类	0.342 7	0.190 6	0.227 7	0.106 9	0.132 7	

第一类城市由上海、南京、无锡、苏州、杭州、宁波、武汉、长沙 8 个城市组成的城市簇,除了省会城市武汉、长沙处于长江中游城市群外,其余全部属于长三角城市群,且均为一级、二级中心城市。这些城市地理位置优越,拥有丰富的发展资源,其经济实力雄厚,经济发展处于各省的领先水平,生态环境保护力度大,科技创新成果显著,在城市簇中起引领与辐射作用。

这类城市的特征是:水资源包容性可持续力 UWIS 在 4 类城市中位居第一,处于中等偏上水平,持续性指数＞友好性指数＞包容性指数＞创新性指数＞可用性指数,其耦合协调度(0.571 6)在 4 类城市中排名第一,处于低度协调状态,达到长江经济带的领先水平。经济耦合协调能力很强,其次是水资源耦合协调能力,但社会耦合协调能力很弱,以环境、水资源子系统为主要障碍,属于高质量发展、低度协调、环境与水资源障碍型。

第二类城市为由嘉兴、湖州、绍兴、舟山、合肥、芜湖、南昌、成都 8 个城市组成的城市簇,除上游的成都、中游的南昌、下游的合肥 3 个省会城市(二级中心城市)外,其余均为区域性中心城市与一般城市,有 6 个城市集中分布在长江下游的长三角地区。

这类城市的特征是:水资源包容性可持续力 UWIS 在四类城市中位居第二,处于中等水平,友好性指数＞持续性指数＞包容性指数＞创新性指数＞可用性指数,在 4 类城市中,其环境友好性指数最优,耦合协调度(0.521 6)在 4 类城市中排名第三,处于低度协调状态,科技耦合协调能力较强,其次是经济耦合协调能力,但社会耦合协调能力较弱,以水资源、经济子系

统为主要障碍,属于科技协调、环境友好、低度协调、水资源与经济障碍型。

第三类城市为由常州、南通、扬州、镇江、泰州、马鞍山6个城市组成的城市簇,基本分布在长三角城市群的长江以北地区,除马鞍山属于一般城市外,其余全部是区域性中心城市。这类城市在4类城市中,水资源包容性可持续力整体水平位于第三位,耦合协调能力居第二位,仅次于以上海为代表的第一类城市。

这类城市的特征是:水资源包容性可持续力 UWIS 处于中等偏下水平,持续性指数＞友好性指数＞包容性指数＞创新性指数＞可用性指数,其耦合协调度(0.548 5)在4类城市中位居第二,处于低度协调状态,科技与经济的耦合协调能力强,但社会耦合协调能力很弱,以社会、科技子系统为主要障碍,属于经济持续发展、低度协调、科技与社会障碍型。

第四类城市为由铜陵、安庆、池州、九江、黄石、鄂州、宜昌、荆州、黄冈、咸宁、岳阳、常德、攀枝花、重庆、泸州、宜宾16个城市组成的城市簇,除了铜陵、安庆和池州,其余城市全部属于长江中游城市群、成渝城市群,除直辖市重庆属于二级中心城市外,其余全部都是区域性中心城市与一般城市。绝大部分城市水资源禀赋与经济发展水平一般,社会保障与科技实力相对较弱。

这类城市的特征是:水资源包容性可持续力 UWIS 处于中等偏下水平,友好性指数＞持续性指数＞可用性指数＞包容性指数＞创新性指数,其耦合协调度(0.300 6)在4类城市中排名最后,处于濒临失调状态,环境耦合协调能力较强,但社会与科技耦合协调能力弱,以科技、社会子系统为主要障碍,属于环境友好、濒临失调、社会与科技障碍型。

7.3　耦合协调情景设置

城市水资源包容性可持续力系统涉及水资源、经济、社会、环境、科技5个子系统,各个子系统之间的交互及多重耦合关系比较复杂,为了能更好地揭示其耦合协调的演变规律,从而得出最优的耦合协调方案,基于水资源包容性可持续力的基本框架,本研究通过六大情景设定,来研究4类城市中代表性城市的水资源包容性可持续力耦合协调演化路径。

7.3.1　情景设定

情景模拟的关键环节之一是情景设定,基于不同的情景,研究对象会随着情景中不同因素的变化而变化,在未来预测期内表现出不同的变化趋势。通过设置不同的发展情景,水资源包容性可持续力系统中各个子系统的发展水平产生的变化,会通过关键影响因子的增长率变化呈现出来,最终反映在整个系统耦合协调的未来发展趋势上。结合本研究构建的 ASFII 基本框架与评价体系,同时借鉴相关学者的研究,本研究设定了6种情景,分别为水资源可用性情景、经济持续性情景、社会包容性情景、环境友好性情景、科技创新性情景、综合协调发展性情景(表7.4),以便能更好地揭示其耦合协调的演变规律以及未来优化路径。

表7.4 6种不同的发展情景设定

6种情景	情景设定
水资源可用性	不添加任何人为因素的影响,按照子系统中各个影响因子自身的规律自然发展
经济持续性	在基准情景的基础上,城市发展优先考虑经济高速增长,同时调整产业结构,实现经济高质量发展
社会包容性	社会公平与保障系统(如就业、养老保险、接受医疗服务)、基础设施完备,人们的生活质量大幅提升
环境友好性	以生态优先、绿色发展为引领,严格控制废污水排放量,降低化学需氧量、氨氮排放量,扩大城市绿化工程
科技创新性	通过科技创新,重点开展综合节水、非常规水资源的开发利用、江河湖泊等水环境治理技术的研究,促进科技成果的转化与应用
综合协调发展性	统筹水资源与经济发展、社会包容、环境保护、科技创新的协同发展

水资源禀赋由于受气候、海陆位置等多种自然因素的制约与影响,其本身具有不确定性与难以预测性,因此,本研究在情景设定中对水资源子系统的参数不作人为改变,将水资源可用性情景作为基准情景,即在水资源约束条件下,来探究四类代表性城市在不同阶段水资源包容性可持续力耦合协调演化路径。

水资源可用性情景假定:不添加任何人为因素的影响,按照子系统中各个影响因子自身的规律自然发展,可利用现有的历史数据与时间序列方法预测得到。

经济持续性情景假定:在基准情景的基础上,城市发展优先考虑经济高速增长、同时调整产业结构,实现经济高质量发展。具体表现为人均GDP明显提升,产业结构更趋合理。

社会包容性情景假定:社会公平与保障系统(如就业、养老保险、接受医疗服务)、基础设施完备,人们的生活质量大幅提升。具体表现为城镇职工基本养老保险参保率、万人拥有排水管道长度,以及互联网宽带接入用户比率等显著提高。

环境友好性情景假定:优先考虑生态环境保护,以生态优先、绿色发展为引领,严格控制工业废水、生活废污水排放量,提高污水集中处理率、生活垃圾处理率,降低化学需氧量、氨氮排放量,扩大城市绿化工程,提高建成区绿化覆盖率。

科技创新性情景假定:加大水资源高效开发利用技术研发投入,通过科技创新,重点开展综合节水、非常规水资源的开发利用、江河湖泊等水环境治理技术的研究,促进科技成果的转化与应用,挖掘水资源禀赋潜力。

综合协调发展性情景假定:将资源禀赋、高质量发展、环境友好、以人为本和科技发展五大理念融入城市水资源可持续发展中,统筹水资源与经济发展、社会包容、环境保护、科技创新的协同发展。

在后文的情景模拟中,对水资源、经济、社会、环境、科技 5 个子系统,本研究将分别针对每个子系统中每个关键影响因子进行预测。

7.3.2 模拟参数选择与预测

1. 模拟参数选择

在情景模拟分析之前,首先需要筛选能够代表各个子系统的关键影响因子,一来避免高维数据所致的层次结构烦琐,二来提高预测精度。根据第 4 章所构建的城市水资源包容性可持续力 ASFII 基本框架与评价指标体系,水资源包容性可持续力系统共有 5 个子系统、14 个要素、36 个指标,本着科学性、全面性、代表性原则,在每个子系统中的各个要素层中分别筛选出 1 个指标作为关键影响因子。

由于障碍因子对系统的耦合协调水平影响较大,权重值能反映因子对系统整体贡献的相对重要程度,本研究将从障碍因子和权重值两方面考虑,以障碍因子为主,按照以下标准进行筛选:优先考虑障碍诊断中前 1/3 主要障碍因子($W1,W5,W7,W8,Ec1,Ec3,Ec4,S5,S10,En7,T1,T4$),在每个要素层中,如包含两个及以上的障碍因子,优先选择权重大的障碍因子,如无障碍因子,则选择权重最大的指标作为关键影响因子。

根据上述标准,筛选出 14 个关键影响因子($W5,W7,W8,Ec1,Ec4,S4,S5,S10,En1,En7,En10,T1,T3,T4$)。分别是:在水资源系统中,以降雨深($W5$)代表水资源量与产水能力,以水足迹强度($W7$)代表用水量,水资源开发利用率($W8$)代表水资源开发利用水平;在经济系统中,以人均 GDP($Ec1$)代表经济实力,以第三产业产值占 GDP 的比重($Ec4$)代表产业结构;在社会系统中,以城镇职工基本养老保险参保率($S4$)代表公平与保障,以万人拥有排水管道长度代表基础设施($S5$),以互联网宽带接入用户比率代表生活质量($S10$);在环境系统中,以万元 GDP 工业废水排放量($En1$)代表环境压力,以人均绿地面积($En7$)代表环境状态,以建成区绿化覆盖率($En10$)代表环境响应。在科技系统中,以万人在校大学生数($T1$)代表人才,以科学技术支出占 GDP 的比重($T3$)代表投入,以万人拥有专利授权数($T4$)代表成果,具体如表 7.5 所示。

根据 38 个城市 11 年间的 14 个关键影响因子的数据,运用熵值法得到关键影响因子的权重(表 7.5)。基于筛选后的关键影响因子指标体系,利用耦合协调度模型,分别计算出 38 个城市 2008—2018 年的耦合协调度水平,如表 7.6 所示。与筛选前相比,相应城市筛选后的耦合协调度虽有一定程度的变化,但并不影响其相对发展趋势。鉴于本章侧重探究长江经济带城市水资源包容性可持续力耦合协调演化路径,关注的是其相对发展趋势与路径寻优,对比筛选前后耦合协调度可以发现,根据关键影响因子筛选前后得到的 38 个城市 11 年间的耦合协调度,其相对发展趋势是基本一致的(图 7.8)。由此可见,利用筛选后的关键影响因子构建的体系进行演化路径分析是可行的,为后续情景模拟及参数预测提供了依据。

表 7.5 城市水资源包容性可持续力评价指标体系（关键因子筛选）

目标	子系统	要素	指标	权重	按权重筛选	按障碍度筛选	关键影响因子	关键影响因子权重
城市水资源包容性可持续力 UWIS	水资源系统 W	水资源量产水能力	W1 人均水资源总量	0.024 1	W1			
			W2 每平方千米地表水资源含量	0.013 4				
			W3 每平方千米地下水资源含量	0.017 1				
			W4 产水模数	0.010 4				
			W5 降雨深	0.047 7	W5	W5		0.078 1
		用水量	W6 人均水足迹	0.035 2				
			W7 水足迹强度	0.077 4	W7	W7		0.126 7
		开发利用率	W8 水资源开发利用率	0.112 7	W8	W8		0.184 4
	经济系统 Ec	经济实力	Ec1 人均 GDP	0.068 1	Ec1	Ec1		0.111 5
			Ec2 GDP 年增长率	0.026 7				
		产业结构	Ec3 第二产业产值占 GDP 的比重	0.041 0		Ec3		
			Ec4 第三产业产值占 GDP 的比重	0.053 8	Ec4	Ec4		0.088 1
	社会系统 S	公平与保障	S1 人口密度	0.017 2				
			S2 城镇登记失业人员率	0.005 8				
			S3 万人拥有医院卫生床位数	0.017 1				
			S4 城镇职工基本养老保险参保率	0.022 6	S4		S4	0.036 9
		基础设施	S5 万人拥有排水管道长度	0.035 6	S5		S5	0.058 3
			S6 万人拥有公共车辆数	0.027 0				
		生活质量	S7 用水普及率	0.004 3				
			S8 城镇居民人均消费性支出	0.019 8				
			S9 城乡居民人均可支配收入比	0.007 8				
			S10 互联网宽带接入用户比率	0.030 7		S10	S10	0.050 3
	环境系统 En	压力	En1 万元 GDP 工业废水排放量	0.029 2	En1		En1	0.047 8
			En2 化学需氧量排放压力	0.020 6				
			En3 氨氮排放压力	0.010 8				
		状态	En4 全年期河流水质优于Ⅲ类水的比例	0.018 6				
			En5 湖泊及水库水质优于Ⅲ类水的比例	0.008 2				
			En6 重点水功能区达标率	0.010 6				
			En7 人均绿地面积	0.023 2		En7	En7	0.038 0
		响应	En8 污水处理厂集中处理率	0.020 4				
			En9 生活垃圾无害化处理率	0.016 8				
			En10 建成区绿化覆盖率	0.023 4	En10		En10	0.038 2

续表 7.5

目标	子系统	要素	指标	权重	按权重筛选	按障碍度筛选	关键影响因子	关键影响因子权重
城市水资源包容性可持续力 UWIS	科技系统 T	人才	T1 万人在校大学生数	0.034 2		T1	T1	0.056 0
		投入	T2 教育支出占 GDP 的比重	0.016 0				
			T3 科学技术支出占 GDP 的比重	0.018 2	T3		T3	0.029 7
		成果	T4 万人拥有专利授权数	0.034 2		T4	T4	0.056 0

表 7.6 38 个城市 11 年的耦合协调度(按 14 个因子计算)

城市	2008 年	2009 年	2010 年	2011 年	2012 年	2013 年	2014 年	2015 年	2016 年	2017 年	2018 年
上海	0.730 8	0.754 5	0.758 5	0.757 8	0.742 1	0.733 4	0.740 0	0.720 4	0.749 7	0.741 1	0.770 1
南京	0.688 0	0.662 3	0.663 6	0.676 5	0.668 8	0.712 3	0.707 8	0.687 0	0.722 8	0.710 0	0.720 7
无锡	0.676 1	0.654 1	0.690 7	0.684 7	0.678 5	0.716 9	0.726 0	0.690 4	0.739 4	0.712 2	0.715 1
常州	0.563 1	0.539 5	0.552 3	0.579 8	0.564 2	0.618 6	0.634 3	0.593 4	0.665 8	0.638 1	0.646 6
苏州	0.679 6	0.668 6	0.673 4	0.670 2	0.663 4	0.679 0	0.678 3	0.653 0	0.709 4	0.698 4	0.698 1
南通	0.503 9	0.451 1	0.485 3	0.495 2	0.465 9	0.523 5	0.521 1	0.499 2	0.566 3	0.548 1	0.557 0
扬州	0.500 7	0.472 5	0.502 3	0.499 5	0.471 5	0.516 0	0.524 3	0.496 5	0.559 2	0.540 2	0.564 5
镇江	0.601 8	0.561 1	0.582 2	0.576 4	0.565 5	0.609 1	0.642 9	0.587 5	0.671 8	0.646 6	0.646 1
泰州	0.479 2	0.438 1	0.460 1	0.467 8	0.441 6	0.526 5	0.523 4	0.441 2	0.541 5	0.518 4	0.532 9
杭州	0.565 5	0.590 6	0.591 6	0.576 7	0.620 0	0.602 3	0.604 3	0.637 5	0.650 5	0.644 9	0.652 0
宁波	0.646 0	0.634 7	0.652 2	0.613 3	0.630 5	0.643 0	0.642 9	0.641 4	0.654 7	0.635 3	0.634 1
嘉兴	0.592 1	0.599 0	0.602 7	0.562 6	0.563 4	0.626 1	0.587 7	0.596 7	0.609 3	0.599 9	0.595 5
湖州	0.545 4	0.548 3	0.565 5	0.533 7	0.534 4	0.559 0	0.570 2	0.591 5	0.618 7	0.607 7	0.606 3
绍兴	0.582 9	0.589 7	0.575 2	0.560 8	0.558 5	0.554 0	0.577 2	0.591 3	0.598 5	0.584 2	0.584 0
舟山	0.638 2	0.653 0	0.662 5	0.597 1	0.644 3	0.681 5	0.717 4	0.731 5	0.705 2	0.703 9	0.740 4
合肥	0.566 9	0.563 8	0.579 9	0.550 7	0.550 9	0.576 9	0.587 8	0.574 9	0.602 1	0.536 4	0.599 5
芜湖	0.558 1	0.512 6	0.537 2	0.507 6	0.492 7	0.505 0	0.552 0	0.519 9	0.586 7	0.568 2	0.569 0
马鞍山	0.624 0	0.521 5	0.556 9	0.503 3	0.479 3	0.520 6	0.531 7	0.512 2	0.573 9	0.539 3	0.540 7
铜陵	0.603 2	0.522 8	0.548 2	0.573 2	0.589 0	0.696 3	0.738 5	0.579 4	0.587 3	0.572 9	0.538 9
安庆	0.369 2	0.335 0	0.350 0	0.364 8	0.352 1	0.383 0	0.383 1	0.365 7	0.414 6	0.425 6	0.402 6

续表 7.6

城市	2008 年	2009 年	2010 年	2011 年	2012 年	2013 年	2014 年	2015 年	2016 年	2017 年	2018 年
池州	0.379 2	0.355 0	0.380 9	0.397 2	0.353 4	0.387 1	0.386 0	0.371 2	0.430 4	0.395 8	0.430 8
南昌	0.537 2	0.496 7	0.499 0	0.486 6	0.482 3	0.507 5	0.546 4	0.501 5	0.555 8	0.568 1	0.581 2
九江	0.409 3	0.393 1	0.397 9	0.389 8	0.397 9	0.460 2	0.425 9	0.408 3	0.430 8	0.436 1	0.433 6
武汉	0.612 8	0.600 8	0.595 1	0.621 5	0.604 8	0.618 1	0.652 0	0.636 1	0.666 0	0.618 9	0.649 0
黄石	0.402 8	0.383 4	0.410 2	0.420 3	0.400 4	0.455 5	0.457 6	0.413 3	0.495 5	0.454 9	0.445 4
宜昌	0.409 5	0.408 0	0.404 2	0.416 6	0.392 5	0.438 5	0.431 8	0.449 3	0.468 4	0.457 9	0.472 4
鄂州	0.448 3	0.365 8	0.379 5	0.374 3	0.371 2	0.503 6	0.459 5	0.385 2	0.549 5	0.492 4	0.512 9
荆州	0.292 7	0.231 7	0.224 4	0.226 4	0.196 0	0.263 3	0.263 1	0.236 2	0.303 2	0.296 7	0.278 1
黄冈	0.348 4	0.341 3	0.337 1	0.270 5	0.267 7	0.297 0	0.308 9	0.293 5	0.338 8	0.344 4	0.322 4
咸宁	0.326 5	0.291 9	0.354 0	0.359 7	0.347 0	0.365 8	0.358 2	0.343 6	0.389 2	0.380 9	0.377 7
长沙	0.538 4	0.529 4	0.532 6	0.568 1	0.506 8	0.515 9	0.543 2	0.529 8	0.563 7	0.541 3	0.594 9
岳阳	0.375 9	0.361 5	0.353 3	0.419 5	0.342 2	0.361 4	0.404 1	0.350 5	0.391 0	0.373 3	0.409 1
常德	0.319 4	0.285 0	0.280 2	0.388 5	0.269 7	0.316 4	0.290 4	0.322 9	0.311 5	0.357 3	0.414 2
重庆	0.421 2	0.405 9	0.444 7	0.458 6	0.411 4	0.437 0	0.430 3	0.440 5	0.459 3	0.449 1	0.449 8
成都	0.542 8	0.514 7	0.564 5	0.544 5	0.533 5	0.553 5	0.557 9	0.569 3	0.597 4	0.587 2	0.580 9
攀枝花	0.473 9	0.427 8	0.455 3	0.402 5	0.434 1	0.487 4	0.486 8	0.409 2	0.433 7	0.485 7	0.425 5
泸州	0.301 5	0.294 3	0.285 2	0.246 0	0.276 5	0.361 9	0.338 3	0.384 2	0.409 4	0.367 2	0.339 6
宜宾	0.292 1	0.271 0	0.271 7	0.267 9	0.274 5	0.307 5	0.333 9	0.282 9	0.303 6	0.318 9	0.268 1

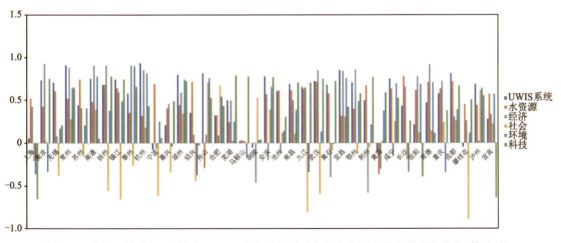

图 7.8 长江经济带 38 个城市 UWIS 系统及各子系统耦合协调度秩相关系数变化(筛选后)

2. 模拟参数预测

如前所述,以水资源可用性情景作为基准情景,在水资源约束条件下,本研究侧重考虑经济、社会、环境、科技 4 个子系统 11 个关键影响因子的情景模拟参数预测,水资源子系统的 3 个关键影响因子,将增长率统一取值为其趋势值,即基准情景下的趋势预测值,用"&"表示。经济、社会、环境、科技 4 个子系统中的 11 个关键影响因子增长率取值设置,根据水资源可用性情景、经济持续性情景、社会包容性情景、环境友好性情景、科技创新性情景、综合协调发展性情景这 6 种情景,设定相应因子的变化参数。其中,水资源可用性情景下的关键影响因子增长率取值均为基准情景下的趋势预测值"&",其余 5 个情景以这些关键影响因子 11 年间对应的增长率极值作为变化参数值,如样本期中增长率最大值、最小值和平均值,分别用"+""—""*"表示,各城市关键影响因子增长率极值如表 7.7 所示。

具体的参数设置还需考虑城市自身关键影响因子在水资源可用性情景下的未来发展趋势,在预测的基础上,人为设定合理的增长值,整体略高于水资源可用性情景下的增长率,考虑第四类城市数量较多,主要分属区域性中心城市与一般城市,故在第四类中选择了宜宾(代表区域性中心城市)、荆州(代表一般城市)2 个城市,在 4 类城市中分别以代表性城市上海、南昌、南通、宜宾、荆州为例(见 7.4 节),6 种发展情景模式下的关键影响因子增长率取值分别如表 7.8~表 7.12 所示。

表 7.7　38 个城市关键影响因子增长率极值

城市	极值	$Ec1$	$Ec4$	$S4$	$S5$	$S10$	$En1$	$En7$	$En10$	$T1$	$T3$	$T4$
上海	最大	0.767	0.106	0.483	1.512	0.951	0.088	2.400	0.057	0.685	0.630	0.410
	最小	−0.355	−0.035	−0.303	−0.036	−0.184	−0.304	−0.018	−0.110	−0.411	−0.178	−0.053
	平均	0.092	0.027	0.083	0.158	0.157	−0.113	0.248	−0.002	0.098	0.057	0.146
南京	最大	0.408	0.039	0.326	0.123	0.665	8.035	0.042	0.013	2.864	0.299	0.489
	最小	−0.137	0.011	−0.150	0.025	−0.175	−0.935	−0.101	−0.044	−0.685	−0.055	0.013
	平均	0.105	0.020	0.054	0.054	0.162	0.573	−0.005	−0.002	0.191	0.102	0.244
无锡	最大	0.457	0.052	0.316	0.376	0.639	−0.017	0.048	0.004	0.314	0.604	1.817
	最小	−0.261	−0.007	−0.229	−0.008	−0.077	−0.366	−0.009	−0.009	−0.217	−0.042	−0.304
	平均	0.077	0.023	0.036	0.079	0.137	−0.149	0.011	0.000	−0.003	0.102	0.326
常州	最大	0.401	0.063	2.969	0.180	0.559	0.013	0.082	0.013	0.370	0.363	0.901
	最小	−0.124	−0.002	−0.210	−0.095	−0.049	−0.564	−0.020	−0.002	−0.180	−0.127	−0.183
	平均	0.100	0.031	0.473	0.043	0.156	−0.172	0.031	0.002	0.008	0.049	0.285

续表 7.7

城市	极值	$Ec1$	$Ec4$	$S4$	$S5$	$S10$	$En1$	$En7$	$En10$	$T1$	$T3$	$T4$
苏州	最大	0.745	0.084	0.236	1.007	0.455	−0.041	0.104	0.015	0.281	0.293	1.121
	最小	−0.347	−0.008	0.001	−0.463	−0.062	−0.250	−0.015	−0.017	−0.166	−0.061	−0.337
	平均	0.082	0.034	0.072	0.087	0.140	−0.128	0.019	−0.002	0.022	0.096	0.205
南通	最大	0.260	0.077	0.997	0.871	0.667	0.059	0.222	0.017	1.500	0.273	1.626
	最小	0.051	0.005	−0.428	−0.443	0.006	−0.275	−0.500	−0.034	−0.572	−0.145	−0.440
	平均	0.135	0.033	0.140	0.122	0.214	−0.126	0.056	0.005	0.102	0.090	0.356
扬州	最大	0.232	0.045	0.405	0.328	0.671	0.006	0.117	0.023	1.012	0.380	0.611
	最小	0.074	0.017	0.004	−0.360	−0.158	−0.276	−0.009	−0.018	−0.523	−0.159	−0.049
	平均	0.136	0.029	0.099	0.036	0.184	−0.136	0.039	0.001	0.054	0.052	0.294
镇江	最大	0.287	0.081	0.361	0.169	0.636	0.174	0.071	0.009	0.186	0.291	0.609
	最小	−0.046	−0.011	−0.238	−0.124	−0.029	−0.330	0.018	−0.005	−0.140	−0.103	−0.022
	平均	0.096	0.028	0.054	0.049	0.160	−0.136	0.038	0.002	0.003	0.097	0.211
泰州	最大	0.330	0.070	3.407	2.330	0.709	−0.014	0.203	0.018	1.192	0.339	0.829
	最小	0.014	−0.009	−0.668	−0.664	−0.071	−0.405	−0.291	−0.008	−0.538	−0.115	−0.204
	平均	0.150	0.032	0.279	0.169	0.193	−0.219	0.042	0.007	0.112	0.051	0.302
杭州	最大	0.327	0.066	110.02	0.449	0.484	−0.006	0.812	0.034	1.029	0.472	1.660
	最小	−0.120	−0.013	−0.990	−0.107	−0.186	−0.495	−0.073	−0.002	−0.501	−0.102	−0.201
	平均	0.077	0.033	10.955	0.070	0.143	−0.187	0.113	0.005	0.068	0.095	0.246
宁波	最大	0.425	0.049	72.293	0.176	0.377	−0.059	0.131	0.056	1.635	0.266	1.604
	最小	−0.200	−0.025	−0.985	−0.191	−0.431	−0.212	−0.011	−0.001	−0.597	−0.117	−0.263
	平均	0.078	0.013	7.168	0.005	0.067	−0.106	0.035	0.012	0.109	0.068	0.235
嘉兴	最大	0.428	0.058	62.989	1.107	0.212	1.681	0.059	0.026	3.283	0.197	1.917
	最小	−0.193	−0.009	−0.982	−0.123	0.000	−0.651	0.000	−0.151	−0.673	−0.118	−0.005
	平均	0.101	0.025	6.181	0.116	0.130	0.033	0.034	−0.007	0.375	0.058	0.292
湖州	最大	0.200	0.065	75.218	0.319	0.617	−0.058	0.122	0.120	1.675	0.542	1.853
	最小	−0.031	0.008	−0.982	−0.174	0.000	−0.194	0.000	−0.041	−0.618	−0.077	−0.178
	平均	0.087	0.034	7.484	0.055	0.215	−0.114	0.058	0.005	0.202	0.089	0.304

续表 7.7

城市	极值	$Ec1$	$Ec4$	$S4$	$S5$	$S10$	$En1$	$En7$	$En10$	$T1$	$T3$	$T4$
绍兴	最大	0.189	0.072	53.60	0.272	0.395	−0.018	0.144	0.068	6.075	0.294	0.900
	最小	−0.040	0.011	−0.978	−0.327	0.000	−0.175	−0.483	−0.064	−0.849	−0.057	−0.237
	平均	0.080	0.033	5.334	0.043	0.156	−0.096	−0.008	−0.003	0.682	0.081	0.161
舟山	最大	0.204	0.139	63.986	0.103	2.604	4.828	5.980	0.053	0.369	1.723	0.770
	最小	−0.075	−0.001	−0.982	0.016	−0.681	−0.831	−0.001	−0.032	−0.282	−0.060	−0.354
	平均	0.086	0.027	6.414	0.053	0.312	0.285	0.609	0.004	0.012	0.203	0.305
合肥	最大	9.527	0.072	9.966	0.402	0.677	0.350	0.122	0.135	0.120	1.462	0.869
	最小	−0.884	−0.047	−0.119	−0.238	0.009	−0.311	−0.009	−0.076	−0.955	−0.387	−0.104
	平均	0.959	0.015	1.037	0.083	0.211	−0.079	0.046	0.022	−0.090	0.233	0.335
芜湖	最大	0.234	0.224	0.506	0.333	0.348	1.088	0.090	0.075	0.264	0.844	1.673
	最小	−0.108	−0.090	−0.299	−0.019	−0.135	−0.582	−0.066	−0.041	−0.375	−0.058	−0.118
	平均	0.109	0.029	0.083	0.091	0.159	−0.068	0.012	0.011	−0.023	0.176	0.272
马鞍山	最大	0.213	0.177	0.581	1.093	0.463	0.055	0.042	0.017	0.082	0.521	0.992
	最小	−0.174	−0.088	−0.368	−0.187	−0.251	−0.433	−0.197	−0.002	−0.387	−0.085	−0.256
	平均	0.057	0.043	0.062	0.121	0.140	−0.095	−0.001	0.004	−0.017	0.176	0.346
铜陵	最大	0.379	0.226	0.807	1.231	1.645	0.079	1.027	0.306	0.093	1.278	1.184
	最小	−0.410	−0.146	−0.497	−0.332	−0.500	−0.311	−0.348	−0.248	−0.561	−0.330	−0.673
	平均	0.077	0.027	0.075	0.223	0.242	−0.140	0.102	0.026	−0.023	0.172	0.210
安庆	最大	0.347	0.097	0.514	0.547	0.588	0.078	0.112	0.052	0.293	0.562	0.898
	最小	−0.109	−0.102	−0.273	−0.104	0.017	−0.466	0.018	−0.058	−0.071	−0.021	−0.331
	平均	0.132	0.005	0.103	0.119	0.249	−0.167	0.057	0.006	0.050	0.156	0.442
池州	最大	0.271	0.081	0.840	0.315	0.610	3.852	0.378	0.037	0.509	0.839	1.556
	最小	−0.032	−0.075	−0.163	−0.027	0.059	−0.901	−0.260	−0.099	−0.284	−0.324	−0.195
	平均	0.132	0.020	0.134	0.081	0.257	0.202	0.050	0.004	0.090	0.164	0.443
南昌	最大	0.211	0.069	0.910	2.315	0.403	0.061	2.425	0.240	4.222	0.866	0.570
	最小	0.029	−0.121	−0.269	−0.617	−0.109	−0.674	−0.745	−0.399	−0.783	−0.145	−0.045
	平均	0.103	0.019	0.154	0.239	0.127	−0.159	0.230	−0.030	0.355	0.172	0.313

续表 7.7

城市	极值	$Ec1$	$Ec4$	$S4$	$S5$	$S10$	$En1$	$En7$	$En10$	$T1$	$T3$	$T4$
九江	最大	0.255	0.085	0.461	0.156	1.339	1.857	85.778	0.199	2.613	1.041	0.923
	最小	0.059	−0.043	−0.199	−0.196	−0.390	−0.763	−0.992	−0.100	−0.708	−0.110	−0.011
	平均	0.143	0.026	0.050	0.041	0.239	0.050	8.521	0.007	0.195	0.212	0.426
武汉	最大	0.385	0.041	0.529	0.137	0.507	0.045	0.198	0.145	2.915	0.619	0.480
	最小	−0.110	−0.049	−0.305	−0.385	−0.133	−0.372	−0.345	−0.211	−0.742	−0.043	0.021
	平均	0.124	0.009	0.102	0.006	0.146	−0.182	0.012	0.010	0.230	0.166	0.199
黄石	最大	0.339	0.118	1.496	0.285	0.764	0.081	0.153	0.177	0.271	5.956	2.257
	最小	0.005	−0.138	−0.578	−0.259	−0.056	−0.358	−0.358	−0.169	−0.270	−0.322	−0.617
	平均	0.112	−0.008	0.154	0.076	0.209	−0.153	−0.039	−0.002	0.060	0.705	0.539
宜昌	最大	0.380	0.095	0.566	0.172	1.009	0.013	0.231	0.020	0.641	2.084	1.251
	最小	0.037	−0.091	−0.245	−0.004	−0.368	−0.702	−0.096	−0.024	−0.365	−0.694	−0.153
	平均	0.149	0.016	0.083	0.109	0.241	−0.144	0.087	0.002	0.049	0.228	0.381
鄂州	最大	0.232	0.092	0.977	0.383	1.806	0.654	0.129	0.311	1.217	2.395	3.012
	最小	0.063	−0.083	−0.428	−0.333	−0.401	−0.465	−0.287	−0.080	−0.441	−0.474	−0.703
	平均	0.137	0.028	0.115	0.082	0.301	−0.092	0.007	0.019	0.122	0.283	0.472
荆州	最大	0.342	0.065	0.161	0.216	2.141	0.827	0.330	0.099	0.041	1.485	2.827
	最小	−0.034	−0.059	−0.058	−0.004	−0.387	−0.563	−0.015	−0.069	−0.134	−0.058	−0.519
	平均	0.150	0.003	0.060	0.065	0.336	−0.118	0.058	0.001	−0.035	0.260	0.440
黄冈	最大	0.676	0.054	0.392	0.659	7.690	0.139	1.524	2.049	0.194	0.356	0.841
	最小	−0.076	−0.027	−0.373	−0.078	−0.847	−0.487	−0.388	−0.567	−0.121	−0.037	−0.165
	平均	0.187	0.018	−0.024	0.102	0.910	−0.180	0.117	0.143	0.025	0.124	0.318
咸宁	最大	0.338	0.048	0.821	0.561	2.261	−0.014	0.911	0.566	0.280	0.467	0.967
	最小	−0.059	−0.025	−0.160	−0.019	−0.745	−0.381	−0.285	−0.111	−0.242	−0.096	−0.282
	平均	0.147	0.009	0.100	0.102	0.480	−0.178	0.164	0.071	0.004	0.116	0.371
长沙	最大	0.237	0.840	0.138	0.894	0.814	1.143	0.244	0.243	4.112	2.221	0.537
	最小	−0.002	−0.378	−0.022	−0.536	−0.219	−0.678	−0.136	−0.077	−0.799	−0.723	−0.007
	平均	0.119	0.060	0.075	0.120	0.189	−0.050	0.031	0.017	0.354	0.293	0.223

续表 7.7

城市	极值	$Ec1$	$Ec4$	$S4$	$S5$	$S10$	$En1$	$En7$	$En10$	$T1$	$T3$	$T4$
岳阳	最大	0.232	0.556	3.559	0.381	1.515	0.441	0.329	0.197	6.977	4.157	0.820
	最小	0.032	−0.243	−0.778	−0.033	−0.308	−0.637	−0.194	−0.030	−0.843	−0.778	−0.257
	平均	0.108	0.062	0.360	0.095	0.288	−0.136	0.034	0.024	0.594	0.620	0.291
常德	最大	0.192	0.372	3.395	2.363	5.030	1.768	1.802	0.044	1.677	9.852	1.538
	最小	0.050	−0.149	−0.740	−0.302	−0.835	−0.719	−0.530	−0.027	−0.587	−0.904	−0.165
	平均	0.118	0.055	0.310	0.275	0.718	−0.038	0.145	0.005	0.162	1.160	0.288
重庆	最大	0.272	0.126	0.650	0.452	5.005	0.027	0.346	0.068	0.748	0.514	0.599
	最小	−0.031	−0.075	−0.046	−0.315	−0.749	−0.433	−0.549	−0.383	−0.259	−0.324	−0.188
	平均	0.143	0.026	0.144	0.088	0.590	−0.209	−0.022	−0.043	0.075	0.033	0.272
成都	最大	0.378	0.066	0.460	0.275	0.619	0.060	1.177	0.609	0.603	9.816	0.570
	最小	−0.087	−0.016	−0.250	−0.066	−0.025	−0.585	−0.530	−0.373	−0.357	−0.901	−0.191
	平均	0.127	0.015	0.104	0.054	0.175	−0.188	0.098	0.034	0.034	0.974	0.192
攀枝花	最大	1.081	0.211	0.581	0.261	0.620	1.389	0.654	0.129	0.971	0.845	1.533
	最小	−0.413	−0.096	−0.459	−0.857	−0.144	−0.433	−0.374	−0.091	−0.318	−0.371	−0.123
	平均	0.147	0.048	0.034	−0.058	0.189	0.123	0.071	0.004	0.075	0.016	0.277
泸州	最大	1.532	0.219	0.695	0.632	0.390	0.653	2.897	0.032	2.997	1.452	0.899
	最小	−0.550	−0.095	−0.225	−0.250	−0.104	−0.555	−0.585	−0.008	−0.731	−0.328	0.027
	平均	0.218	0.022	0.126	0.113	0.222	−0.120	0.304	0.008	0.252	0.198	0.344
宜宾	最大	0.324	0.201	2.307	3.245	0.617	1.757	6.015	0.203	5.733	2.935	1.018
	最小	−0.124	−0.076	−0.686	−0.498	0.047	−0.750	−0.828	−0.129	−0.847	−0.741	−0.259
	平均	0.126	0.044	0.241	0.244	0.232	0.001	0.513	0.019	0.514	0.209	0.202

注：$En1$ 为逆向指标，数值越小表示增长情况越好。

表 7.8 6 种情景模式下的关键影响因子增长率取值（上海）

子系统	指标名称	水资源可用性	经济持续性	社会包容性	环境友好性	科技创新性	综合协调发展性
水资源	W5 降雨深	&	&	&	&	&	&
	W7 水足迹强度	&	&	&	&	&	&
	W8 水资源开发利用率	&	&	&	&	&	&

续表 7.8

子系统	指标名称	水资源可用性	经济持续性	社会包容性	环境友好性	科技创新性	综合协调发展性
经济	$Ec1$ 人均 GDP	&	*	&	&	&	*
经济	$Ec4$ 第三产业产值占 GDP 的比重	&	*	&	&	&	*
社会	$S4$ 城镇职工基本养老保险参保率	&	&	0	&	&	0
社会	$S5$ 万人拥有排水管道长度	&	&	*	&	&	*
社会	$S10$ 互联网宽带接入用户比率	&	&	0.04	&	&	0.04
环境	$En1$ 万元 GDP 工业废水排放量	&	&	&	−0.3	&	−0.3
环境	$En7$ 人均绿地面积	&	&	&	*	&	*
环境	$En10$ 建成区绿化覆盖率	&	&	&	+	&	+
科技	$T1$ 万人在校大学生数	&	&	&	&	*	*
科技	$T3$ 科学技术支出占 GDP 的比重	&	&	&	&	*	*
科技	$T4$ 万人拥有专利授权数	&	&	&	&	*	*

注:"&"表示水资源可用性情景下的趋势值,"+""−""*"分别表示样本期中增长率最大值、最小值、平均值。

表 7.9 6 种情景模式下的关键影响因子增长率取值(南昌)

子系统	指标名称	水资源可用性	经济持续性	社会包容性	环境友好性	科技创新性	综合协调发展性
水资源	$W5$ 降雨深	&	&	&	&	&	&
水资源	$W7$ 水足迹强度	&	&	&	&	&	&
水资源	$W8$ 水资源开发利用率	&	&	&	&	&	&
经济	$Ec1$ 人均 GDP	&	*	&	&	&	*
经济	$Ec4$ 第三产业产值占 GDP 的比重	&	*	&	&	&	*
社会	$S4$ 城镇职工基本养老保险参保率	&	&	0.08	&	&	0.08
社会	$S5$ 万人拥有排水管道长度	&	&	*	&	&	*
社会	$S10$ 互联网宽带接入用户比率	&	&	0.06	&	&	0.06
环境	$En1$ 万元 GDP 工业废水排放量	&	&	&	−0.2	&	−0.2
环境	$En7$ 人均绿地面积	&	&	&	*	&	*
环境	$En10$ 建成区绿化覆盖率	&	&	&	0.05	&	0.05
科技	$T1$ 万人在校大学生数	&	&	&	&	0.08	0.08
科技	$T3$ 科学技术支出占 GDP 的比重	&	&	&	&	*	*
科技	$T4$ 万人拥有专利授权数	&	&	&	&	*	*

注:"&"表示水资源可用性情景下的趋势值,"+""−""*"分别表示样本期中增长率最大值、最小值、平均值。

表 7.10　6 种情景模式下的关键影响因子增长率取值(南通)

子系统	指标名称	水资源可用性	经济持续性	社会包容性	环境友好性	科技创新性	综合协调发展性
水资源	W5 降雨深	&	&	&	&	&	&
	W7 水足迹强度	&	&	&	&	&	&
	W8 水资源开发利用率	&	&	&	&	&	&
经济	Ec1 人均 GDP	&	0.1	&	&	&	0.1
	Ec4 第三产业产值占 GDP 的比重	&	—	&	&	&	—
社会	S4 城镇职工基本养老保险参保率	&	&	0.1	&	&	0.1
	S5 万人拥有排水管道长度	&	&	＊	&	&	＊
	S10 互联网宽带接入用户比率	&	&	0.08	&	&	0.08
环境	En1 万元 GDP 工业废水排放量	&	&	&	−0.2	&	−0.2
	En7 人均绿地面积	&	&	&	＋	&	＋
	En10 建成区绿化覆盖率	&	&	&	＋	&	＋
科技	T1 万人在校大学生数	&	&	&	&	＊	＊
	T3 科学技术支出占 GDP 的比重	&	&	&	&	＊	＊
	T4 万人拥有专利授权数	&	&	&	&	0.3	0.3

注:"&"表示水资源可用性情景下的趋势值,"＋""−""＊"分别表示样本期中增长率最大值、最小值、平均值。

表 7.11　6 种情景模式下的关键影响因子增长率取值(宜宾)

子系统	指标名称	水资源可用性	经济持续性	社会包容性	环境友好性	科技创新性	综合协调发展性
水资源	W5 降雨深	&	&	&	&	&	&
	W7 水足迹强度	&	&	&	&	&	&
	W8 水资源开发利用率	&	&	&	&	&	&
经济	Ec1 人均 GDP	&	＊	&	&	&	＊
	Ec4 第三产业产值占 GDP 的比重	&	＊	&	&	&	＊
社会	S4 城镇职工基本养老保险参保率	&	&	0.15	&	&	0.15
	S5 万人拥有排水管道长度	&	&	＊	&	&	＊
	S10 互联网宽带接入用户比率	&	&	0.13	&	&	0.13
环境	En1 万元 GDP 工业废水排放量	&	&	&	−0.2	&	−0.2
	En7 人均绿地面积	&	&	&	0.3	&	0.3
	En10 建成区绿化覆盖率	&	&	&	＊	&	＊

续表7.11

子系统	指标名称	水资源可用性	经济持续性	社会包容性	环境友好性	科技创新性	综合协调发展性
科技	T1 万人在校大学生数	&	&	&	&	0.1	0.1
	T3 科学技术支出占GDP的比重	&	&	&	&	*	*
	T4 万人拥有专利授权数	&	&	&	&	*	*

注:"&"表示水资源可用性情景下的趋势值,"＋""－""*"分别表示样本期中增长率最大值、最小值、平均值。

表7.12 6种情景模式下的关键影响因子增长率取值(荆州)

子系统	指标名称	水资源可用性	经济持续性	社会包容性	环境友好性	科技创新性	综合协调发展性
水资源	W5 降雨深	&	&	&	&	&	&
	W7 水足迹强度	&	&	&	&	&	&
	W8 水资源开发利用率	&	&	&	&	&	&
经济	Ec1 人均GDP	&	*	&	&	&	*
	Ec4 第三产业产值占GDP的比重	&	*	&	&	&	*
社会	S4 城镇职工基本养老保险参保率	&	&	*	&	&	*
	S5 万人拥有排水管道长度	&	&	*	&	&	*
	S10 互联网宽带接入用户比率	&	&	0.13	&	&	0.13
环境	En1 万元GDP工业废水排放量	&	&	&	−0.2	&	−0.2
	En7 人均绿地面积	&	&	&	＋	&	＋
	En10 建成区绿化覆盖率	&	&	&	0.02	&	0.02
科技	T1 万人在校大学生数	&	&	&	&	＋	＋
	T3 科学技术支出占GDP的比重	&	&	&	&	0.1	0.1
	T4 万人拥有专利授权数	&	&	&	&	0.2	0.2

注:"&"表示水资源可用性情景下的趋势值,"＋""－""*"分别表示样本期中增长率最大值、最小值、平均值。

基于前文的讨论,分线性和非线性进行预测,对呈线性趋势的关键影响因子,采用线性回归方程;对呈非线性趋势的关键影响因子,采用趋势线预测,用2008—2018年样本数据模拟预测2019—2030年间的数据,筛选出拟合效果最好的模型,得到拟合及预测数据;拟合效果不理想的,则通过BP神经网络进行预测。

对于需要采用BP神经网络进行预测的关键因子,本研究利用MATLAB建立BP网络模型对相应因子的未来趋势值进行预测。为消除各个因子间的量纲影响,可能引起网络学习效果不理想的情形,首先对数据进行初始的归一化处理;然后通过构建相应的BP神经网络进行预测。每个非线性影响因子有2008—2018年11年间的时间序列数据,针对某一因子,本研究拟将连续3年的数据作为BP神经网络的输入,下一年的数据作为输出,即输入层包含3个神经元,输出层包含 1 个神经元,根据前人经验及实际数据情况,中间隐含层设置 9 个神经元。隐含层转移函数采用 tansig,输出层采用 purelin,训练函数采用 trainlm,两次显示之间的训练步数为 50,最大训练次数为 5000 次,训练目标精度为 1e-6。BP 网络模型构建好后,进行样本数据的学习,实现数据间的映射。具体来讲,用 2008—2011 年 4 年的历史数据映射并预测 2012 年的数据,2009—2012 年数据映射并预测 2013 年的数据,以此类推。因为初始权值是随机赋值,所以每次的收敛步数和误差可能会不同,这里采用 100 次预测的结果进行平均,作为最终的预测结果。通过观察 2012—2018 年的预测数据与实际数据的误差值,反复调整模型至误差值足够小时,得到最终模型。接下来,用确定好的网络模型预测未来 2019—2030 年相应因子的数据,MATLAB 程序主体部分如下:

```
clear all
clc
XX= [0.3850   0.3859   0.3910   0.3940    % 上海数据
     0.1082   0.1213   0.1273   0.1305
     0.4508   0.4083   0.4600   0.4839    % 南昌数据
     0.4115   0.5101   0.4268   0.4480
     0.1915   0.2813   0.2845   0.2993    % 南通数据
     0.3385   0.3173   0.2488   0.3221
     0.2750   0.3109   0.3733   0.3805    % 宜宾数据
     0.3834   0.3818   0.3932   0.3930
     0.4602   0.4637   0.4792   0.5090
     0.6851   0.2992   0.2148   0.1241    % 荆州数据
     0.3640   0.3612   0.3603   0.3636];

s= input('\请输入想预测的年数:s= \n');
YCJG= rand(size(XX,1),s);

for i= 1:s
    P= XX(:,1:3)';
    T= XX(:,4)';
    PS= XX(:,2:4)';
    sumA= zeros(size(T));
    sumA1= zeros(size(T));
    for j= 1:100
        net= newff(minmax(P),[9,1],{'tansig','purelin'},'trainlm');
        net.trainParam.show= 50;
        net.trainParam.lr= 0.05;
        net.trainParam.mc= 0.7;
        net.trainParam.epochs= 5000;
        net.trainParam.goal= 1e-6;
```

```
        [net,tr]= train(net,P,T);
        A= sim(net,P);
        E= T-A;
        MSE= mse(E);
        sumA= sumA+ A;
        A1= sim(net,PS);
        sumA1= sumA1+A1;
    end
        A= sumA/100;
        A1= sumA1/100;
        YCJG(:,i)= A1';
        XX(:,1:3)= PS';
        XX(:,4)= A1';
    if i= = 1
        x= T;
        y= A1;
    end
end
figure(1)
plot(x,'- b* ');
hold on
plot(y,'- r+ ');
figure(2)
plot(A,'- b* ');
hold on
plot(T,'- r+ ');

YCJG
echo off
```

7.4 耦合协调情景模拟

针对7.2节基于SOM聚类分析划分出的4类城市,本研究从每一类中选取一个代表性城市作为研究的样本城市(其中第四类城市数量较多,选择2个城市)。样本城市的选择主要考虑了以下几点:一是城市的覆盖面,覆盖长江经济带长三角、长江中游、成渝三大城市群;二是城市综合竞争力分类,分属一级中心城市、二级中心城市、区域性中心城市和一般城市;三是耦合协调度等级,分属轻度、低度、中度、高度协调等不同的等级,最终确定上海(长三角城市群,一级中心城市,高度协调)、南昌(长江中游城市群,二级中心城市,中度协调)、南通(长三角城市群,区域性中心城市,低度协调)、宜宾(成渝城市群,区域性中心城市,轻度协调)、荆州(长江中游城市群,一般城市,轻度协调)这5个城市为样本城市,分别对其水资源包容性可持续力系统的未来趋势进行预测,分析6种情景模拟下的水资源包容性可持续力耦合协调路径,以期为同类城市耦合协调路径的选择提供参考。

7.4.1 上海耦合协调路径分析

首先,根据构建的预测模型对上海市各子系统及因子进行未来趋势预测。基于水资源约束的背景,水资源子系统的3个关键影响因子,按照自然增长的趋势变化,将增长率统一取值为其趋势值,即基准情景下的趋势预测值。依据2008—2018年"降雨深""水资源开发利用率""水足迹强度"3个因子历年数据的演变规律,采用趋势线预测中拟合效果好的移动平均、指数函数分别进行预测。

对于经济、社会、环境、科技这4个子系统中的11个因子,依据2008—2018年历年数据的演变规律,采用拟合效果好的预测方法分别进行预测,以绝对误差率最小进行方法选择。具体来讲,对于呈现线性趋势的数据,如"第三产业产值占GDP的比重"等,直接用线性回归预测方法;对于非线性趋势的数据,若相关函数趋势线明显,如"人均GDP""万人拥有排水管道长度""互联网宽带接入用户比率""万元GDP工业废水排放量""人均绿地面积""万人在校大学生数""万人拥有专利授权数",直接用函数表达式预测,若不明显,如"建成区绿化覆盖率"和"科学技术支出占GDP的比重",则统一用BP神经网络进行预测。其中,"城镇职工基本养老保险参保率"比较特殊,该数据呈稳步上升的趋势,且2016年后稳定为100%,这里默认2019年后的未来值均为100%,具体的预测方法如表7.13所示,每个因子选取拟合试验中最优的训练模型,得到最终的拟合及预测数据,如表7.14所示,这也是基准情景下的指标数据表。

表7.13 上海市关键影响因子预测方法

关键影响因子	预测方法
$W5$ 降雨深	趋势线预测
$W7$ 水足迹强度	趋势线预测
$W8$ 水资源开发利用率	趋势线预测
$Ec1$ 人均GDP	趋势线预测
$Ec4$ 第三产业产值占GDP的比重	线性回归预测
$S4$ 城镇职工基本养老保险参保率	默认为100%
$S5$ 万人拥有排水管道长度	趋势线预测
$S10$ 互联网宽带接入用户比率	趋势线预测
$En1$ 万元GDP工业废水排放量	趋势线预测
$En7$ 人均绿地面积	趋势线预测
$En10$ 建成区绿化覆盖率	BP神经网络预测
$T1$ 万人在校大学生数	趋势线预测

续表 7.13

关键影响因子	预测方法
T3 科学技术支出占 GDP 的比重	BP 神经网络预测
T4 万人拥有专利授权数	趋势线预测

注：1. W5、W8、S5、T1 趋势线预测中移动平均法，6 per., 4 per., 3 per., 6 per.

　　W7 趋势线预测中指数函数表达式及相关系数为 $y = 108.56 e^{-0.097x}$，$R^2 = 0.9806$

　　Ec1 趋势线预测中二次函数表达式及相关系数为 $y = 566.607 x^2 - 665.623 x + 74854.897$，$R^2 = 0.993$

　　Ec4 线性回归预测中函数表达式及相关系数为 $y = 1.6525 x + 53.038$，$R^2 = 0.9314$

　　S10 趋势线预测中乘幂函数表达式及相关系数为 $y = 22.415 x^{0.3612}$，$R^2 = 0.8042$

　　En1 趋势线预测中指数函数表达式及相关系数为 $y = 3.6714 e^{-0.114x}$，$R^2 = 0.8821$

　　En7 趋势线预测中三次函数表达式及相关系数为 $y = 0.040 x^3 - 0.778 x^2 + 5.038 x + 80.725$，$R^2 = 0.925$

　　T4 趋势线预测中乘幂函数表达式及相关系数为 $y = 18.277 x^{0.4261}$，$R^2 = 0.8833$

2. S4 中按照上海发展趋势默认未来值均为 100%。

表 7.14　上海市基准情景指标矩阵

年份	W5	W7	W8	Ec1	Ec4	S4	S5	S10	En1	En7	En10	T1	T3	T4
2008	0.195	96.2	104.18	731 24	53.66	59.42	7.03	18.44	3.22	25.92	40.62	266	0.878	17.7
2009	0.209	92.4	78.17	78 989	59.36	60.59	7.00	35.97	2.74	88.14	42.95	267	1.431	25.0
2010	0.185	82.9	91.45	76 074	57.28	63.62	7.27	36.79	2.14	89.83	44.00	224	1.177	34.3
2011	0.139	74.0	150.31	82 560	58.05	63.75	7.38	37.48	2.32	90.78	43.08	360	1.138	33.9
2012	0.201	64.2	91.36	85 373	60.45	92.61	7.17	43.78	2.36	91.70	43.16	355	1.216	36.0
2013	0.161	64.1	113.91	91 372	62.24	64.52	7.30	35.74	2.10	91.31	38.40	209	1.193	34.1
2014	0.212	53.7	67.27	97 370	64.82	95.67	7.71	46.81	1.86	91.95	38.40	352	1.113	35.2
2015	0.258	49.3	48.75	103 796	67.76	97.96	7.97	48.24	1.87	92.72	38.50	212	1.082	42.1
2016	0.247	42.9	52.50	116 562	69.78	100.00	7.78	43.98	1.30	91.07	38.59	213	1.213	44.4
2017	0.189	39.4	91.19	126 634	69.18	100.00	7.50	46.87	1.03	93.82	39.10	213	1.273	50.1
2018	0.200	40.8	78.94	134 982	69.90	100.00	18.84	59.97	0.89	95.56	39.40	355	1.305	63.4
2019	0.211	33.9	67.85	148 579	72.87	100.00	11.37	55.00	0.93	98.58	39.77	259	1.320	52.7
2020	0.219	30.8	74.21	162 088	74.52	100.00	12.57	56.61	0.83	103.01	40.22	267	1.351	54.5
2021	0.221	27.9	81.45	176 731	76.17	100.00	14.26	58.15	0.74	109.01	40.82	253	1.369	56.3
2022	0.214	25.3	78.20	192 507	77.83	100.00	12.73	59.61	0.66	116.83	41.59	260	1.384	57.9
2023	0.209	23.0	77.96	209 416	79.48	100.00	13.19	61.02	0.59	126.71	42.60	268	1.396	59.6
2024	0.212	20.9	79.20	227 459	81.13	100.00	13.39	62.37	0.53	138.89	43.96	277	1.406	61.1
2025	0.214	18.9	78.45	246 634	82.78	100.00	13.11	63.67	0.47	153.60	45.85	264	1.414	62.6
2026	0.215	17.2	78.54	266 943	84.44	100.00	13.23	64.93	0.42	171.10	48.45	265	1.421	64.1

续表 7.14

年份	W5	W7	W8	Ec1	Ec4	S4	S5	S10	En1	En7	En10	T1	T3	T4
2027	0.214	15.6	78.73	288 385	86.09	100.00	13.24	66.14	0.38	191.62	51.84	265	1.425	65.5
2028	0.213	14.2	78.57	310 961	87.74	100.00	13.19	67.32	0.34	215.40	55.41	266	1.425	66.9
2029	0.213	12.8	78.61	334 669	89.39	100.00	13.22	68.46	0.30	242.69	53.23	268	1.424	68.2
2030	0.214	11.7	78.64	359 511	91.05	100.00	13.22	69.57	0.27	273.72	52.82	267	1.423	69.5

根据基准情景下 2008—2018 年的拟合数据，通过耦合协调度模型求得其耦合协调度，记为 D 预测值。通过对比耦合协调度 D 的实际值与模拟的预测值，如表 7.15 所示，耦合协调度 D 的误差绝对值在 2% 以下，说明该预测模型具有较好的拟合效果。

表 7.15 上海市耦合协调度 D 的实际值、预测值及误差

年份	$D_{实际值}$	$D_{预测值}$	误差/%
2008	0.647 6	0.658 3	1.65
2009	0.687 0	0.691 1	0.60
2010	0.695 4	0.699 3	0.56
2011	0.725 4	0.734 8	1.30
2012	0.725 7	0.728 7	0.40
2013	0.708 6	0.716 1	1.06
2014	0.720 6	0.721 5	0.12
2015	0.724 9	0.725 1	0.02
2016	0.732 4	0.733 6	0.16
2017	0.754 1	0.757 6	0.47
2018	0.781 3	0.781 8	0.07

参照表 7.6 和前文设定的上海 6 种发展情景模式下的关键影响因子增长率取值（表 7.8），分别模拟上海水资源包容性可持续力在水资源可用性、经济持续性、社会包容性、环境友好性、科技创新性、综合协调发展性情景下的数据增长情况。其中，水资源可用性情景的数据增长采用趋势预测值，其他 5 种模式在水资源可用性基础上按照指定的增长率进行增长取值，得到 6 种发展情景模式下的时间序列数据矩阵，分别代入耦合协调度模型中，计算得到每种情景下 2019—2030 年上海水资源包容性可持续力系统的耦合协调度（表 7.16）。为了便于观测比较，根据优先级顺序，绘制出图 7.9。其中，1~5 代表不同发展情景下的耦合协调度相对高低，1 表示耦合协调状态相对最好，路径优先级最高，5 表示耦合协调状态相对较差，路径优先级最低。

表 7.16 2019—2030 年上海市 6 种发展情景模式下的耦合协调度

年份	水资源可用性	经济持续性	社会包容性	环境友好性	科技创新性	综合协调发展性
2019	0.766 1	0.759 4	0.757 6	0.758 7	0.706 1	0.687 5
2020	0.781 3	0.774 8	0.772 7	0.775 4	0.723 7	0.706 3
2021	0.795 1	0.788 9	0.786 4	0.790 7	0.741 0	0.724 6
2022	0.798 4	0.792 5	0.792 1	0.795 3	0.748 3	0.735 1
2023	0.805 7	0.800 2	0.800 6	0.803 7	0.759 3	0.748 2
2024	0.816 1	0.811 0	0.812 5	0.815 0	0.773 5	0.764 8
2025	0.824 2	0.819 6	0.822 8	0.823 7	0.786 4	0.780 5
2026	0.833 7	0.829 8	0.834 5	0.833 6	0.800 4	0.797 3
2027	0.843 3	0.840 2	0.846 6	0.843 4	0.814 8	0.814 9
2028	0.852 6	0.850 4	0.858 8	0.853 0	0.829 8	0.833 2
2029	0.859 5	0.858 8	0.868 8	0.863 3	0.841 5	0.853 0
2030	0.867 5	0.867 5	0.880 3	0.874 0	0.855 2	0.874 2

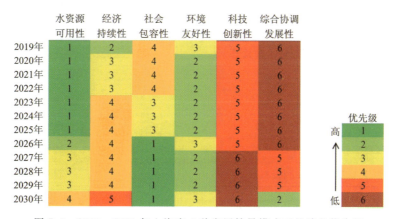

图 7.9 2019—2030 年上海市 6 种发展情景模式下的路径优先级

上海作为第一类城市的代表,属于直辖市(一级中心城市),是我国最具活力、开放程度较高、科教与创新能力强的城市,拥有丰富的发展资源,经济发展处于领先水平,生态环境保护力度大,科技创新成果显著,其水资源包容性可持续力处于中等偏上水平,本身处于高度耦合协调状态。由图 7.9 可以看到,在水资源可用性发展情景下,其耦合协调度预计在 2023 年达到优质协调水平。2019—2025 年,选择水资源可用性路径对上海市水资源包容性可持续力系统耦合协调发展比较有利,2026—2030 年应注重社会包容性发展,走社会包容性的最优发展路径。

7.4.2 南昌耦合协调路径分析

根据上述上海市水资源包容性可持续力耦合协调路径分析的步骤,对第二类城市中的南昌进行同样的分析。根据 2008—2018 年南昌的历史数据演变规律,在对水资源、经济、社会、环境、科技 5 个子系统中的 14 个关键影响因子数据进行模拟预测时,因不同城市相关因子数据的发展趋势不同,将对预测方法做出相应的调整,如"城镇职工基本养老保险参保率""互联网宽带接入用户比率"调整为线性回归预测,"第三产业产值占 GDP 的比重""科学技术支出占 GDP 的比重"调整为趋势线预测,"人均绿地面积"调整为 BP 神经网络预测,具体如表 7.17 所示。

表 7.17 南昌市关键影响因子预测方法

关键影响因子	预测方法
$W5$ 降雨深	趋势线预测
$W7$ 水足迹强度	趋势线预测
$W8$ 水资源开发利用率	趋势线预测
$Ec1$ 人均 GDP	趋势线预测
$Ec4$ 第三产业产值占 GDP 的比重	趋势线预测
$S4$ 城镇职工基本养老保险参保率	线性回归预测
$S5$ 万人拥有排水管道长度	趋势线预测
$S10$ 互联网宽带接入用户比率	线性回归预测
$En1$ 万元 GDP 工业废水排放量	趋势线预测
$En7$ 人均绿地面积	BP 神经网络预测
$En10$ 建成区绿化覆盖率	BP 神经网络预测
$T1$ 万人在校大学生数	趋势线预测
$T3$ 科学技术支出占 GDP 的比重	趋势线预测
$T4$ 万人拥有专利授权数	趋势线预测

注:$W5$、$W8$ 趋势线预测中移动平均法,$6 per.$,$5 per.$

$W7$ 趋势线预测中对数函数表达式及相关系数为 $y = -167\ln(x) + 570.76$,$R^2 = 0.9924$

$Ec1$ 趋势线预测中多项式函数表达式及相关系数为 $y = 70.948x^2 + 5359.4x + 29441$,$R^2 = 0.9941$

$Ec4$ 趋势线预测中多项式函数表达式及相关系数为 $y = 0.1203x^2 - 0.7486x + 39.672$,$R^2 = 0.8275$

$S4$ 线性回归预测中函数表达式及相关系数为 $y = 2.595x + 11.314$,$R^2 = 0.955$

$S5$ 趋势线预测中指数函数表达式及相关系数为 $y = 4.837e^{0.085x}$,$R^2 = 0.875$

$S10$ 线性回归预测中函数表达式及相关系数为 $y = 2.6324x + 7.5109$,$R^2 = 0.8111$

$En1$ 趋势线预测中对数函数表达式及相关系数为 $y = -2.054\ln(x) + 6.6134$,$R^2 = 0.9211$

$T1$ 趋势线预测中二次函数表达式及相关系数为 $y = 0.546x^2 + 20.429x + 901.31$,$R^2 = 0.888$

$T3$ 趋势线预测中多项式函数表达式及相关系数为 $y = 0.0071x^2 - 0.0553x + 0.233$,$R^2 = 0.9025$

$T4$ 趋势线预测中乘幂函数表达式及相关系数为 $y = 1.182x^{1.0981}$,$R^2 = 0.914$

参照前文中设定的南昌6种发展情景模式下的关键影响因子增长率取值(表7.9),分别模拟南昌水资源包容性可持续力在水资源可用性、经济持续性、社会包容性、环境友好性、科技创新性、综合协调发展性情景下的数据增长情况。其中,水资源可用性情景的数据增长如表7.18所示,其耦合协调度 D 的误差绝对值在2%以下(表7.19),说明该预测模型具有较好的拟合效果。进而得到6种发展情景模式下的时间序列数据矩阵,分别代入耦合协调度模型中,计算得到每种情景下2019—2030年南昌水资源包容性可持续力系统的耦合协调度(表7.20)。具体的路径优先级顺序如图7.10所示。

表7.18 南昌市基准情景指标矩阵

年份	W5	W7	W8	Ec1	Ec4	S4	S5	S10	En1	En7	En10	T1	T3	T4
2008	0.195	570.7	6.761	36 105	38.49	12.52	5.39	14.81	6.09	32.28	70.30	915	0.135	1.8
2009	0.159	462.2	7.214	39 669	38.59	15.91	5.56	15.93	5.51	33.35	42.27	978	0.179	2.3
2010	0.274	378.0	3.270	43 769	41.25	16.62	5.58	16.29	4.79	36.51	41.42	981	0.162	3.3
2011	0.163	321.1	6.822	53 023	36.25	23.03	2.14	14.52	3.48	9.30	42.96	971	0.138	4.0
2012	0.264	310.1	3.745	58 715	38.65	25.88	7.08	16.24	3.64	31.85	44.43	951	0.149	5.9
2013	0.181	280.2	6.102	65 412	39.82	30.17	10.00	22.79	3.18	44.33	42.33	207	0.162	6.6
2014	0.214	253.4	5.224	70 373	40.57	30.64	10.32	23.35	2.36	45.94	42.09	1079	0.216	8.6
2015	0.270	232.6	4.316	75 879	41.22	22.39	8.69	24.66	2.50	45.08	41.15	1129	0.205	12.1
2016	0.207	214.1	5.643	81 598	42.85	19.05	9.36	27.39	2.36	40.83	51.01	1172	0.233	16.5
2017	0.218	168.8	5.028	93 100	44.22	36.39	11.25	35.31	2.17	46.00	42.68	1164	0.434	15.7
2018	0.176	164.4	6.912	95 825	45.94	37.82	12.28	45.08	0.71	48.39	44.80	1156	0.519	24.7
2019	0.211	155.8	5.424	103 970	48.01	42.45	13.43	39.10	1.51	52.46	46.46	1225	0.592	18.1
2020	0.216	142.4	5.465	111 103	50.27	45.05	14.62	41.73	1.34	55.67	49.91	1259	0.714	19.8
2021	0.216	130.0	5.694	118 378	52.77	47.64	15.92	44.36	1.19	58.23	53.35	1294	0.850	21.4
2022	0.207	118.5	5.705	125 795	55.51	50.23	17.34	47.00	1.05	58.51	56.81	1331	1.001	23.1
2023	0.207	107.7	5.840	133 354	58.49	52.83	18.88	49.63	0.92	57.10	58.63	1368	1.166	24.8
2024	0.206	97.6	5.626	141 055	61.71	55.42	20.55	52.26	0.79	54.65	58.31	1406	1.345	26.5
2025	0.211	88.1	5.666	148 897	65.17	58.02	22.38	54.89	0.68	52.27	56.33	1446	1.538	28.3
2026	0.211	79.0	5.706	156 882	68.88	60.61	24.37	57.53	0.57	50.64	53.74	1487	1.745	30.0
2027	0.210	70.5	5.708	165 008	72.82	63.21	26.53	60.16	0.46	50.17	51.53	1528	1.967	31.7
2028	0.209	62.3	5.709	173 276	77.00	65.80	28.89	62.79	0.36	55.40	53.00	1571	2.203	33.5
2029	0.209	54.6	5.683	181 687	81.43	68.40	31.45	65.42	0.26	55.68	54.66	1615	2.453	35.2
2030	0.209	47.1	5.695	190 239	86.09	70.99	34.25	68.06	0.17	55.69	54.66	1660	2.717	37.0

表 7.19 南昌市耦合协调度 D 的实际值、预测值及误差

年份	$D_{实际值}$	$D_{预测值}$	误差/%
2008	0.506 4	0.499 0	−1.46
2009	0.497 0	0.499 5	0.50
2010	0.532 6	0.539 2	1.24
2011	0.500 4	0.503 6	0.63
2012	0.553 2	0.556 6	0.60
2013	0.518 0	0.509 9	−1.55
2014	0.581 8	0.581 5	−0.04
2015	0.591 7	0.596 4	0.78
2016	0.597 9	0.597 8	−0.02
2017	0.623 9	0.623 9	0.00
2018	0.639 4	0.635 5	−0.62

表 7.20 2019—2030 年南昌市 6 种发展情景模式下的耦合协调度

年份	水资源可用性	经济持续性	社会包容性	环境友好性	科技创新性	综合协调发展性
2019	0.647 4	0.641 4	0.632 2	0.644 4	0.614 2	0.593 3
2020	0.663 5	0.656 9	0.648 8	0.659 6	0.631 8	0.609 9
2021	0.678 5	0.671 2	0.664 6	0.673 8	0.648 7	0.626 1
2022	0.690 6	0.682 8	0.677 8	0.685 3	0.663 1	0.640 4
2023	0.704 3	0.696 1	0.693 1	0.699 5	0.679 6	0.658 1
2024	0.716 0	0.707 6	0.706 7	0.713 1	0.694 7	0.675 9
2025	0.728 7	0.720 3	0.721 7	0.729 0	0.711 3	0.697 0
2026	0.739 5	0.731 3	0.735 2	0.743 6	0.726 4	0.718 0
2027	0.750 2	0.742 3	0.748 8	0.758 3	0.741 7	0.740 2
2028	0.763 7	0.756 4	0.765 6	0.773 1	0.760 4	0.764 0
2029	0.777 3	0.770 7	0.782 9	0.788 6	0.779 6	0.790 0
2030	0.789 8	0.784 1	0.799 5	0.804 5	0.798 3	0.818 2

7 长江经济带城市水资源包容性可持续力耦合协调演化路径研究

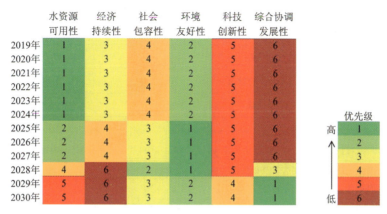

图 7.10　2019—2030 年南昌市 6 种发展情景模式下的路径优先级

南昌市作为第二类城市的代表,属于省会城市(二级中心城市),拥有较丰富的发展资源,其经济发展明显优于区域性中心城市和一般城市,其水资源包容性可持续力处于中等偏下水平,本身处于中度耦合协调状态。由图 7.10 可以看到,2019—2024 年应选择水资源可用性路径,2025—2028 年应走环境友好性路线,最终到 2029—2030 年,综合协调发展性应成为其最优发展路径。

7.4.3　南通耦合协调路径分析

根据上述上海市水资源包容性可持续力耦合协调路径分析的步骤,对第三类城市中的南通进行同样的分析。根据 2008—2018 年南通的历史数据演变规律,在对水资源、经济、社会、环境、科技 5 个子系统中的 14 个关键影响因子数据进行模拟预测时,根据不同城市相关因子数据的发展趋势不同,将对预测方法做出相应的调整,具体如表 7.21 所示。

表 7.21　南通市关键影响因子预测方法

关键影响因子	预测方法
$W5$ 降雨深	趋势线预测
$W7$ 水足迹强度	趋势线预测
$W8$ 水资源开发利用率	趋势线预测
$Ec1$ 人均 GDP	趋势线预测
$Ec4$ 第三产业产值占 GDP 的比重	线性回归预测
$S4$ 城镇职工基本养老保险参保率	BP 神经网络预测
$S5$ 万人拥有排水管道长度	线性回归预测
$S10$ 互联网宽带接入用户比率	趋势线预测
$En1$ 万元 GDP 工业废水排放量	趋势线预测
$En7$ 人均绿地面积	趋势线预测
$En10$ 建成区绿化覆盖率	趋势线预测

续表 7.21

关键影响因子	预测方法
T1 万人在校大学生数	趋势线预测
T3 科学技术支出占 GDP 的比重	趋势线预测
T4 万人拥有专利授权数	BP 神经网络预测

注:W5、W8、T1 趋势线预测中移动平均法,$6per.$,$6per.$,$6per.$

W7 趋势线预测中对数函数表达式及相关系数为 $y=-158.1\ln(x)+528.12$,$R^2=0.9903$

Ec1 趋势线预测中多项式函数表达式及相关系数为 $y=215.74x^2+5527.8x+27609$,$R^2=0.9953$

Ec4 线性回归预测中函数表达式及相关系数为 $y=1.5076x+32.951$,$R^2=0.9872$

S5 线性回归预测中函数表达式及相关系数为 $y=1.841x+2.217$,$R^2=0.835$

S10 趋势线预测中乘幂函数表达式及相关系数为 $y=5.136x^{0.7331}$,$R^2=0.8762$

En1 趋势线预测中指数函数表达式及相关系数为 $y=7.413e^{-0.139x}$,$R^2=0.9768$

En7 趋势线预测中二次函数表达式及相关系数为 $y=-0.164x^2+5.685x+6.491$,$R^2=0.996$

En10 趋势线预测中多项式函数表达式及相关系数为 $y=0.0351x^2-0.0909x+41.022$,$R^2=0.8754$

T3 趋势线预测中乘幂函数表达式及相关系数为 $y=0.2075x^{0.2848}$,$R^2=0.878$

参照前文设定的南通 6 种发展情景模式下的关键影响因子增长率取值(表 7.10),分别模拟南通水资源包容性可持续力在水资源可用性、经济持续性、社会包容性、环境友好性、科技创新性、综合协调发展性情景下的数据增长情况。得到 6 种发展情景模式下的时间序列数据矩阵(表 7.22),其耦合协调度 D 的误差绝对值在 3% 以下(表 7.23),说明该预测模型具有较好的拟合效果。进而分别代入耦合协调度模型中,计算得到每种情景下 2019—2030 年南通水资源包容性可持续力系统的耦合协调度(表 7.24)。具体的路径优先级顺序如图 7.11 所示。

表 7.22 南通市基准情景指标矩阵

年份	W5	W7	W8	Ec1	Ec4	S4	S5	S10	En1	En7	En10	T1	T3	T4
2008	0.121	513.0	7.060	32 815	35.06	12.55	12.64	6.34	6.44	35.99	41.80	109	0.202	5.3
2009	0.173	445.4	4.535	37 642	35.81	13.57	7.04	7.77	5.41	18.00	40.36	117	0.248	14.0
2010	0.170	357.1	5.505	47 419	37.25	14.60	8.31	10.88	4.53	22.00	40.69	108	0.288	29.7
2011	0.129	298.6	4.037	56 005	38.52	15.58	9.33	15.07	4.80	25.69	40.77	97	0.320	41.0
2012	0.122	270.7	4.108	62 506	40.04	16.91	10.14	15.16	3.99	30.24	41.34	99	0.315	47.4
2013	0.130	247.5	10.000	65 696	41.08	33.76	11.82	15.93	2.89	34.28	42.05	246	0.378	28.8
2014	0.126	209.0	5.520	77 457	44.24	19.32	18.38	16.82	2.80	38.97	42.55	105	0.385	16.2
2015	0.165	203.9	4.461	84 236	45.80	19.15	11.27	17.60	2.56	41.78	42.71	109	0.395	33.9
2016	0.187	190.3	3.320	92 702	47.74	28.13	21.09	29.34	2.27	45.25	43.20	124	0.337	31.7
2017	0.090	163.9	7.121	105 903	48.00	28.45	21.84	37.86	1.73	47.14	43.54	118	0.352	24.9

续表 7.22

年份	W5	W7	W8	Ec1	Ec4	S4	S5	S10	En1	En7	En10	T1	T3	T4
2018	0.114	142.9	6.355	115 320	48.43	29.93	22.64	38.27	1.58	48.42	44.00	125	0.448	32.2
2019	0.135	135.3	6.129	125 009	51.04	32.92	24.31	31.75	1.40	51.14	44.99	138	0.421	33.2
2020	0.136	122.6	5.484	135 930	52.55	35.37	26.16	33.67	1.22	52.73	45.77	120	0.431	35.8
2021	0.138	110.9	5.478	147 283	54.06	37.02	28.00	35.55	1.06	54.00	46.63	122	0.440	36.7
2022	0.133	100.0	5.648	159 068	55.57	37.66	29.84	37.40	0.92	54.93	47.56	124	0.449	37.4
2023	0.125	89.8	6.036	171 283	57.07	38.10	31.68	39.21	0.80	55.54	48.55	124	0.457	37.7
2024	0.130	80.2	5.855	183 930	58.58	38.39	33.52	40.99	0.70	55.83	49.62	126	0.465	38.0
2025	0.133	71.2	5.772	197 009	60.09	38.72	35.36	42.74	0.61	55.78	50.76	126	0.473	38.3
2026	0.133	62.6	5.712	210 519	61.60	39.04	37.20	44.47	0.53	55.41	51.97	124	0.480	38.5
2027	0.132	54.5	5.750	224 461	63.10	39.41	39.05	46.18	0.46	54.71	53.24	124	0.487	38.8
2028	0.131	46.8	5.795	238 834	64.61	41.76	40.89	47.86	0.40	53.68	54.59	125	0.494	40.3
2029	0.131	39.4	5.820	253 639	66.12	42.86	42.73	49.52	0.35	52.33	56.01	125	0.500	41.0
2030	0.132	32.4	5.784	268 875	67.63	42.87	44.57	51.16	0.30	50.65	57.50	125	0.507	41.0

表 7.23 南通市耦合协调度 D 的实际值、预测值及误差

年份	$D_{实际值}$	$D_{预测值}$	误差/%
2008	0.427 9	0.421 8	−1.42
2009	0.452 7	0.453 4	0.17
2010	0.495 8	0.498 0	0.44
2011	0.512 0	0.513 9	0.37
2012	0.526 5	0.527 8	0.24
2013	0.550 4	0.546 6	−0.69
2014	0.540 0	0.531 0	−1.67
2015	0.562 3	0.560 3	−0.36
2016	0.604 4	0.596 4	−1.32
2017	0.589 0	0.574 0	−2.54
2018	0.611 8	0.599 0	−2.09

表 7.24 2019—2030 年南通市 6 种发展情景模式下的耦合协调度

年份	水资源可用性	经济持续性	社会包容性	环境友好性	科技创新性	综合协调发展性
2019	0.612 4	0.605 6	0.591 6	0.608 2	0.542 5	0.517 5
2020	0.623 5	0.615 8	0.603 6	0.619 3	0.558 5	0.533 1
2021	0.633 9	0.625 5	0.615 5	0.629 8	0.575 4	0.550 2
2022	0.641 7	0.633 1	0.625 3	0.637 7	0.590 9	0.566 5
2023	0.647 7	0.639 0	0.633 4	0.643 8	0.605 6	0.582 5
2024	0.657 2	0.648 7	0.645 2	0.653 5	0.624 4	0.603 0
2025	0.665 6	0.657 6	0.656 6	0.662 2	0.642 9	0.623 7
2026	0.672 8	0.665 7	0.665 8	0.669 8	0.660 9	0.644 7
2027	0.680 1	0.674 0	0.675 7	0.677 6	0.679 5	0.666 8
2028	0.689 0	0.684 2	0.686 9	0.687 2	0.698 9	0.690 1
2029	0.696 5	0.693 3	0.697 2	0.695 7	0.718 5	0.715 0
2030	0.703 4	0.702 0	0.707 1	0.703 7	0.738 7	0.741 7

南通作为第三类城市的代表，属于区域性中心城市，其经济发展优于一般城市，其水资源包容性可持续力处于较弱偏上水平，本身处于低度耦合协调状态。由图 7.11 可以看到，2019—2027 年应选择水资源可用性路径，2028—2029 年应选择科技创新性路径，最终 2030 年综合协调发展性路径应成为其最优发展路径。

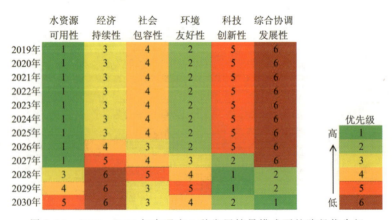

图 7.11 2019—2030 年南通市 6 种发展情景模式下的路径优先级

7.4.4 宜宾耦合协调路径分析

根据上述上海市水资源包容性可持续力耦合协调路径分析的步骤，对第四类城市中区域性中心城市的代表宜宾进行同样的分析。根据 2008—2018 年宜宾的历史数据演变规律，在对水资源、经济、社会、环境、科技5个子系统中的14个关键影响因子数据进行模拟预测时，由于不同城市相关因子数据的发展趋势不同，将对预测方法做出相应的调整，具体如表7.25所示。

表7.25 宜宾市关键影响因子预测方法

关键影响因子	预测方法
W5 降雨深	趋势线预测
W7 水足迹强度	趋势线预测
W8 水资源开发利用率	趋势线预测
Ec1 人均GDP	线性回归预测
Ec4 第三产业产值占GDP的比重	BP神经网络预测
S4 城镇职工基本养老保险参保率	趋势线预测
S5 万人拥有排水管道长度	趋势线预测
S10 互联网宽带接入用户比率	线性回归预测
En1 万元GDP工业废水排放量	趋势线预测
En7 人均绿地面积	趋势线预测
En10 建成区绿化覆盖率	BP神经网络预测
T1 万人在校大学生数	BP神经网络预测
T3 科学技术支出占GDP的比重	趋势线预测
T4 万人拥有专利授权数	线性回归预测

注：$W5$、$W8$、$En7$、$T3$ 趋势线预测中移动平均法，$6per.$，$3per.$，$2per.$，$6per.$

$W7$ 趋势线预测中对数函数表达式及相关系数为 $y=-279.1\ln(x)+937.8$，$R^2=0.9495$

$Ec1$ 线性回归预测中函数表达式及相关系数为 $y=2849.3x+11164$，$R^2=0.9543$

$S4$ 趋势线预测中指数函数表达式及相关系数为 $y=8.05e^{0.074x}$，$R^2=0.980$

$S5$ 趋势线预测中对数函数表达式及相关系数为 $y=1.276\ln(x)+2.171$，$R^2=0.927$

$S10$ 线性回归预测中函数表达式及相关系数为 $y=1.8458x-1.3314$，$R^2=0.8894$

$En1$ 趋势线预测中幂函数表达式及相关系数为 $y=22.654x^{-0.795}$，$R^2=0.880$

$T4$ 线性回归预测中函数表达式及相关系数为 $y=0.2658x+0.336$，$R^2=0.906$

参照前文中设定的宜宾6种发展情景模式下的关键影响因子增长率取值(表7.11)，分别模拟宜宾水资源包容性可持续力在水资源可用性、经济持续性、社会包容性、环境友好性、科技创新性、综合协调发展性情景下的数据增长情况。其中，水资源可用性情景的数据增长如表7.26所示，其耦合协调度D的误差绝对值在5%以下(表7.27)，说明该预测模型具有较好的拟合效果。进而得到6种发展情景模式下的时间序列数据矩阵，分别代入耦合协调度模型中，计算得到每种情景下2019—2030年宜宾水资源包容性可持续力系统的耦合协调度(表7.28)。具体的路径优先级顺序如图7.12所示。

表 7.26 宜宾市基准情景指标矩阵

年份	W5	W7	W8	Ec1	Ec4	S4	S5	S10	En1	En7	En10	T1	T3	T4
2008	0.080	902.6	0.623	14 489	25.51	8.29	2.58	2.97	16.69	19.05	34.04	39	0.127	0.8
2009	0.069	812.5	0.802	16 163	27.07	9.38	2.56	3.85	15.46	3.28	36.06	40	0.173	0.7
2010	0.075	688.8	0.705	19 499	25.01	10.34	1.90	4.25	14.07	23.00	35.54	41	0.178	1.5
2011	0.064	541.7	1.090	24 424	23.11	11.04	0.95	5.88	6.98	20.19	40.55	41	0.188	1.1
2012	0.087	420.5	0.468	27 865	23.08	11.72	4.05	6.79	6.76	21.44	36.76	43	0.207	1.4
2013	0.093	375.9	0.396	24 416	24.56	12.99	4.35	7.11	4.34	23.83	32.02	290	0.054	2.1
2014	0.071	347.2	0.725	32 318	26.19	42.97	4.53	7.60	5.93	26.30	38.52	44	0.211	1.8
2015	0.065	394.9	1.047	31 714	27.50	13.47	5.07	12.29	16.35	29.69	38.34	46	0.231	2.9
2016	0.098	325.9	5.192	34 497	31.09	16.29	5.21	15.52	13.25	24.43	38.18	46	0.170	2.8
2017	0.074	322.4	5.014	40 868	37.33	16.79	5.11	18.71	3.31	26.95	39.32	48	0.158	3.1
2018	0.090	297.7	0.994	44 604	38.05	18.13	3.63	22.20	2.91	19.86	39.30	51	0.094	3.1
2019	0.082	244.3	3.733	45 356	39.17	19.58	5.34	20.82	3.14	23.40	39.79	54	0.153	3.5
2020	0.080	221.9	3.247	48 205	39.20	21.08	5.44	22.66	2.95	21.63	40.18	57	0.169	3.8
2021	0.081	201.2	2.658	51 054	39.62	22.70	5.54	24.51	2.78	22.52	40.79	59	0.163	4.1
2022	0.084	182.0	3.213	53 904	40.05	24.45	5.63	26.36	2.63	22.07	41.54	58	0.151	4.3
2023	0.082	164.0	3.039	56 753	40.62	26.33	5.71	28.20	2.50	22.30	42.53	56	0.148	4.6
2024	0.083	147.1	2.970	59 602	41.33	28.35	5.79	30.05	2.38	22.19	43.86	53	0.146	4.9
2025	0.082	131.1	3.074	62 451	42.26	30.53	5.86	31.89	2.27	22.24	45.71	51	0.155	5.1
2026	0.082	116.0	3.028	65 301	43.51	32.88	5.93	33.74	2.18	22.21	48.25	50	0.155	5.4
2027	0.082	101.7	3.024	68 150	45.24	35.41	5.99	35.58	2.09	22.23	51.59	51	0.153	5.7
2028	0.083	88.1	3.042	70 999	57.04	38.13	6.06	37.43	2.01	22.22	55.55	56	0.151	5.9
2029	0.082	75.1	3.031	73 849	57.62	41.06	6.11	39.28	1.94	22.22	53.37	55	0.152	6.2
2030	0.082	62.7	3.033	76 698	57.66	44.22	6.17	41.12	1.87	22.22	52.99	55	0.152	6.4

表 7.27 宜宾市耦合协调度 D 的实际值、预测值及误差

年份	$D_{实际值}$	$D_{预测值}$	误差/%
2008	0.205 2	0.215 1	4.84
2009	0.238 2	0.246 8	3.59
2010	0.253 8	0.259 9	2.41
2011	0.264 1	0.258 9	−1.95
2012	0.306 2	0.302 8	−1.09
2013	0.355 4	0.353 0	−0.68

续表 7.27

年份	$D_{实际值}$	$D_{预测值}$	误差/%
2014	0.360 1	0.351 0	-2.51
2015	0.330 8	0.337 9	2.14
2016	0.367 1	0.371 4	1.15
2017	0.405 9	0.395 9	-2.45
2018	0.404 8	0.395 0	-2.42

宜宾作为第四类城市中区域性中心城市的代表,由于地处长江西部的成渝城市群,其经济发展水平相对落后、社会保障以及科技实力相对较弱,这使得其水资源包容性可持续力处于较弱到中等水平,本身处于轻度耦合协调状态。由图 7.12 可以看到,2019 年应选择水资源可用性路径,2020—2024 年应选择经济持续性路径,2025—2030 年则应选择综合协调发展性路径作为其最优发展路径。

表 7.28 2019—2030 年宜宾市 6 种发展情景模式下的耦合协调度

年份	水资源可用性	经济持续性	社会包容性	环境友好性	科技创新性	综合协调发展性
2019	0.414 4	0.414 1	0.405 9	0.414 2	0.364 3	0.356 6
2020	0.422 9	0.426 1	0.417 1	0.422 9	0.378 4	0.376 1
2021	0.429 7	0.435 9	0.426 7	0.429 9	0.392 9	0.395 8
2022	0.436 6	0.445 7	0.436 3	0.436 9	0.408 1	0.416 6
2023	0.442 0	0.453 9	0.444 4	0.442 4	0.421 3	0.435 5
2024	0.448 5	0.463 2	0.453 7	0.448 9	0.435 4	0.455 5
2025	0.455 8	0.473 1	0.463 8	0.456 2	0.449 3	0.475 3
2026	0.463 3	0.483 0	0.474 2	0.463 5	0.463 8	0.495 7
2027	0.471 5	0.493 2	0.485 5	0.471 8	0.479 5	0.516 8
2028	0.491 9	0.505 0	0.510 0	0.491 6	0.506 1	0.538 6
2029	0.496 8	0.513 6	0.517 5	0.497 7	0.518 5	0.561 1
2030	0.501 7	0.522 9	0.525 1	0.503 6	0.531 0	0.584 8

7.4.5 荆州耦合协调路径分析

根据上述上海市水资源包容性可持续力耦合协调路径分析的步骤,对第四类城市中一般城市的代表荆州进行同样的分析。根据 2008—2018 年荆州的历史数据演变规律,在对水资源、经济、社会、环境、科技 5 个子系统中的 14 个关键影响因子数据进行模拟预测时,由于不同城市相关因子数据的发展趋势不同,将对预测方法做出相应的调整,具体如表 7.29 所示。

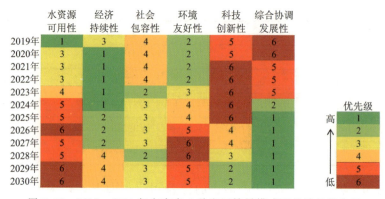

图 7.12 2019—2030 年宜宾市 6 种发展情景模式下的路径优先级

表 7.29 荆州市关键影响因子预测方法

关键影响因子	预测方法
$W5$ 降雨深	趋势线预测
$W7$ 水足迹强度	趋势线预测
$W8$ 水资源开发利用率	趋势线预测
$Ec1$ 人均 GDP	线性回归预测
$Ec4$ 第三产业产值占 GDP 的比重	趋势线预测
$S4$ 城镇职工基本养老保险参保率	趋势线预测
$S5$ 万人拥有排水管道长度	趋势线预测
$S10$ 互联网宽带接入用户比率	线性回归预测
$En1$ 万元 GDP 工业废水排放量	趋势线预测
$En7$ 人均绿地面积	趋势线预测
$En10$ 建成区绿化覆盖率	BP 神经网络预测
$T1$ 万人在校大学生数	线性回归预测
$T3$ 科学技术支出占 GDP 的比重	线性回归预测
$T4$ 万人拥有专利授权数	趋势线预测

注:$W5$、$W8$ 趋势线预测中移动平均法,$6per.$,$6per.$
$W7$ 趋势线预测中指数函数表达式及相关系数为 $y = 2\,291.8e^{-0.108x}$,$R^2 = 0.942$
$Ec1$ 线性回归预测中函数表达式及相关系数 $y = 2\,730.8x + 6\,302.1$,$R^2 = 0.987\,3$
$Ec4$ 趋势线预测中多项式函数表达式及相关系数为 $y = 0.194\,3x^2 - 2.176x + 38.047$,$R^2 = 0.895\,1$
$S4$ 趋势线预测中多项式函数表达式及相关系数为 $y = 0.067\,3x^2 + 0.063\,6x + 11.318$,$R^2 = 0.969\,7$
$S5$ 趋势线预测中多项式函数表达式及相关系数为 $y = 0.017\,2x^2 + 0.123\,2x + 2.978\,5$,$R^2 = 0.959\,5$
$S10$ 线性回归预测中函数表达式及相关系数为 $y = 1.983\,7x - 0.629\,1$,$R^2 = 0.915$
$En1$ 趋势线预测中指数函数表达式及相关系数为 $y = 60.168e^{-0.331x}$,$R^2 = 0.892$
$En7$ 趋势线预测中多项式函数表达式及相关系数为 $y = -0.064x^2 + 1.924\,1x + 13.763$,$R^2 = 0.934$
$T1$ 线性回归预测中函数表达式及相关系数为 $y = -5.146\,8x + 194$,$R^2 = 0.873\,3$
$T3$ 线性回归预测中函数表达式及相关系数为 $y = 0.049\,3x - 0.034\,6$,$R^2 = 0.921\,7$
$T4$ 趋势线预测中乘幂函数表达式及相关系数为 $y = 0.340\,5x^{0.973\,8}$,$R^2 = 0.798\,6$

7 长江经济带城市水资源包容性可持续力耦合协调演化路径研究

参照前文中设定的荆州6种发展情景模式下的关键影响因子增长率取值(表7.12),分别模拟荆州水资源包容性可持续力在水资源可用性、经济持续性、社会包容性、环境友好性、科技创新性、综合协调发展性情景下的数据增长情况。其中,水资源可用性情景的数据增长如表7.30所示,其耦合协调度 D 的误差绝对值在9%以下(表7.31),说明该预测模型具有较好的拟合效果。进而得到6种发展情景模式下的时间序列数据矩阵,分别代入耦合协调度模型中,计算得到每种情景下2019—2030年荆州水资源包容性可持续力系统的耦合协调度(表7.32)。具体的路径优先级顺序如图7.13所示。

表7.30 荆州市基准情景指标矩阵

年份	W5	W7	W8	Ec1	Ec4	S4	S5	S10	En1	En7	En10	T1	T3	T4
2008	0.079	2 072.3	1.258	9554	36.05	11.31	3.31	2.76	8.67	15.82	36.43	187	0.074	0.5
2009	0.078	2 017.3	1.100	10 962	34.99	12.17	3.37	4.01	7.61	15.79	36.43	179	0.070	0.7
2010	0.099	1 747.5	0.638	14 707	33.53	12.59	3.35	5.09	7.29	21.00	40.03	179	0.068	0.9
2011	0.067	1 167.6	1.313	18 288	31.55	11.86	3.50	3.12	13.32	20.78	38.96	168	0.170	0.9
2012	0.085	1 318.0	1.128	20 912	31.83	12.79	3.84	9.80	8.85	21.55	39.78	171	0.189	1.3
2013	0.083	1 209.7	1.153	20196	31.44	13.62	4.12	11.48	7.78	22.01	38.93	171	0.229	1.5
2014	0.082	1 114.0	1.240	25 774	32.01	15.82	5.01	12.58	6.70	23.10	39.11	170	0.262	1.5
2015	0.097	1 025.4	0.830	27 875	34.10	16.78	5.33	17.21	6.85	25.47	36.40	150	0.333	5.7
2016	0.104	913.7	0.670	30 305	35.19	17.43	5.73	20.31	2.99	27.09	36.12	142	0.506	2.7
2017	0.084	763.2	1.095	33 735	35.61	18.36	5.88	16.77	2.15	26.68	36.03	148	0.502	3.1
2018	0.085	671.2	1.113	37 247	36.93	20.03	6.16	20.87	1.24	26.70	36.36	128	0.473	4.9
2019	0.089	627.1	1.017	39 072	39.91	21.77	6.93	23.18	1.13	27.64	36.58	132	0.557	3.8
2020	0.090	562.9	0.994	41 803	42.60	23.52	7.49	25.16	0.81	27.66	36.82	127	0.606	4.1
2021	0.091	505.2	0.953	44 533	45.67	25.40	8.07	27.14	0.58	28.16	36.99	122	0.656	4.4
2022	0.090	453.5	0.973	47 264	49.12	27.41	8.70	29.13	0.42	28.22	37.16	117	0.705	4.8
2023	0.088	407.1	1.024	49 995	52.97	29.56	9.35	31.11	0.30	28.16	37.33	112	0.754	5.1
2024	0.089	365.4	1.012	52 726	57.21	31.85	10.04	33.09	0.22	27.98	37.52	107	0.804	5.4
2025	0.090	328.0	0.996	55 457	61.83	34.27	10.77	35.08	0.16	27.66	37.72	101	0.853	5.7
2026	0.090	294.4	0.992	58 187	66.85	36.82	11.53	37.06	0.11	27.22	37.93	96	0.902	6.0
2027	0.090	264.3	0.992	60 918	72.25	39.51	12.32	39.04	0.08	26.65	38.14	91	0.951	6.3
2028	0.090	237.2	0.998	63 649	78.04	42.33	13.15	41.03	0.06	25.95	39.08	86	1.001	6.6
2029	0.089	213.0	1.002	66 380	84.22	45.29	14.01	43.01	0.04	25.12	39.39	81	1.050	6.9
2030	0.090	191.2	0.999	69 111	90.78	48.38	14.91	45.00	0.03	24.16	39.39	76	1.099	7.2

荆州作为第四类城市中一般城市的代表,发展资源有限,经济发展明显落后于一、二级中心城市和区域性中心城市,其水资源包容性可持续力处于较弱偏下水平,本身处于轻度耦合协调状态。由图 7.13 可以看到,2019—2022 年应选择水资源可用性路径,2023—2030 年应选择环境友好性路径作为其最优发展路径。

表 7.31 荆州市耦合协调度 D 的实际值、预测值及误差

年份	$D_{实际值}$	$D_{预测值}$	误差/%
2008	0.219 4	0.201 4	−8.18
2009	0.234 5	0.214 7	−8.45
2010	0.286 1	0.269 1	−5.93
2011	0.292 4	0.291 9	−0.18
2012	0.327 6	0.316 5	−3.39
2013	0.340 7	0.329 1	−3.38
2014	0.360 8	0.348 0	−3.53
2015	0.393 9	0.384 3	−2.42
2016	0.416 2	0.402 4	−3.32
2017	0.420 3	0.406 8	−3.22
2018	0.439 4	0.424 8	−3.31

表 7.32 2019—2030 年荆州市 6 种发展情景模式下的耦合协调度

年份	水资源可用性	经济持续性	社会包容性	环境友好性	科技创新性	综合协调发展性
2019	0.440 5	0.433 5	0.425 2	0.439 8	0.416 5	0.395 8
2020	0.455 9	0.446 1	0.441 0	0.455 2	0.432 9	0.409 9
2021	0.470 8	0.458 5	0.456 6	0.470 3	0.449 1	0.424 3
2022	0.484 6	0.469 8	0.471 1	0.484 8	0.464 4	0.438 1
2023	0.497 4	0.480 6	0.485 0	0.497 5	0.479 0	0.451 8
2024	0.510 7	0.492 1	0.499 4	0.511 3	0.494 3	0.466 7
2025	0.523 5	0.503 2	0.513 5	0.524 9	0.509 5	0.482 1
2026	0.535 7	0.514 7	0.527 2	0.538 1	0.524 2	0.497 8
2027	0.547 5	0.525 9	0.540 6	0.551 3	0.538 9	0.514 2
2028	0.559 2	0.537 3	0.554 0	0.564 3	0.553 7	0.531 3
2029	0.570 4	0.548 6	0.567 1	0.577 6	0.568 2	0.549 4
2030	0.581 1	0.560 0	0.579 8	0.591 1	0.582 6	0.568 9

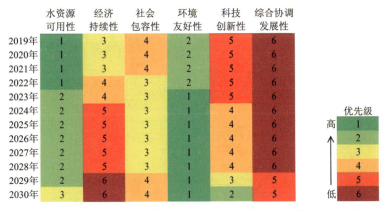

图 7.13 2019—2030 年荆州市 6 种发展情景模式下的路径优先级

7.5 本章小结

本章基于 SOM 神经网络聚类分析,着重探讨了 4 类城市中代表性城市的耦合协调优化路径。综合考虑城市综合竞争力、耦合协调等级以及三大城市群的覆盖面,本章选取上海、南昌、南通、宜宾和荆州 5 个城市作为样本城市,借助 2008—2018 年 11 年间的历史数据,运用线性回归、趋势线、BP 神经网络等预测方法模拟预测了 2019—2030 年的基准数据,通过六大情景设定及其参数设置,得到时间序列数据矩阵,最终得出了其在不同情景下未来耦合协调最优路径。主要结论如下:

(1)采用 SOM 神经网络进行聚类分析,将长江经济带 38 个城市划分为 4 类。

第一类,高质量发展、低度协调、环境与水资源障碍型。以长三角、中游城市群中的直辖市与省会城市为主,如上海等 8 个城市,其 UWIS 在 4 类城市中位居第一,处于中等偏上水平。

第二类,科技协调、环境友好、低度协调、水资源与经济障碍型。由南昌等 8 个城市构成,以长江经济带一般城市、区域性中心城市居多,也有部分省会城市,其 UWIS 处于中等水平。

第三类,经济持续发展、低度协调、科技与社会障碍型。由南通等 6 个城市构成,以长三角城市群中的区域性中心城市为主,UWIS 处于中等偏下水平。

第四类,环境友好、濒临失调、社会与科技障碍型。由宜宾、荆州等 16 个城市构成,以长江中游、成渝城市群中的区域性中心城市与一般城市为主,其 UWIS 处于中等偏下水平。

(2)基于 ASFII 基本框架,设置了水资源可用性、经济持续性、社会包容性、环境友好性、科技创新性、综合协调发展性六大情景。情景模拟参数选择主要依据障碍因子和因子权重,筛选出能代表各子系统的 14 个关键影响因子进行模拟,参数预测值通过线性回归、趋势线预测、BP 神经网络等方法确定。

(3)通过情景模拟发现,4 类城市耦合协调最优路径呈现差异化,分别为:对于上海等第一类城市,2019—2025 年水资源可用性路径最优,2026—2030 年社会包容性路径最优。对于南昌等第二类城市,2019—2024 年水资源可用性路径最优,2025—2028 年环境友好性路径最优,2029—2030 年综合协调发展性路径最优。对于南通等第三类城市,2019—2027 年水资源可用性路径最优,2028—2029 年科技创新性路径最优,2030 年综合协调发展性路径最优。对于第四类城市中宜宾等区域性中心城市,2019 年水资源可用性路径最优,2020—2024 年经济持续性路径最优,2025—2030 年综合协调发展性路径最优。对于荆州等一般城市,2019—2022 年水资源可用性路径最优,2023—2030 年环境友好性路径最优。

8 结论与展望

本研究运用系统科学、包容性增长、水足迹和可持续发展等理论,以长江经济带 38 个地级及以上城市为研究对象,基于 2008—2018 年的面板数据,在测算 38 个城市水足迹的基础上,从理论、方法与应用层面,探讨了水资源包容性可持续力理论框架建立、体系设计、方法集成评价、耦合协调效应与障碍诊断,以及耦合协调发展优化路径及政策建议,为政府及时跟踪长江经济带城市水资源包容性可持续发展动态、保障水资源安全提供了科学的依据与决策支持。

8.1 研究结论

本研究所获得的研究成果与主要结论如下:

(1)揭示了长江经济带城市水足迹的时空演变趋势。

为厘清长江经济带城市所消耗的水资源量、水资源利用效率以及承载能力,引入水足迹的概念与模型,测算了 2008—2018 年长江经济带 38 个城市的五大水足迹、总水足迹、人均水足迹、水足迹强度以及水资源压力指数,分析了城际、三大城市群水资源利用的时空差异。

总水足迹的测算表明,总水足迹由西往东递减,成渝与长江中游城市群的总水足迹应成为管控的重点。五大水足迹构成中,农业水足迹最大,其次是工业水足迹,应重点管控农业水足迹、工业水足迹。

五大水足迹的测算表明,农业水足迹呈现先逐渐上升后下降,总体持平的时序演变态势。空间分异是西高东低,重点应管控成渝城市群的农作物、畜产品水足迹,长江中游城市群应全面管控农作物、畜产品、渔业产品水足迹,长三角城市群重点应放在渔业产品水足迹的控制上。工业水足迹呈波动,且逐渐下降的时序演变态势,以直辖市为代表的一级、二级中心城市,以及成渝城市群、长三角城市群的工业水足迹较大,应成为管控的重点。生活和生态水足迹均呈小幅波动上升的时序演变趋势,以直辖市和省会城市为代表的一级、二级中心城市,以及成渝城市群的生活和生态水足迹较大,长三角城市群的生态水足迹也较大,应成为管控的重点。水污染足迹呈波动,且逐渐下降的时序演变趋势,以直辖市为代表的一级、二级中心城市,以及成渝城市群水污染足迹较大,应成为管控的重点。

通过人均水足迹的测算发现,人均水足迹由高到低依次为长江中游城市群>长三角城市群>成渝城市群,区域性中心城市与一般城市高于二级中心城市。

水足迹强度整体呈明显的下降趋势,呈现中部高、东西部低的状态,长江中游城市群>成渝城市群＞长三角城市群。

水资源压力强度由东到西依次递减,长三角城市群＞长江中游城市群＞成渝城市群。除成渝城市群外,长三角、长江中游城市群水资源安全问题较突出。

(2)建立了城市水资源包容性可持续力 ASFII 基本框架与评价体系。

本研究综合运用系统科学、包容性增长、水足迹和可持续发展等理论,提出了"水资源包容性可持续力"新概念,该概念是一个集资源禀赋、高质量发展、环境友好、以人为本和科技发展五大理念于一体,强调水资源可用性、持续性、友好性、包容性、创新性于一体的全新概念。

本研究建立了集可用性、持续性、友好性、包容性、创新性于一体的水资源包容性可持续力 ASFII 基本框架及评价体系。该框架融合了传统可持续发展的三大支柱(经济、社会、环境),同时又融入了包容性增长思想,突出了科技进步的重要作用,得出水资源包容性可持续发展必须坚持资源禀赋、以人为本、高质量发展、环境友好、科技发展的理念。评价体系引入了包括蓝水足迹、绿水足迹、灰水足迹在内的水足迹概念,并分别将蓝水足迹、绿水足迹的影响纳入水资源系统,将灰水足迹纳入环境系统,从而科学、全面地展现了人类对水资源的真实消耗与污染状况。评价体系具体包括五大准则,14 个要素,36 个指标。

(3)构建了集成评价模型,揭示了长江经济带城市水资源包容性可持续力的演变规律。

根据所建立的 ASFII 基本框架与评价体系,本研究利用改进的层次分析法(EAHP)和加速遗传算法(AGA),并集成熵值法(EM)、灰色关联分析法(GRA)、逼近理想解的排序方法(TOPSIS),提出了一套适合城市水资源包容性可持续力测度的集成评价方法及模型,通过实例研究验证了该模型的科学性和有效性。基于 2008—2018 年 38 个城市的面板数据,运用 EM-AGA-EAHP-GRA-TOPSIS 集成评价模型,从城市、城市群和流域 3 个层面,测算出 38 个城市、三大城市群及长江经济带的水资源包容性可持续力 UWIS 大小和五大发展指数,为测度城市层面水资源包容性可持续力提供了科学的评价方法和应用范例。

测度结果表明:2008—2018 年长江经济带 38 个城市水资源包容性可持续力(UWIS)整体呈略有上升趋势,基本处于中等水平,且一级、二级中心城市的 UWIS 优于一般城市和区域性中心城市,长江经济带城市水资源包容性可持续发展总体形势严峻。三大城市群中,UWIS 由高到低分别为长三角城市群＞长江中游城市群＞成渝城市群。

2008—2018 年城市的五大发展指数由高到低依次为友好性指数＞持续性指数＞包容性指数＞可用性指数＞创新性指数。三大城市群的可用性指数、持续性指数由高到低为长三角城市群＞长江中游城市群＞成渝城市群;包容性指数、创新性指数由高到低为长三角城市群＞成渝城市群＞长江中游城市群;友好性指数由高到低为长江中游城市群＞成渝城市群＞长三角城市群。

(4)解析了长江经济带城市水资源包容性可持续力系统耦合协调时空效应。

引入耦合协调度、障碍度模型,阐释了城市水资源包容性可持续力 5 个子系统间耦合协调的时序特征与空间差异,识别出障碍因子。

长江经济带城市 UWIS 系统耦合协调度整体处于低度协调状态,呈现出经济＞水资源＞科技＞环境＞社会系统的时序特征,空间分异表现为东高西低,整体呈现由轻度、低度协调向中度、高度协调状态演变的格局。

从时序特征分析来看,2008—2018年长江经济带38个城市UWIS系统耦合协调度在整体上表现出小幅波动、略有上升的趋势,基本处于低度协调状态。三大城市群中,长三角城市群基本处于中度协调状态,长江中游、成渝城市群则一直处于低度协调状态。

五大子系统耦合协调度由高到低为经济＞水资源＞科技＞环境＞社会系统。在三大城市群中,长三角城市群经济、环境和科技耦合协调度相对较强,而社会耦合协调度最弱,水资源耦合协调度一般;长江中游城市群水资源、经济耦合协调度较强,社会、环境耦合协调度较弱,科技耦合协调度一般;成渝城市群水资源耦合协调度一般,社会耦合协调度较弱,经济、环境、科技耦合协调度最弱。

从空间分异分析来看,其演变态势表现为东高西低,一级、二级中心城市耦合协调度普遍高于区域性中心城市和一般城市。长三角城市群耦合协调度优于长江中游城市群,而成渝城市群相对较弱。

障碍因子分析表明:各子系统障碍度由大到小依次为水资源＞社会＞经济＞科技＞环境系统,主要障碍因子来自水资源开发利用率、降雨深、人均水资源总量、水足迹强度、万人拥有排水管道长度、互联网宽带接入用户比率、人均GDP、第三产业产值占GDP的比重、第二产业产值占GDP的比重、万人拥有专利授权数、万人在校大学生数、人均绿地面积12个因子。

三大城市群中,水资源障碍度表现为长三角城市群＞长江中游城市群＞成渝城市群,社会、经济、科技障碍度表现为长江中游城市群＞成渝城市群＞长三角城市群,环境障碍度表现为长三角城市群＞成渝城市群＞长江中游城市群。

(5)基于SOM聚类与情景模拟,分类提出了长江经济带代表性城市水资源包容性可持续力耦合协调最优路径。

基于SOM神经网络聚类,将长江经济带38个城市划分为4类:第一类,高质量发展、低度协调、环境与水资源障碍型;第二类,科技协调、环境友好、低度协调、水资源与经济障碍型;第三类,经济持续发展、低度协调、科技与社会障碍型;第四类,环境友好、濒临失调、社会与科技障碍型。

基于ASFII基本框架,设置了水资源可用性、经济持续性、社会包容性、环境友好性、科技创新性、综合协调发展性六大情景。选择5个代表性城市进行情景模拟,得到其在6种不同情景下的未来水资源包容性可持续力耦合协调最优路径。

情景模拟的结果表明,上海等一类城市的耦合协调最优路径为水资源可用性(2019—2025)→社会包容性(2026—2030)。

南昌等二类城市的耦合协调最优路径为水资源可用性(2019—2024)→环境友好性(2025—2028)→综合协调发展性(2029—2030)。

南通等三类城市的耦合协调最优路径为水资源可用性(2019—2027)→科技创新性(2028—2029)→综合协调发展性(2030)。

第四类城市中宜宾等区域性中心城市耦合协调最优路径为水资源可用性(2019)→经济持续性(2020—2024)→综合协调发展性(2025—2030)。荆州等一般城市耦合协调最优路径为水资源可用性(2019—2022)→环境友好性(2023—2030)。

(6)从制约因子、演变规律、未来趋势等方面揭示了长江经济带城市水资源包容性可持续力耦合协调机制。

长江经济带城市水资源包容性可持续力耦合协调主要受制于水资源开发利用率、万人拥有排水管道长度、水足迹强度等12个因子,水资源与社会子系统为主要的障碍系统。耦合协调演变规律呈现出经济＞水资源＞科技＞环境＞社会系统,空间分异表现为东高西低,且长三角城市群耦合协调度优于长江中游城市群和成渝城市群,一级、二级中心城市的耦合协调度普遍高于区域性中心城市和一般城市。

基于SOM神经网络聚类后的四类城市,将分别沿着4条不同的优化路径发展:第一类,水资源可用性→社会包容性;第二类,水资源可用性→环境友好性→综合协调发展性;第三类,水资源可用性→科技创新性→综合协调发展性;第四类,水资源可用性→经济持续性→综合协调发展性或者水资源可用性→环境友好性。

8.2 政策建议

根据前文水足迹、UWIS、耦合协调度与障碍度测度结果,以及情景模拟出的4类城市耦合协调最优路径方案,本节分别从长江经济带、三大城市群、四类城市等不同层面,有针对性地提出城市水资源包容性可持续力提升及耦合协调机制的建议。

8.2.1 长江经济带UWIS提升及耦合协调机制建议

从长江经济带38个城市来看,UWIS呈略有上升趋势,基本处于中等水平,可用性、创新性水平较低,总水足迹由西往东递减,农业、工业水足迹占比很大,总体形势严峻;耦合协调处于低度协调状态,主要受制于社会、环境子系统的耦合协调能力较弱,空间分异东高西低,成渝城市群、区域性中心城市与一般城市的耦合协调能力较弱;障碍因子主要来自水资源、社会子系统,突出表现在水足迹强度、水资源开发利用率、万人拥有排水管道长度、互联网宽带接入用户比率等障碍因子上。为此,本研究提出以下建议以促进长江经济带UWIS与耦合协调能力的全面提升。

(1)通过科技创新,着力管控农业、工业水足迹,提升城市水资源包容性可持续力。首先,政府应加大水资源高效开发利用技术研发的投入,打造长江上、中、下游城市群水资源协同科技创新共同体,重点开展综合节水、非常规水资源的开发利用、江河湖泊治理等技术的研究与创新,申请水资源技术与装备专利,促进科技成果的转化与应用,挖掘水资源禀赋潜力;其次,应加强对高耗水行业、重点用水单位用水总量与用水强度的控制,确定农业、工业用水效率目标,推广节水技术,加强节水型城市建设,通过水资源循环利用,降低农业、工业水足迹,着力管控一级、二级中心城市以及成渝、长三角城市群的工业水足迹,生活和生态水足迹管控重点应放在一级、二级中心城市以及成渝城市群上,以降低人均总用水量。企业应通过技术创新,开展水效对标和节水技术改造,提高污水处理率、水资源的利用效率。科研机构应依靠科技进步寻求新的、水资源的接续资源。通过系统规划、高效开发和合理利用,进一步提升水资源的可用性水平,进而提升城市水资源包容性可持续力。

(2) 大力倡导社会包容性，全面提升社会系统耦合协调水平。政府应聚焦民生改善重点问题，进一步加强长江沿线城市水资源基础设施，如城市水管网、污水处理系统等的建设，增加万人拥有排水管道长度，推进基本公共服务的均等化，实时监测饮用水水源的水环境质量，使城市居民能及时、适量、公平和经济地获取其所需的清洁水资源。互联网企业应加快建设城域宽带网、移动通信网和宽带无线接入网，进一步扩大互联网宽带接入用户比率，加强长江经济带各城市之间的信息联动，推进"互联网＋"、人工智能和云计算等技术的应用，实现信息资源共享，促进经济高质量发展与社会协调发展。

(3) 加强长江经济带城市水资源环境耦合协调能力建设。随着我国首部流域立法《中华人民共和国长江保护法》的正式实施，"十四五"规划纲要也明确提出，到2025年地表水达到或优于Ⅲ类水体的比例为85%，"十四五"期间化学需氧量和氨氮排放总量要分别下降8%。为此，政府应进一步加强法规制度建设，设立长江生态法院，出台相关水资源环境保护实施办法，建立健全长江经济带城市水环境质量和污染物排放、水资源节约集约利用等标准体系，形成覆盖取水、用水、耗水、排水等环节的计量统计、管理措施和制度，划定水生态保护红线，加强长江流域治理体系与治理能力建设；重点开展饮用水源地、化工污染、入河排污口等专项整治活动，优化产业结构和布局，严禁污染型产业、企业向上中游转移，降低水足迹强度；政府应建立非社会福利型水价，以抑制高耗水行业的扩张，严格控制长江沿线城市工业废水排放量，提高污水收集率和集中处理率，以及水资源、水生态、水环境的系统治理能力，水污染足迹管控重点应放在一级、二级中心城市以及成渝城市群上。在进一步巩固与提升全年期河流水质、湖泊及水库水质优于Ⅲ类水比例的基础上，政府应扎实推进森林城市建设，扩大城市绿化改造工程，提高建成区绿化覆盖率，增加人均绿地面积；城市住房和城乡建设部门应增加公路绿化资金投入，建设长江绿色生态廊道；水利部门应构建多层次、多样化的绿色生态通道；居民应倡导节水优先、绿色生活理念，践行节水行动，建立健全节水激励机制，降低水足迹。

8.2.2 三大城市群 UWIS 提升及耦合协调机制建议

从长江经济带三大城市群来看，UWIS 五大发展指数变化趋势表现为：可用性、持续性指数，长三角城市群＞长江中游城市群＞成渝城市群；包容性、创新性指数，长三角城市群＞成渝城市群＞长江中游城市群；友好性指数，长江中游城市群＞成渝城市群＞长三角城市群。水足迹变化表现为：总水足迹以成渝城市群为最多，人均水足迹与水足迹强度以长江中游城市群为最大，水资源压力指数以长三角城市群为最大，五大水足迹的分布呈现差异化。耦合协调处于低度协调（长江中游城市群、成渝城市群）、中度协调（长三角城市群）状态，主要受制于社会、环境、科技等子系统的耦合协调能力较弱；三大城市群主要障碍来自不同的子系统。

为此，本研究从三大城市群入手，分别提出提升 UWIS 与耦合协调能力的建议。

1. 长三角城市群

长三角城市群作为我国经济最具活力、开放程度较高、科教与创新能力强的区域之一，是长江经济带的指引发展区，也是"一带一路"与长江经济带的重要交汇地带，对推动长江经济带其他城市高质量发展具有举足轻重的战略地位。

如前所述,长三角城市群 UWIS 处于较弱到中等水平、中度协调状态,障碍因子主要来自水资源、环境系统。人口和经济密度很高,导致水资源压力指数攀升,长三角城市群居三大城市群之首,水资源安全与环境压力大。因此,应着力解决制约水资源、环境系统的障碍因素,耦合协调能力的提升重点应放在社会、水资源耦合协调度上,应将管控重点放在长三角城市群工业、生态水足迹,一级、二级中心城市的生活水足迹,水污染足迹以及农业中渔业产品水足迹上。

以上海为龙头,带动周边城市协调发展。按照"节水优先"的要求,发挥长三角城市群科教创新优势,积极推进灌区改造、雨洪资源利用、海水淡化等节约水、涵养水工程的建设,以解决水质性缺水和保障饮水安全。强化饮用水水源地保护,建立江河水、水库水和海水淡化互济的供水保障体系,进一步加强城市水管网、污水处理系统等的建设,提高社会公平与保障能力。科学划定用水总量、用水效率和水功能区限制纳污红线。健全包容共享的体制机制,促进长三角城市群水资源步入包容性可持续发展轨道。

2. 长江中游城市群

长江中游城市群依托长江黄金水道,区位交通条件优越,作为中西部新型城镇化、中部绿色崛起先行区和内陆开放合作示范区,成为中国重要的经济新增长极,对西部地区的发展具有辐射带动作用。

如前所述,长江中游城市群 UWIS 处于较弱到中等水平、低度协调状态,障碍因子主要来自经济、社会、科技系统,人均水足迹、水足迹强度居三大城市群之首。因此,应着力解决制约经济、社会、科技系统的障碍因素,降低二级中心城市的工业水足迹、生活水足迹和生态水足迹以及水污染足迹,耦合协调能力的重点应放在社会、环境耦合协调度的提升上。

充分发挥武汉作为国家中心城市的支撑引领作用以及科教资源富集与产业基础雄厚优势,促进水污染治理技术的成果转化;进一步完善长江中游城市群水污染联防联治协作机制,在江河源头、饮用水水源保护区严格控制高耗水、高污染产业的发展,优化产业结构,对石油化工、有色金属、造纸、印刷等高耗水高污染行业实施清洁化改造,"关改搬转"沿江化工企业,加强水环境的综合治理与水域生态修复,筑牢生态屏障,以高水平治理推动经济高质量发展。

探索城市间横向水环境生态保护补偿机制与奖励政策,建立多元化、多渠道的生态补偿资金投入机制,推动跨省市排污权等交易平台对接,加强与长三角和成渝等地区的协作联动,推动上、中、下游协调发展。加强基础设施互联互通,共建共享水利基础设施体系,构建以河道整治、水源工程、灌溉工程、再生水利用为重点的水资源包容性可持续保障体系。着力提高城镇污水处理率,加大再生水利用力度,启动优质水资源开发利用工程建设。健全取用水计量监测体系,科学确定用水效率目标,建立水资源水环境监测预警机制,促进经济社会包容性可持续发展与水资源环境承载能力相协调。

3. 成渝城市群

成渝城市群作为西部大开发的重要平台,区位优势明显,不仅是国家推进新型城镇化的重要示范区,也是推动长江经济带与丝绸之路经济带联动发展的战略性枢纽和我国新的经济增长极。

如前所述,成渝城市群 UWIS 处于较弱到中等水平、低度协调状态,障碍因子主要来自经济、社会、科技、环境系统。以重庆、成都两个核心城市为引领,但辐射带动力不够,具体表现在区域性中心城市和一般城市发育不足,基础设施互联互通程度不高,协调发展机制不健全。因此,应着力解决经济、社会、科技、环境系统的障碍因素,降低工业、生活和生态、水污染足迹,以及农作物、畜产品水足迹,重点应放在经济、环境、科技、社会耦合协调能力的提升上。

成渝城市群水资源包容性可持续发展问题突出,必须将资源禀赋、高质量发展、环境友好、以人为本和科技发展五大理念融入成渝城市群水资源可持续发展中,统筹经济发展、环境保护、科技创新、基础设施与社会保障的协同发展。①推进跨区域重大蓄水、提水、调水工程的建设,实施城市群管网互联互通工程,建立江河、水库水互济的供水保障体系;②实施严格的水资源管理制度,落实用水总量、用水效率和水功能区限制纳污红线,加强沿江生态保护和修复,推进水生态共保水环境共治,引入多种治理模式并存的城市群治理机制,完善上、中、下游协调机制;③推进水资源调度、水质水量监管、水资源水环境监测预警信息平台的建设,积极推进城市群网络覆盖程度,提高互联网宽带接入用户比率;④充分发挥重庆、成都国家创新型城市的创新资源优势,带动区域性中心城市(泸州、宜宾)与一般城市(攀枝花)的建设,利用长江上游水资源禀赋优势,以强化创新驱动、保护水资源环境和夯实行业基础为重点,优化沿江产业布局,加快产业转型升级,提高人口经济集聚能力,打造沿江绿色生态廊道,实现成渝城市群城市水资源包容性可持续发展。

8.2.3 4 类城市 UWIS 提升及耦合协调机制建议

根据情景模拟得出的 4 类城市耦合协调最优路径方案,以及 4 类城市的 UWIS、耦合协调度与障碍度测度结果,本研究分类提出相应的提升 UWIS 与耦合协调能力的建议。

1. 第一类城市:以上海为代表

以上海为代表的第一类城市,属于高质量发展、低度协调、环境与水资源障碍型。这类城市的 UWIS 处于中等偏上水平,持续性指数>友好性指数>包容性指数>创新性指数>可用性指数;呈现低度协调状态;经济耦合协调能力很强,但社会耦合协调能力很弱;主要障碍因子来自环境、水资源系统;未来的耦合协调最优路径应沿着水资源可用性、社会包容性路线发展。

这类城市以长三角城市群、长江中游城市群中的直辖市与省会城市为主,应通过加大经济投入,研发节水技术或寻求新的、水资源的接续资源,重点管控工业水足迹、农业中渔业产品水足迹,着力提升水资源可用性水平;通过进一步提高城镇职工基本养老保险参保率、增加万人拥有排水管道长度、扩大互联网宽带接入用户比率,提升社会包容性水平和耦合协调能力;增加人均绿地面积、提高建成区绿化覆盖率、加强城市绿色生态与环境建设。

2. 第二类城市:以南昌为代表

以南昌为代表的第二类城市,属于科技协调、环境友好、低度协调、水资源与经济障碍型。

这类城市的 UWIS 处于中等水平,友好性指数＞持续性指数＞包容性指数＞创新性指数＞可用性指数;呈现低度协调状态;科技耦合协调能力较强,但社会耦合协调能力较弱;主要障碍因子来自水资源、经济系统;未来的耦合协调最优路径应沿着水资源可用性、环境友好性、综合协调发展性路线发展。

这类城市以长江经济带一般城市、区域性中心城市居多,也有部分省会城市,应通过科技创新,全面管控农作物、畜产品、渔业产品水足迹,重点管控工业水足迹、生活水足迹和生态水足迹以及水污染足迹,着力提升水资源可用性水平;应大力发展经济,优化产业结构,促进经济高质量发展;加强城市水管网、污水处理系统、城域宽带网等的建设,促进城市之间信息联动,提升社会保障与耦合协调能力。

3. 第三类城市:以南通为代表

以南通为代表的第三类城市,属于经济持续发展、低度协调、科技与社会障碍型。这类城市的 UWIS 处于中等偏下水平,持续性指数＞友好性指数＞包容性指数＞创新性指数＞可用性指数;呈现低度协调状态;科技、经济耦合协调能力强,但社会耦合协调能力很弱;主要障碍因子来自社会、科技系统;未来的耦合协调最优路径应沿着水资源可用性、科技创新性、综合协调发展性路线发展。

这类城市以长三角城市群中的区域性中心城市为主,在上海的辐射与带动下,以科技创新为牵引,应加大水资源高效开发利用技术研发的投入与成果的转化及应用,大力开展节水技术、循环水利用技术的研究,提高污水处理率与水资源开发利用率,提升水资源可用性水平;加强水资源基础设施与保障系统建设,提高人们的生活质量与社会耦合协调能力。

4. 第四类城市:以宜宾、荆州为代表

以宜宾、荆州为代表的第四类城市,属于环境友好、濒临失调、社会与科技障碍型。这类城市的 UWIS 处于中等偏下水平,友好性指数＞持续性指数＞可用性指数＞包容性指数＞创新性指数;呈现濒临失调状态;环境耦合协调能力较强,但社会、科技耦合协调能力弱;主要障碍因子来自科技、社会系统。这类城市中,以宜宾为代表的区域性中心城市,其未来的耦合协调最优路径应沿着水资源可用性、经济持续性、综合协调发展性路线发展;以荆州为代表的一般城市,其未来的耦合协调最优路径应沿着水资源可用性、环境友好性路线发展。

这类城市以长江中游、成渝城市群中的区域性中心城市与一般城市为主,应以生态优先、绿色发展为引领,通过增加科学技术投入,着力提升科技创新能力;加强社会保障系统建设,提高城镇职工基本养老保险参保率和互联网宽带接入用户比率;大力发展经济,提高第三产业产值占 GDP 的比重等。

8.3 研究不足与展望

众所周知,水资源是实现可持续发展目标和改善公民生活质量的重要资源。本研究融合包容性增长与可持续发展理念,将之运用到城市水资源研究中,是一种全新的尝试。基于包容性可持续性这一全新的视角,本研究提出的"水资源包容性可持续力"新概念,建立的 AS-FII 基本框架与评价体系,集成评价方法以及耦合协调机制,为城市水资源可持续性研究提供了新的视野、理论框架和方法指导,尽管本研究也通过实例研究对其科学性进行了验证,但仍有待进一步检验。具体来讲,本研究尚存在以下不足,有待今后进一步探究与深化。

(1) 本研究沿着长江经济带长江沿线地级及以上城市展开,涉及水资源、经济、社会、环境、科技 5 个系统的 36 个指标 11 年的数据,由于涉及城市多、时间跨度大,不同省份统计工作水平参差不齐,数据获取难度大。虽耗时 1 年有余、"刨地三尺"地挖数据,仍有少数城市部分统计数据不可用,突出表现在科技子系统中,如高新技术产业增加值占 GDP 的比重等指标数据,这使得本研究在指标体系设计时不能完全采用拟选择的指标,建议相关统计部门补充这些数据,以便将来能进一步完善本研究。

(2) 为全面衡量水资源的真实消耗与污染状态,本研究引入水足迹概念,由于涉及农业水足迹、工业水足迹、生活水足迹、生态水足迹以及水污染足迹,有些城市的部分数据缺失,以省域均值、局部代替整体,或以现有数据推算得出缺失数据,如用绿地用水量代替生态水足迹,因生活水污染数据难以获取,以工业水污染足迹来代替水污染足迹,这多少使测算结果产生一定的偏差。另外,由于难以获取每个城市每一时间点的气候条件数据,本研究虽尝试计算,但最终未能实现按照 CROPWAT 软件测算主要农作物单位产品虚拟水含量,而是直接将前人测算结果作为计算依据,希望今后能获得更全面的数据,来进一步提升水足迹核算的准确性。

(3) 对于情景模拟中的参数预测,本研究运用线性回归、趋势线、BP 神经网络等方法进行预测,由于部分因子历史数据中存在剧烈变化的个别数据,直接影响拟合趋势线,实际操作中在剔除异常数据后进行预测。对于无法通过线性回归、趋势线预测的因子,本研究采用 BP 神经网络进行预测。由于初始权值采取随机赋值,每次训练的结果可能有所不同,虽然本研究经过 5000 次训练,采用 100 次预测结果的均值作为最终的预测结果,但初始权值赋值方式仍有待改进。另外,由于仅有 11 年的历史数据,据此进行的 BP 神经网络预测,其预测的准确性也有待今后通过大量训练样本及调试予以完善。

主要参考文献

[1]SAKAI K, MACCORMAC C, HATTOR S, et al. Strategy 2020: the long-term strategic framework of the Asian Development Bank 2008-2020[R]. Mandaluyong City, Philippins: Asian Development Bank, 2008.

[2]习近平. 在深入推动长江经济带发展座谈会上的讲话[EB/OL]. 求是, 2019-08-31[2022-12-31]. http://www.xinhuanet.com/politics/leaders/2019-08/31/c_1124945382.htm.

[3]王中敏, 张令茹. 长江经济带建设中水资源利用问题与保护对策研究[J]. 中国水利, 2018,11:1-3.

[4]MA T, SUN S, FU G, et al. Pollution exacerbates China's water scarcity and its regional inequality[J]. Nature Communications, 2020,11:650-658.

[5]MA T, ZHAO N, NI Y, et al. China's improving inland surface water quality since 2003[J]. Science Advances, 2020,6:eaau3798-3807.

[6]United Nations. Global indicator framework for the sustainable development goals and targets of the 2030 Agenda for Sustainable Development[C/OL]. 2020, A/RES/71/313, https://unstats.un.org/sdgs/indicators/indicators-list/.

[7]WONG T H F, ROGERS B C, BROWN R R. Transforming cities through water-sensitive principles and practices[J]. One Earth, 2020,3(4):436-447.

[8]SATUR P, LINDSAY J. Social inequality and water use in Australian cities: the social gradient in domestic water use[J]. Local Environment, 2020,25(1):351-364.

[9]VARADY R G, ALBRECHT T R, GERLAK A K, et al. The exigencies of transboundary water security: insights on community resilience[J]. Current Opinion in Environmental Sustainability, 2020,44:74-84.

[10]OLANIYAN O, OLAYIDE O E. Inclusive Sustainability and Sustainable Development Goals (SDGs): is Africa really different[C]. The 23rd International Sustainable Development Research Society Conference, Bogota, Colombia, 16 June 2017.

[11]ALLAN T. Virtual water: a long term solution for water short middle eastern economics[M]. London: University of Leeds, 1997.

[12]CHAPAGAIN A K, HOEKSTRA A Y. Main Report[C]//Value of Water Research Series No. 16. Delft, The Netherlands: UNESCO-IHE Institute for Water Education,2004:1-80.

[13]HOEKSTRA A Y, CHAPAGAIN A K, ALDAYA M M, et al. The water footprint assessment manual: setting the global standard[M]. New York: Routledge, 2012.

[14]FALKENMARK M. Freshwater as shared between society and ecosystems: from divided approaches to integrated challenges[J]. Philosophical Transactions of the Royal Society of London. Series B: Biological Sciences, 2003, 358(1440): 2037-2049.

[15]HOEKSTRA A Y, CHAPAGAIN A K. Water footprints of nations: water use by people as a function of their consumption pattern[J]. Water Resources Management, 2007, 21(1): 35-48.

[16]张灿灿, 孙才志. 基于 CiteSpace 的水足迹文献计量分析[J]. 生态学报, 2018, 38(11): 4064-4076.

[17]周玲玲, 王琳, 王晋. 水足迹理论研究综述[J]. 水资源与水工程学报, 2013, 24(5): 106-111.

[18]陈栓. 中国 1996—2010 年省际水足迹研究[D]. 大连: 辽宁师范大学, 2013.

[19]孙才志, 张灿灿. 中国人均水足迹驱动效应分解与空间聚类分析[J]. 华北水利水电大学学报(自然科学版), 2018, 39(2): 1-11.

[20]余灏哲, 韩美. 基于水足迹的山东省水资源可持续利用时空分析[J]. 自然资源学报, 2017, 32(3): 474-483.

[21]董泽亮, 潘献辉, 尤菁, 等. 水足迹评价研究进展[J]. 水资源研究, 2019, 8(3): 234-241.

[22]CHAPAGAIN A K, HOEKSTRA A Y. The water footprint of coffee and tea consumption in the Netherlands[J]. Ecological Economics, 2007, 64(1): 109-118.

[23]HOEKSTRA A Y, CHAPAGAIN A K. The water footprints of Morocco and the Netherlands: global water use as a result of domestic consumption of agricultural commodities[J]. Ecological Economics, 2007, 64(1): 143-151.

[24]GERBENS-LEENES P W, MEKONNEN M M, HOEKSTRA A Y. The water footprint of poultry, pork and beef: a comparative study in different countries and production systems[J]. Water Resources and Industry, 2013, s1/s2: 25-36.

[25]HOEKSTRA A Y, HUNG P Q. Globalisation of water resources: international virtual water flows in relation to crop trade[J]. Global Environmental Change, 2005, 15: 45-56.

[26]CHAPAGAIN A K, HOEKSTRA A Y. Virtual water flows between nations in relation to trade in Livestock and Livestock products. Value of water research report[R]. Delft, The Netherlands: UNESCO-IHE, 2003.

[27]邓晓军, 谢世友, 崔天顺, 等. 南疆棉花消费水足迹及其对生态环境影响研究[J]. 水土保持研究, 2009, 16(2): 176-180, 185.

[28]盖力强, 谢高地, 李士美, 等. 华北平原小麦、玉米作物生产水足迹的研究[J]. 资源科学, 2010, 32(11): 2066-2071.

[29] 龙爱华,徐中民,张志强. 西北四省(区)2000年的水资源足迹[J]. 冰川冻土,2003,6:692-700.

[30] 王新华,徐中民,龙爱华. 中国2000年水足迹的初步计算分析[J]. 冰川冻土,2005,5:774-780.

[31] 孙才志,陈栓,赵良仕. 基于ESDA的中国省际水足迹强度的空间关联格局分析[J]. 自然资源学报,2013,28(4):571-582.

[32] 刘钢,王雪艳,方舟,等. 长江经济带水足迹字典序优化配置研究:基于"人口-城乡-就业"视角[J]. 河海大学学报(哲学社会科学版),2019,21(1):61-70,106-107.

[33] 孙才志,刘玉玉,陈丽新,等. 基于基尼系数和锡尔指数的中国水足迹强度时空差异变化格局[J]. 生态学报,2010,30(5):1312-1321.

[34] YU Y, HUBACEK K, FENG K, et al. Assessing regional and global water footprints for the UK[J]. Ecological Economics, 2010, 69(5): 1140-1147.

[35] 孙才志,刘淑彬. 基于MRIO模型的中国省(市)区水足迹测度及空间转移格局[J]. 自然资源学报,2019,34(5):945-956.

[36] 孙才志,阎晓东. 基于MRIO的中国省区和产业灰水足迹测算及转移分析[J]. 地理科学进展,2020,39(2):207-218.

[37] LALA-AYO H D, FERNáNDEZ-QUINTANA M C. Analysis of the sustainability through water footprint in the Pita River microbasin, Ecuador[J]. Tecnología y Ciencias del Agua, 2020, 11(1): 169-234.

[38] 周玲玲,王琳,余静. 基于水足迹理论的水资源可持续利用评价体系:以即墨市为例[J]. 水资源科学,2014,36(5):913-921.

[39] 李双,杜建括,邢海虹,等. 基于水足迹理论和灰靶模型的汉江干流水资源可持续利用评价[J]. 节水灌溉,2019,9:74-80.

[40] KOUTON J. The impact of renewable energy consumption on inclusive growth: Panel data analysis in 44 African countries[J]. Economic Change and Restructuring, 2021, 54: 145-170.

[41] GHOUSE G, ASLAM A, BHATTI M I. Green energy consumption and inclusive growth: a comprehensive analysis of multi-country study[J]. Frontiers in Energy Research, 2022, 10, 939920.

[42] VELLEMA S, SCHOUTEN G, VAN TULDER R. Partnering capacities for inclusive development in food provisioning[J]. Development Policy Review, 2020, 38(6): 710-727.

[43] SAHOO P. Insights into inclusive growth, employment and well-being in India[J]. Journal of the Asia Pacific Economy, 2014, 19: 522-524.

[44] LEE N, SISSONS P. Inclusive growth? The relationship between economic growth and poverty in British cities[J]. Environment and Planning A: Economy and Space, 2017, 48(11): 2317-2339.

[45]MCKINLEY T. Inclusive growth criteria and indicators：an inclusive growth index for diagnosis of country progress[R]. ADB Sustainable Development Working Paper Series 14，Asian Development Bank，2010.

[46]TSOKHAS K. Poverty，inequality，and inclusive growth in Asia：measurement，policy issues，and country studies[J]. Journal of Contemporary，2013,43：201-205.

[47]KOOY M，WALTER C T，PRABAHARYAKA I. Inclusive development of urban water services in Jakarta：the role of groundwater[J]. Habitat International，2018,73：109-118.

[48]朱东波,任力,刘玉. 中国金融包容性发展、经济增长与碳排放[J]. 中国人口·资源与环境,2018,28(2):66-76.

[49]纪昭. 土地利用包容性评价与压力分析[D]. 北京：中国地质大学(北京),2015.

[50]李政大,刘坤. 中国绿色包容性发展图谱及影响机制分析[J]. 西安交通大学学报(社会科学版),2018,38(1):48-59.

[51]高太山,柳卸林,周江华. 中国区域包容性创新绩效测度：理论模型与实证检验[J]. 科学学研究,2014,32(4):613-621,592.

[52]于敏,王小林. 中国经济的包容性增长：测量与评价[J]. 经济评论,2012,3:30-38.

[53]郭苏文. 经济包容性增长水平的测度与评价：基于省级层面数据[J]. 工业技术经济,2015,1:100-107.

[54]邸玉娜. 中国实现包容性发展的内涵、测度与战略[J]. 经济问题探索,2016,2:16-27.

[55]GARRIDO-LECCA J，MAYOLO C，CHIQUILLáN R，et al. Proposal for an inclusive development framework［R/OL］. [2020-11-01] https：//xueshu. baidu. com/usercenter/paper/show？paperid=87885b4187eb0ada476e258676bdd0d1＆site=xueshu_se.

[56]ARROW K J，DASGUPTA P，LAWRENCE H，et al. Sustainability and the measurement of wealth[J]. Environment and Development Economics，2012,17：317-353.

[57]GUPTA J，POUW N R M，MIRJAM A F R. Towards an elaborated theory of inclusive development[J]. European Journal of Development Research，2015,27：541-559.

[58]DASGUPTA P，DURAIAPPAH S A，MANAGI E，et al. How to measure sustainable progress[J]. Science，2015,350(6262)：748.

[59]DING X H，ZHONG W Z，SHEARMUR R G，et al. An inclusive model for assessing the sustainability of cities in developing countries-Trinity of cities' sustainability from spatial，logical and time dimensions (TCS-SLTD)[J]. Journal of Cleaner Production，2015,109：62-75.

[60]KALKANCI B，RAHMANI M，TOKTAY L B. The role of inclusive innovation in promoting social sustainability[J]. Production and Operations Management，2019,28：2960-2982.

[61]IKEDA S，MANAGI S. Future inclusive wealth and human well-being in regional

Japan: projections of sustainability indices based on shared socioeconomic pathways[J]. Sustainability Science,2019,14:147-158.

[62]ZHANG B Q, NOZAWA W, MANAGI S. Sustainability measurements in China and Japan: an application of the inclusive wealth concept from a geographical perspective [J]. Regional Environmental Change,2020,20:65-77.

[63]SIDDIQI A, COLLINS R D. Sociotechnical systems and sustainability: current and future perspectives for inclusive development[J]. Current Operation in Environmental Sustainability,2017,24:7-13.

[64]CHENG D, XUE, Q, HUBACEK K, et al. Inclusive wealth index measuring sustainable development potentials for Chinese cities[J]. Global Environmental Change,2022,72:102417.

[65]KAMRAN M, RAFIQUE M Z, NADEEM A M, et al. Does inclusive growth contribute towards sustainable development? Evidence from selected developing countries [J]. Social Indicators Research,2023,165:409-429.

[66]金昌胜,邓仁健,刘俞希,等.长江经济带水资源生态足迹时空分析及预测[J].水资源与水工程学报,2018,29(4):59-66.

[67]DAI D, SUN M, XU X, et al. Assessment of the water resource carrying capacity based on the ecological footprint: a case study in Zhangjiakou city, north China[J]. Environmental Science and Pollution Research,2019,26:11000-11011.

[68]刘钢,吴蓉,王慧敏,等.水足迹视角下水资源利用效率空间分异分析:以长江经济带为例[J].软科学,2018,226(10):107-111,118.

[69]孙才志,姜坤,赵良仕.中国水资源绿色效率测度及空间格局研究[J].自然资源学报,2017,32(12):1999-2011.

[70]杨高升,谢秋皓.长江经济带绿色水资源效率时空分异研究:基于SE-SBM与ML指数法[J].长江流域资源与环境,2019,28(2):349-358.

[71]何刚,夏业领,秦勇,等.长江经济带水资源承载力评价及时空动态变化[J].水土保持研究,2019,26(1):287-292,300.

[72]ZANG Z. The conceptual model and its empirical studies of sustainable carrying capacity of water resources: a case study of China mainland[J]. Journal of Resources and Ecology,2019,10(1):9-20.

[73]李焕,黄贤金,金雨泽,等.长江经济带水资源人口承载力研究[J].经济地理,2017,37(1):181-186.

[74]LI D, ZUO Q, ZHANG Z. A new assessment method of sustainable water resources utilization considering fairness-efficiency-security: a case study of 31 provinces and cities in China[J]. Sustainable Cities and Society,2022,81:103839.

[75]SONG M, TAO W, SHANG Y, et al. Spatiotemporal characteristics and influencing factors of China's urban water resource utilization efficiency from the perspective

of sustainable development[J]. Journal of Cleaner Production, 2022, 388:130649.

[76]ZHANG Z, OU G, ELSHKAKI A, et al. Evaluation of regional carrying capacity under economic-social-resource-environment complex system: a case study of the Yangtze River Economic Belt[J]. Sustainability, 2022, 14:7117.

[77]党丽娟,徐勇. 水资源承载力研究进展及启示[J]. 水土保持研究, 2015, 22(3): 341-348.

[78]王建华,翟正丽,桑学锋,等. 水资源承载力指标体系及评判准则研究[J]. 水利学报, 2017, 48(9):1023-1029.

[79]WANG Y X, WANG Y, SU X, et al. Evaluation of the comprehensive carrying capacity of interprovincial water resources in China and the spatial effect[J]. Journal of Hydrology, 2019, 575:794-809.

[80]TIAN Y, SUN C W. A spatial differentiation study on comprehensive carrying capacity of the urban agglomeration in the Yangtze River Economic Belt[J]. Regional Science and Urban Economics, 2018, 68:11-22.

[81]XU M, CHEN M, LI Y, et al. Analysis of water resources carrying capacity of coastal cities along the Yangtze River based on PSR model[J]. Journal Coastal Research, 2020, 109:110-113.

[82] MITITELU-IONUS O. Watershed sustainability index development and application: case study of the Motru River in Romania[J]. Polish Journal Environmental Studies, 2017, 26(5):2095-2105.

[83]WANG Q, LI S, LI R. Evaluating water resource sustainability in Beijing, China: combining PSR model and matter-element extension method[J]. Journal of Cleaner Production, 2019, 206:171-179.

[84]HU C, CHEN G, LU X H. Employing DPSIR conceptualization and PP clustering algorithm to predict water resources carrying capacity of river basins in Fujian, China, in 2020[J]. Advanced Materials Research, 2013, 610-613:2663-2670.

[85]壬壬,陈兴伟,陈莹. 区域水资源可持续利用评价方法对比研究[J]. 自然资源学报, 2015, 30(11):1943-1955.

[86]GUO Q, WANG J Y, YIN H G, et al. A comprehensive evaluation model of regional atmospheric environment carrying capacity: model development and a case study in China[J]. Ecological Indicators, 2018, 91:259-267.

[87]谈飞,史玉莹. 江苏省水资源环境与经济发展耦合协调度测评[J]. 水利经济, 2019, 37(3):8-12,19.

[88]GONG L, JIN C. Fuzzy comprehensive evaluation for carrying capacity of regional water resources[J]. Water Resources Management, 2009, 23(12):2505-2513.

[89] GU H, XU J. Grey relational model based on AHP weight for evaluating groundwater resources carrying capacity of irrigation district[C]// Proceedings of 2011

International Symposium on Water Resource and Environmental Protection (ISWREP 2011). Xi'an,2011:308-310.

[90] JIN J L, WEI Y M, LIU L, et al. Forewarning of sustainable utilization of regional water resources: a model based on BP neural network and set pair analysis[J]. Natural Hazards, 2012,62(1):115-127.

[91] 王壬,陈莹,陈兴伟. 区域水资源可持续利用评价指标体系构建[J]. 自然资源学报, 2014,29(8):1441-1452.

[92] 周校培,陈建明. 南京市水资源与社会经济耦合协调发展研究[J]. 水利经济, 2016,34(4):26-30.

[93] 卢曦,许长新. 基于三阶段DEA与Malmquist指数分解的长江经济带水资源利用效率研究[J]. 长江流域资源与环境, 2017,26(1):7-14.

[94] 李燕,张兴奇. 基于主成分分析的长江经济带水资源承载力评价[J]. 水土保持通报, 2017,37(4):172-178.

[95] 沈菊琴,裴磊,张兆方. 长江经济带城镇化与水资源的耦合协调关系[J]. 资源与产业, 2019,21(1):1-9.

[96] CUI Y, FENG P, JIN J, et al. Water resources carrying capacity evaluation and diagnosis based on set pair analysis and improved the entropy weight method[J]. Entropy, 2018,20:359-378.

[97] PICONE C, HENKE R, RUBERTO M, et al. Synthetic indicator for sustainability standards of water resources in agriculture[J]. Sustainability,2021,13(15):8221-8238.

[98] ZHANG K Z, SHEN J Q, HE R, et al. Dynamic analysis of the coupling coordination relationship between urbanization and water resource security and its obstacle factor[J]. International Journal of Public Health,2019,16(23):4765-4781.

[99] 向丽. 中国省域科技创新与生态环境协调发展的时空特征[J]. 技术经济, 2016,35(11):28-35.

[100] WANG W S, ZHANG C Y. Evaluation of relative technological innovation capability: model and case study for China's coal mine[J]. Resources Policy, 2018,58:144-149.

[101] 严翔,成长春,周亮基. 长江经济带经济发展-创新能力-生态环境耦合协调发展研究[J]. 科技管理研究, 2017,37(19):85-93.

[102] YAN Q, HOU R Y. Evaluation of regional scientific and technological innovation capability and empirical research[J]. Agro Food Industry Hi-tech, 2017,28(1):3179-3181.

[103] 华坚,胡金昕. 中国区域科技创新与经济高质量发展耦合关系评价[J]. 科技进步与对策, 2019,36(8):19-27.

[104] 李旭辉,朱启贵,胡加媛. 基于"五位一体"总布局的长江经济带城市经济社会发展动态评价研究[J]. 统计与信息论坛, 2018,33(7):74-83.

[105] MINATOUR Y, BONAKDARI H, ALIAKBARKHANI Z S. Extension of fuzzy

delphi AHP based on interval valued fuzzy sets and its application in water resource rating problems[J]. Water Resources Management, 2016,30:3123-3141.

[106]LI G, JIN C. Fuzzy comprehensive evaluation for carrying capacity of regional water resources[J]. Water Resources Management, 2009,23:2505-2513.

[107]WANG G, XIAO C, QI Z, et al. Development tendency analysis for the water resource carrying capacity based on system dynamics model and the improved fuzzy comprehensive evaluation method in the Changchun city, China[J]. Ecological Indicators, 2021,122, 107232.

[108]DONG Q, ZHANG X, CHEN Y, et al. Dynamic management of a water resources-socioeconomic-environmental system based on feedbacks using system dynamics[J]. Water Resources Management, 2019,33(6):2093-2108.

[109]SUN X, GUO C, CUI L. Research on evaluation method of water resources carrying capacity based on improved TOPSIS model[J]. La Houille Blanche, 2020,5:68-74.

[110]LINHOSS A, BALLWEBER J D J. Incorporating uncertainty and decision analysis into a water-sustainability index[J]. Journal of Water Resources Planning Management, 2015,141(12):1-8.

[111]WEI Y, WEI J, WESTERN A W. Evolution of the societal value of water resources for economic development versus environmental sustainability in Australia from 1843 to 2011[J]. Global Environmental Change, 2017,12:82-92.

[112]喻笑勇,张利平,陈心池,等. 湖北省水资源与社会经济耦合协调发展分析[J]. 长江流域资源与环境, 2018,27(4):809-817.

[113]CUI D, CHEN X, XUE Y, et al. An integrated approach to investigate the relationship of coupling coordination between social economy and water environment on urban scale—a case study of Kunming[J]. Journal of Environmental Management, 2019, 234:189-199.

[114]QIAO G, XU Y N, HE F. Influence on water resource and eco-environment system of Tongguan gold mine area by mining development projects[J]. Advanced Materials Research, 2012,518:5059-5062.

[115]毕博,陈丹,邓鹏,等. 区域水资源-能源-粮食系统耦合协调演化特征研究[J]. 中国农村水利水电, 2018,2:72-77.

[116]方兰,魏倩倩. 陕西省水资源与能源系统耦合协调发展分析[J]. 水利发展研究, 2019,19(1):43-47.

[117]LI Z, GUO J, YOU X. A study on spatio-temporal coordination and driving forces of urban land and water resources utilization efficiency in the Yangtze River Economic Belt[J]. Journal of Water & Climate Change, 2023,14(1):272-288.

[118]PAN Y, SI X, JIN M, et al. Optimal allocation of coupling about water and land resources in the process of urbanization[C]. The International Conference on E-business &

E-government. Guangzhou,2010:4244-4247.

[119] BELLIN A, MAJONE B, CAINELLI O, et al. A continuous coupled hydrological and water resources management model[J]. Environmental Modelling & Software,2016,75:176-192.

[120]王新芸,瓦哈甫·哈力克,阿斯古丽·木萨,等. 干旱区人口-经济-水资源耦合协调发展及其相关性分析:以乌鲁木齐县为例[J]. 节水灌溉,2018,6:101-105,110.

[121]王飞,李景保,陈晓,等. 皖江城市带城市化与水资源环境耦合的时空变异分析[J]. 水资源与水工程学报,2017,28(1):1-6.

[122]王婷,王保乾,曹婷婷. 北京市经济与水环境系统耦合关系及效果研究[J]. 中国农村水利水电,2017,2:77-81,85.

[123] LIN P, TONG Z, ZHANG J, et al. Study on the spatial-temporal coupling relationship between economic development and industrial water use in West Liaohe River Basin[C]// 7th Annual Meeting of Risk Analysis Council of China Association for Disaster Prevention (RAC-2016). Paris:Atlantis Press,2016:733-738.

[124]常玉苗. 水资源环境与农业经济的系统耦合及协调发展[J]. 水电能源科学,2017,35(11):115-118.

[125]聂晓,张弢,冯芳. 湖北省用水效率-经济发展系统耦合协调发展研究[J]. 中国农村水利水电,2019,4:132-135.

[126]BIGGS E M, BRUCE E, BORUFF B, et al. Sustainable development and the water-energy-food nexus: a perspective on livelihoods[J]. Environmental Science & Policy,2015,54:389-397.

[127]姜磊,柏玲,吴玉鸣. 中国省域经济、资源与环境协调分析:兼论三系统耦合公式及其扩展形式[J]. 自然资源学报,2017,32(5):788-799.

[128]ZHOU S B, QI W T, DU A M, et al. A method to evaluate coordination between regional economic, social development and water resources[J]. IOP Conference Series: Earth and Environmental Science,2016,39(1):12044-12059.

[129]童国平,陈岩. 淮河流域水环境-社会-经济系统协调发展研究[J]. 资源开发与市场,2018,34(8):1086-1092,1132.

[130]LUO Z L, ZUO Q T. Evaluating the coordinated development of social economy, water, and ecology in a heavily disturbed basin based on the distributed hydrology model and the harmony theory[J]. Journal of Hydrology,2019,574:226-241.

[131]HAN D N, YU D Y, CAO Q. Assessment on the features of coupling interaction of the food-energy-water nexus in China[J]. Journal of Cleaner Production,2020,249: 119379-119393.

[132]DU C Y, YU J J, ZHONG H P, et al. Operating mechanism and set pair analysis model of a sustainable water resources system[J]. Frontiers of Environmental Science & Engineering,2015,9(2):288-297.

[133]ZHU C, FANG C, ZHANG L. Analysis of the coupling coordinated development of the population-water-ecology-economy system in urban agglomerations and obstacle factors discrimination: a case study of the Tianshan north slope urban agglomeration, China[J]. Sustainable Cities and Society, 2023, 90: 104359.

[134]RAGHUPATHI V, RAGHUPATHI W. Innovation at country-level: association between economic development and patents[J]. Journal of Innovation and Entrepreneurship, 2017, 6(1): 1-20.

[135]WU M, ZHAO M, WU Z. Evaluation of development level and economic contribution ratio of science and technology innovation in eastern China[J]. Technology in Society, 2019, 59: 101194-101200.

[136]于雪霞. 经济-社会-科技-资源耦合协调发展的时空分析[J]. 统计与决策, 2017, 9: 127-131.

[137]于洋, 陈才. 区域视角下中国经济-能源-环境-科技四元系统耦合水平演变特征及提升策略[J]. 经济问题探索, 2018, 43(5): 143-148, 161.

[138]CHEN M, CHEN H. Study on the coupling relationship between economic system and water environmental system in Beijing based on structural equation model[J]. Applied Ecology and Environmental Research, 2019, 17(1): 617-632.

[139]熊建新, 陈端吕, 彭保发, 等. 洞庭湖区生态承载力系统耦合协调度时空分异[J]. 地理科学, 2014, 34(9): 1108-1116.

[140]XU W J, ZHANG X P, XU Q. Study on the coupling coordination relationship between water-use efficiency and economic development[J]. Sustainability, 2020, 12(3): 1246-1259.

[141]CHEN J F, YU X Y, QIU L, et al. Study on vulnerability and coordination of water-energy-food system in northwest China[J]. Sustainability, 2018, 10(10): 3712-3737.

[142]TANG Z. An integrated approach to evaluating the coupling coordination between tourism and the environment[J]. Tourism Management, 2015, 46: 11-19.

[143]BAO C, ZOU J J. Exploring the coupling and decoupling relationships between urbanization quality and water resources constraint intensity: spatiotemporal analysis for northwest China[J]. Sustainability (Switzerland), 2017, 9(11): 1960-1977.

[144]杜湘红, 张涛. 水资源环境与社会经济系统耦合发展的仿真模拟:以洞庭湖生态经济区为例[J]. 地理科学, 2015, 9: 46-52.

[145]JIA Y Z, SHEN J Q, WANG H. Calculation of water resource value in Nanjing based on a fuzzy mathematical model[J]. Water (Switzerland), 2018, 10(7): 920-935.

[146]WANG Y Q, SONG C S, XIONG Z. Coupling coordination analysis of urban land intensive use benefits based on TOPSIS method in Xianning city[J]. Advanced Materials Research, 2014, 1073-1076: 1387-1392.

[147]INAM A, ADAMOWSKI J, PRASHER S, et al. Coupling of a distributed

stakeholder-built system dynamics socio-economic model with SAHYSMOD for sustainable soil salinity management Part 2: model Coupling and Application[J]. Journal of Hydrology, 2017,551:278-299.

[148]余敬,苏顺华,张忠俊,等. 矿产资源可持续力[M]. 武汉:中国地质大学出版社, 2009.

[149]吴兆丹,赵敏,LALL U,等. 关于中国水足迹研究综述[J]. 中国人口·资源与环境,2013,23(11):73-80.

[150]HOEKSTRA A Y, HUNG, P Q. Virtual water trade: a quantification of virtual water flows between nations in relation to international crop trade[C]//Hoekstra A Y. Proceedings of the International Expert Meeting on Virtual Water Trade (No. 12), December 12-13, 2002. Delft: IHE Delft, 2003: 25-47.

[151]WCED. Our common future: world commission on environment and development [M]. Oxford, UK: Oxford University Press, 1987.

[152]张蕾. 中国虚拟水和水足迹区域差异研究[D]. 大连:辽宁师范大学,2009.

[153]GAO S, GUO H, YU J. Urban water inclusive sustainability: evidence from 38 cities in the Yangtze River Economic Belt in China[J]. Sustainability, 2021, 13 (4): 2068-2104.

[154]孙晓东,焦玥,胡劲松. 基于灰色关联度和理想解法的决策方法研究[J]. 中国管理科学,2005,13(4):63-68.

[155]SAATY T L. The analytic hierarchy process[M]. New York: Mcgraw-Hill,1980.

[156]金菊良,杨晓华,丁晶. 标准遗传算法的改进方案:加速遗传算法[J]. 系统工程理论与实践,2001,4(4):8-13.

[157]SAHOO M M, PATRA K C, SWAIN J B, et al. Evaluation of water quality with application of Bayes' rule and entropy weight method[J]. European Journal of Environmental and Civil Engineering, 2016,21(6):730-752.

[158]DENG J L. The control problems of grey systems[J]. Systems & Control Letters. 1982,1(5):288-294.

[159]HWANG C L, YOON K. Multiple attribution decision making: methods and applications[M]. Berlin: Springe, 1981.

[160]SU S H, YU J, ZHANG J. Measurements study on sustainability of China's mining cities [J]. Expert Systems with Applications, 2010,37(8):6028-6035.

[161]苏顺华. 矿产资源可持续力集成评价方法研究[D]. 武汉:中国地质大学(武汉),2010.

[162]FERREIRA L, BORENSTEIN D, SANTI E. Hybrid fuzzy MADM ranking procedure for better alternative discrimination[J]. Engineering Applications of Artificial Intelligence,2016,50(C):71-82.

[163]徐步云,倪禾. 自组织神经网络和 K-means 聚类算法的比较分析[J]. 新型工业化,2014,4(7):63-69.

[164]WANG Y B, LIU C W, LEE J J. Differentiating the spatiotemporal distribution of natural and anthropogenic processes on river water-quality variation using a self-organizing map with factor analysis[J]. Archives of Environmental Contamination & Toxicology,2015,69(2):254-263.

[165]马才学,温槟荧,柯新利. 基于 SOM 神经网络模型的耕地非农化压力区域差异研究:以湖北省为例[J]. 华中农业大学学报(社会科学版),2017,130(4):109-117.